Sprache und Interaktion im
Mathematikunterricht der Grundschule

AF209192

Waxmann Verlag GmbH
Steinfurter Straße 555, 48159 Münster
info@waxmann.com

Empirische Studien zur Didaktik der Mathematik

herausgegeben von

Götz Krummheuer
und Aiso Heinze

Band 1

Waxmann 2009
Münster / New York / München / Berlin

Marcus Schütte

Sprache und Interaktion im Mathematikunterricht der Grundschule

Zur Problematik einer Impliziten Pädagogik für schulisches Lernen im Kontext sprachlich-kultureller Pluralität

Waxmann 2009
Münster / New York / München / Berlin

Bibliografische Informationen der Deutschen Nationalbibliothek
Die Deutsche Nationalbibliothek verzeichnet diese Publikation in der
Deutschen Nationalbibliografie; detaillierte bibliografische Daten sind
im Internet über http://dnb.d-nb.de abrufbar.

Empirische Studien zur Didaktik der Mathematik, Band 1

ISSN 1868-1441
ISBN 978-3-8309-2133-2

© Waxmann Verlag GmbH, Münster 2009
www.waxmann.com
info@waxmann.com

Umschlaggestaltung: Christian Averbeck, Münster
Titelbild: S. Hofschläger, www.pixelio.de

Gedruckt auf alterungsbeständigem Papier, säurefrei gemäß ISO 9706

Für meinen Vater Richard
und meine Frau Tini

Inhalt

Vorwort

Die vorliegende Arbeit entstand im Rahmen des ersten Zyklus des DFG-Graduiertenkollegs Bildungsgangforschung der Universität Hamburg von Oktober 2002 bis September 2005.[1] Durch die Integration der Fachdidaktiken in die Erziehungswissenschaft an der Universität Hamburg bietet sich die Gelegenheit, Bereiche in einem Forschungsprogramm miteinander zu verbinden, die in der Regel voneinander getrennt sind. Somit ist ein wesentliches Charakteristikum des Graduiertenkollegs Bildungsgangforschung, dass Problemstellungen der Fachdidaktiken mit denen der Schulpädagogik, der Allgemeinen Didaktik, der Pädagogischen Psychologie, der Entwicklungspsychologie und der Sozialisationsforschung verbunden werden können. Das führt zu einem mehrperspektivischen Zugriff auf Schüleraktivitäten, Bildungsprozesse, Unterricht und Schulentwicklung, der sich in unterschiedlichen Projekten niedergeschlagen hat. Im ersten Zyklus des Graduiertenkollegs Bildungsgangforschung wurden an der Universität Hamburg acht solcher Teilprojekte gefördert und durchgeführt. Die acht Teilprojekte untergliederten sich in Projekte, die in folgenden drei Themenblöcken bearbeitet wurden:

- in Projekte, die fachdidaktisch und schulpädagogisch ausgerichtet waren,
- in Projekte, die entwicklungspsychologische und entwicklungssoziologische Zugänge hatten und
- in ein Projekt, in dessen Zentrum das Thema Schulentwicklung stand.

In diesem Rahmen wurden Qualifikationsarbeiten von 14 Doktorandinnen und Doktoranden und zwei Postdoktoranden durchgeführt. Die vorliegende Arbeit entstand als Qualifikationsarbeit zur Erlangung des Grades des Dr. phil. und ist dem Themenblock der fachdidaktisch und schulpädagogisch ausgerichteten Projekte zuzuordnen. Sie wurde im Rahmen des Teilprojektes „Lernprozesse in Mathematik unter Berücksichtigung sprachlich-kultureller Diversität in der Grundschule" des Graduiertenkollegs Bildungsgangforschung unter Betreuung von Prof. Dr. Gabriele Kaiser, Prof. Dr. Ingrid Gogolin und externer Betreuung von Prof. Dr. Götz Krummheuer erstellt.

Gemeinsam ist allen Projekten des Graduiertenkollegs der theoretische Rahmen der Bildungsgangforschung. Die Bildungsgangforschung befasst sich mit der Erforschung von Lehren und Lernen und ist damit dem Gebiet der Unterrichtsforschung

---

[1] Ausführliche Informationen zum Graduiertenkolleg Bildungsgangforschung, wie den Antragstext, Arbeits- und Ergebnisbericht, Informationen über beteiligte Wissenschaftlerinnen und Wissenschaftler und vieles mehr finden sich auf der Website: http://www2.erzwiss.uni-hamburg.de/forschung/Gradkoll/gradkoll.htm.

zuzuordnen, in dem sich auch die vorliegende Untersuchung verortet. Sie hat zum Ziel, den individuellen Bildungsgang im Spannungsfeld zwischen gesellschaftlichen Anforderungen und individueller Sinnbildung zu untersuchen. Die Bildungsgangforschung interessiert sich für einen bestimmten, pädagogisch relevanten Aspekt von Biographieverläufen, nämlich für die Lern- und Bildungsbiografie eines Menschen. In diesem Zusammenhang wird dem Konzept der Entwicklungsaufgaben in der Bildungsgangforschung, das in seinen Ursprüngen auf Havighurst (1972) zurückgeht, eine zentrale Rolle beigemessen. Havighursts Konzept zielt darauf ab, jeweils für verschiedene Altersstufen von Lernenden spezifische Entwicklungsaufgaben zu identifizieren. Die ‚Gefahr' dieses Konzepts liegt jedoch darin, dass bei der Definition des Begriffes der Entwicklungsaufgaben (vgl. exemplarisch Hericks/Spörlein 2001, S. 34) ein großes Maß an „Gemeinsamkeitsvorstellungen" unter der Schülerschaft (Gogolin 2001, S. 65) implizit vorausgesetzt wird, die die Realität von nicht nur sprachlich-kultureller Pluralität im Klassenzimmer und ihren Anforderungen außer Acht lässt. Es werden diesen Definitionen folgend, an alle Lernende gleiche gesellschaftliche Entwicklungsaufgaben gestellt. Dies führt zu einer Sicht auf Bildungsprozesse, die über die Schaffung von ‚Normalitäten' das traditionelle selektive Schulsystem stützt. Die vorliegende Untersuchung setzt an dieser Kritik an und untersucht Gelegenheiten, die Schülerinnen und Schülern durch die sprachliche Gestaltung des Unterrichts der Lehrpersonen zum Lernen neuer mathematischer Begriffe gegeben werden. Ich gehe dabei davon aus, dass diese Gelegenheiten zum Lernen keinesfalls für alle Schülerinnen und Schüler gleichermaßen ‚optimierte' Lernbedingungen darstellen, da sich die Schülerschaft in deutschen Schulen durch sprachlich-kulturelle Vielfalt auszeichnet und nicht nur, aber vor allem auch deshalb die sprachlichen Fähigkeiten zum Lernen neuer mathematischer Begriffe sehr unterschiedlich sind. Es ist nahe liegend zu erwarten, dass diese unterschiedlichen Lernvoraussetzungen besondere Anforderungen an die sprachliche Gestaltung des Unterrichts der Lernprozesse stellt.

Zur Entstehung dieser Arbeit und zur Durchführung der zugrunde liegenden empirischen Untersuchung war ich auf vielfältige Kooperation und Unterstützung anderer angewiesen. Den Personen möchte ich im Folgenden danken.

Ich danke dem Graduiertenkolleg, insbesondere seinem damaligen Leiter Prof. Dr. Meinert Meyer, dass mir die Möglichkeit zu dieser wissenschaftlichen Forschungsarbeit gegeben wurde. Vor allem danke ich meinen beiden Betreuerinnen im Graduiertenkolleg, Prof. Dr. Gabriele Kaiser und Prof. Dr. Ingrid Gogolin, deren interdisziplinäre Zusammenarbeit diese Studie erst möglich gemacht hat. Prof. Dr. Gabriele Kaiser bot mir auf der Grundlage ihrer langjährigen Erfahrungen im Bereich der mathematikdidaktischen Forschung stetig neue Anregungen, die in vielen kritischen und fruchtbaren Diskussionen mündeten. Sie hat mich vor allem in fachlicher aber auch in moralischer Hinsicht sehr unterstützt. Durch ihre Förderung war es mir zudem früh möglich, auf Tagungen durch Vorträge einen Zugang zur nationalen und internationalen mathematikdidaktischen Diskussion zu erhalten. Intensive Impulse und vielfältige Anregungen habe ich im Forschungskolloquium von Prof. Dr. Gabriele Kaiser erhalten, der ich hiermit ebenfalls danke. Durch die fachliche Unterstützung von Prof. Dr. Ingrid Gogolin wurde ich veranlasst mathematische Lernprozesse nicht nur vor dem Hintergrund der mathematikdidaktischen Forschung zu betrachten und zu analysieren, sondern meine Perspektive auf Unterricht durch Ergebnisse der erziehungswissenschaftlichen Migrationsforschung gewinnbringend zu erweitern. Zudem trug sie durch ihr kritisches Hinterfragen und ihre konstruktive Kritik an meinen geschriebenen Texten einen großen Anteil am Gelingen dieser Arbeit bei.

Claudia Koch und Katharina Richthammer haben mich als Forschungsstudentinnen des Graduiertenkollegs tatkräftig unterstützt, weit über den zu erwartenden Rahmen hinaus, wofür ich mich besonders bedanken möchte.

Durch die Offenheit von Prof. Dr. Gabriele Kaiser anderen Forschungsbereichen gegenüber und das frühe Vortragen auf Tagungen erhielt ich Kontakt zu Prof. Dr. Götz Krummheuer, der – ausgewiesen als Experte im Bereich interaktionistischer Ansätze der Interpretativen Unterrichtsforschung der Mathematikdidaktik, worin ich meine Untersuchung verorte – die zugrunde liegende Methodologie und das methodische Vorgehen meiner Arbeit stark prägte. Ich möchte mich vor allem dafür bedanken, dass er stets bereit war, sich mit mir intensiv konstruktiv auseinanderzusetzen und so Probleme gemeinsam zu lösen. Außerdem ermöglichte er es mir, in seiner Arbeitsgruppe mitzuwirken. Den Mitgliedern dieser Arbeitsgruppe möchte ich ebenfalls meinen Dank für die sehr gute Zusammenarbeit aussprechen.

Des Weiteren möchte ich mich bei Prof. Dr. Christine Knipping bedanken, die maßgeblich daran beteiligt war, dass ich einen guten Start in der nationalen und internationalen scientific community hatte. Außerdem gilt Prof. Dr. Uwe Gellert mein Dank, von dem ich viele wertvolle Hinweise zur Erstellung meiner Arbeit erhielt. Bei Kai Gnypke möchte ich mich für unseren stetigen Austausch, gerade in schwierigen Phasen meines Forschungsvorhabens, bedanken.

Eine Forschungsaktivität im Bereich der Unterrichtsforschung ist jedoch auch immer angewiesen auf den Bereich, in dem geforscht wird, d.h. auf die Schulen, Lehrpersonen sowie Schülerinnen und Schüler. An dieser Stelle sei ihnen für ihre Offenheit und Unterstützung gedankt, wodurch sie es mir ermöglicht haben, alltäglichen Unterricht zu erforschen. Aus Gründen der Anonymität werden die Namen der Lehrpersonen nicht erwähnt.

Last but not least möchte ich mich bei meiner Familie, der Familie meiner Frau und meinen Freunden bedanken. Ohne eure Unterstützung wäre vieles, gerade seit der Geburt von Henri, schwer möglich gewesen. Henri, dir danke ich für die Kraft, die ich aus deinem Lächeln zu Beginn eines jeden Tages schöpfen kann. Besonders hervorheben möchte ich hier Tini, meine Frau. Ohne deine Liebe, Unterstützung und Ausdauer, die du mir auch und gerade in schwierigen Phasen großer beiderseitiger Arbeitsbelastung entgegengebracht hast, und ohne die angeregten Diskussionen mit dir wäre ich nicht da, wo ich jetzt bin.

Vielen Dank Ihnen und euch allen!

1   Einleitung

Die Schülerschaft in deutschen Schulen ist zunehmend durch Mehrsprachigkeit und unterschiedliche kulturelle Hintergründe geprägt; aktuell hat nahezu ein Drittel aller Schülerinnen und Schüler im deutschen Schulsystem einen Migrationshintergrund, der maßgeblich durch die Zuwanderung der letzten fünf Jahrzehnte verursacht ist. Trotz dieser seit Beginn der fünfziger Jahre des zwanzigsten Jahrhunderts zunehmenden sprachlichen und kulturellen Vielfalt in deutschen Schulen scheint der Unterricht – der weiterhin in deutscher Sprache ohne Bezug auf die unterschiedlichen sprachlich-kulturellen Hintergründe der Schülerschaft stattfindet – wenig flexibel und angepasst an die Bedürfnisse einer vielfältigen Schülerschaft zu sein. So ist ein zentrales Ergebnis der erziehungswissenschaftlichen Migrations- und Bildungsforschung (Gogolin et al. 2003), das durch internationale Schulleistungsvergleichsstudien wie PISA 2000 und PISA 2003 ausdrücklich bestätigt wird, der Nachweis, dass Schülerinnen und Schüler mit Migrationshintergrund deutlich schlechtere Bildungschancen haben als ihre monolingual deutsch aufwachsenden Mitschülerinnen und Mitschüler.[2] Diese Tatsache ist vor allem deswegen beunruhigend, weil die Anzahl von Schülerinnen und Schülern mit Migrationshintergrund im deutschen Schulsystem nicht mehr zu vernachlässigen ist und so das Potenzial zum Lernen eines Großteils der in Deutschland zur Schule gehenden Schülerinnen und Schüler nicht ausreichend genutzt wird. Der konstruktive Umgang mit sprachlich-kultureller Vielfalt in deutschen Schulen gelingt anscheinend bis jetzt nicht (vgl. Gogolin/Krüger-Portratz 2006, S. 14; OECD 2006, S. 30; Beauftragte der Bundesregierung für Migration, Flüchtlinge und Integration 2005, S. 37; Gogolin et al. 2003).

Die Ergebnisse von PISA 2000 und 2003 sowie IGLU (Bos et al. 2003) legen den Schluss nahe, dass schlechtere Bildungschancen und Schulleistungen – auch die im Fach Mathematik – von Schülerinnen und Schülern mit Migrationshintergrund vorwiegend auf außerhalb der Schule liegende Ursachen, wie z.B. den sozioökonomischen Hintergrund oder die im Elternhaus gesprochene Sprache, zurückzuführen sind (vgl. Deutsches PISA-Konsortium 2001, S. 17 und 504). Ein Zusammenhang zwischen den gemessenen Ergebnissen und außerhalb der Schule liegenden Faktoren ist plausibel, aber es ist gleichwohl nicht anzunehmen, dass die Gestaltung der Schule und des Unterrichts keinen Einfluss auf diese Resultate hat.

In einer Expertise für die Bund-Länder-Kommission für Bildungsplanung und Forschungsförderung, „Förderung von Kindern und Jugendlichen mit Migrations-

---

2   Die Ergebnisse von PISA 2000 und PISA 2003 wurden in den Jahren 2001 bzw. 2004 veröffentlicht. Im Weiteren werden jeweils nur die Bezeichnungen PISA 2000 und PISA 2003 ohne Hinweis auf die Veröffentlichungsjahre angegeben.

hintergrund"[3], schreiben Gogolin et al. (2003), dass ein Innovationsprogramm zur
Förderung von Kindern und Jugendlichen mit Migrationshintergrund in den grundlegenden Bereichen der deutschen Schule, d.h. dem Elementarbereich, der Primar-
stufe und der Sekundarstufe, ansetzen sollte. Dies gilt vor allem, weil der überwiegende Teil der zugewanderten Schülerinnen und Schüler die gesamte Bildungskarriere in der deutschen Schule absolviert haben und so hier die Maßnahmen ansetzen
müssten, „die einem Scheitern an der Schwelle zum bestqualifizierenden allge-
meinbildenden Abschluss oder zum Beruf vorbeugen helfen" (ebenda, S. 12).

Ich habe für meine Untersuchung Grundschulklassen der Jahrgangsstufe 4
zweier Hamburger Grundschulen, kurz vor dem Übergang zu den weiterführenden
Schulen, ausgewählt, die sich durch einen großen Anteil von Schülerinnen und
Schülern mit Migrationshintergrund auszeichneten.[4] Solche Klassen zu finden, ge-
staltete sich in einer Großstadt wie Hamburg nicht weiter schwer. Um jedoch weniger Defizite von Schülerinnen und Schülern mit Migrationshintergrund zu untersuchen, sondern die sprachlich-kulturelle Vielfalt in den Klassen als Potenzial zum
Lernen zu betrachten, welches genutzt werden soll, habe ich solche Klassen ausgewählt, die sich durch einen großen Anteil an durch die Lehrperson ausgesproche-
nen Gymnasialempfehlungen auszeichneten. Klassen, die diesem Kriterium ent-
sprachen, gab es zumindest im Bundesland Hamburg sehr wenig, wodurch ich mich
auf drei Grundschulklassen beschränken musste, in denen jeweils eine oder mehr
als eine Gymnasialempfehlung ausgesprochen wurde. Mir ist und war bewusst,
dass die Gymnasialempfehlung kein objektives Kriterium der Leistungsbeurteilung
der Schülerinnen und Schüler darstellt. Jedoch lässt sich hierüber in einem gewissen Maße ausdrücken, dass die Lehrpersonen dieser Klassen davon auszugehen
scheinen, dass zumindest ein Teil ihrer Schülerinnen und Schüler den Anforderungen eines Gymnasiums gewachsen seien.

Bei den ersten Analysen des Klassengesprächs der vorliegenden Untersuchung
wurden Phänomene im Unterricht rekonstruiert, die Einfluss auf alle Kinder im Unterricht – je nach ihren Fähigkeiten unterschiedlich stark – zu nehmen schienen.
Aus diesem Grund habe ich den ursprünglichen Fokus meiner Untersuchung von
der Rekonstruktion von Unterrichtsbedingungen, die insbesondere mehrsprachige
Kinder vorfinden, dahingehend verändert, dass Gelegenheiten zum Lernen aller

---

3   Im Weiteren werden Textpassagen, die ich zitiere, mit doppelten Anführungsstrichen gekenn-
    zeichnet. Längere Zitate stelle ich zusätzlich eingerückt dar. In den Interpretationen von
    Transkripten werde ich die Zitate zur besseren Lesbarkeit zudem kursiv darstellen. Von mir
    aus der Theorie oder Empirie selbst entwickelte Begriffe werde ich bei ihrer Einführung und
    erstmaliger Verwendung kursiv schreiben. Zum Verdeutlichen eines metaphorischen Wortge-
    brauchs setze ich das betreffende Wort in einfache Anführungsstriche.
4   Zu weiteren Gründen für die Auswahl von Grundschulklassen siehe Kapitel 2.1.

Schülerinnen und Schüler im alltäglichen[5] Unterricht rekonstruiert werden sollen, unter den Bedingungen sprachlich-kultureller Pluralität. Vor diesem Hintergrund gehe ich in meiner Untersuchung folgender Forschungsfrage nach:

Welche Gelegenheiten zum Lernen von Mathematik lassen sich im alltäglichen – durch sprachlich-kulturelle Pluralität der Schülerinnen und Schüler geprägten – Grundschulmathematikunterricht rekonstruieren?

Meine Untersuchung ist qualitativ orientiert und verortet sich in der Interpretativen Unterrichtsforschung, genauer im Bereich interaktionistischer Ansätze der Interpretativen Unterrichtsforschung der Mathematikdidaktik (vgl. Fetzer 2007; Brandt 2004; Krummheuer/Brandt 2001; Naujok 2000; Krummheuer/Naujok 1999; Terhart 1978) und somit in der qualitativen Sozialforschung. Die Datengrundlage besteht aus Transkripten von Videoaufzeichnungen von alltäglichem Grundschulunterricht. Bei der Analyse der Interaktionseinheiten in den videografierten Unterrichtsepisoden orientiere ich mich demnach an einer rekonstruktiv-interpretativen Methodologie und an einem zentralen Element des Forschungsstils der Grounded Theory – dem methodischen Ansatz der komparativen Analyse (vgl. Bohnsack 2007; Strauss/Corbin 1996; Kelle 1994; Glaser/Strauss 1967).

Um im Unterricht selbst liegende Gründe für das schlechtere Abschneiden von Schülerinnen und Schülern, die unter den Bedingungen sprachlich-kultureller Pluralität lernen, in deutschen Klassen auszumachen, lässt sich auf bestehende Forschungsergebnisse der erziehungswissenschaftlichen Migrations- und Bildungsforschung (vgl. z.B. Gogolin et al. 2003) sowie internationaler Schulleistungsvergleichsstudien (PISA 2000, 2003; IGLU 2003) zurückgreifen. Anhand dieser Ergebnisse zeigt sich, dass die im Elternhaus gesprochene Sprache Einfluss auf die Leistungen von Schülerinnen und Schülern im Schulunterricht hat – auch auf die im Mathematikunterricht. Damit rückt die sprachliche Gestaltung des Grundschulmathematikunterrichts aus zweierlei Gründen in den Fokus meiner Betrachtung: Zum einen stellt die Sprache des Unterrichts das Medium dar, in dem der Mathematikunterricht stattfindet. Zum anderen gehe ich davon aus, dass die im Elternhaus gesprochene Sprache deswegen Einfluss auf die Leistungen von Schülerinnen und Schülern hat, weil die Sprache des Elternhauses der Sprache des Unterrichts nicht genügend gleicht und so Passungsprobleme in der Interaktion der Lehrperson mit den Schülerinnen und Schülern auftreten können. Schülerinnen und Schüler, die von zu Hause aus nicht die sprachlichen Fähigkeiten in die Schule mitbringen,

---

5   Zur alltäglichen Lebenswelt Mathematikunterricht siehe Kapitel 3.1.1.
    In der Einleitung werden keine ausführlichen Begriffsexplikationen vorgenommen. Vielmehr geht es darum, die zugrunde liegende Idee der Arbeit darzustellen. Genaue Begriffsexplikationen finden sich in den jeweiligen Kapiteln.

ob aufgrund eines Migrationshintergrundes oder aus anderen z.b. sozioökonomischen Gründen, die für eine erfolgreiche Schullaufbahn in deutschen Schulen benötigt werden, scheinen diese Fähigkeiten auch nicht im Unterricht der Schule zu erlernen. In diesem Zusammenhang rückt die sprachliche Gestaltung des Unterrichts
durch die Lehrperson in den Vordergrund der Untersuchung. An die Lehrpersonen
lässt sich ein besonderer Anspruch formulieren, da diese das Unterrichtsgeschehen
nach ihren methodisch-didaktischen Planungen gestalten und in der Interaktion
fortgeschrittene Individuen darstellen. Es ist zu vermuten, dass die sprachliche Gestaltung des Unterrichts vor allem über verbale Handlungen laufen wird, aber auch
nonverbale Handlungen der Lehrpersonen können das Unterrichtsgeschehen
sprachlich gestalten. Diese Ausdifferenzierungen leiten zu meiner erkenntnisleitenden Forschungsfrage über:

Wie wird der Grundschulmathematikunterricht durch die nonverba-
len und verbalen Handlungen der Lehrperson sprachlich gestaltet?

Diese erkenntnisleitende Forschungsfrage lässt sich in zwei Teilfragen ausdifferen-
zieren. Es wird zur Analyse der sprachlichen Gestaltung des Grundschulmathematikunterrichts durch die Lehrperson nicht jeglicher Mathematikunterricht analysiert,
sondern dieser wird auf Instruktionsphasen des Unterrichts, in denen ein neuer mathematischer Begriff eingeführt wird, beschränkt. In diesen Szenen der Einführung
neuer mathematischer Begriffe kommt der sprachlichen Gestaltung des Unterrichts
durch die Lehrperson meiner Ansicht nach eine besondere Bedeutung zu, da es um
den erstmaligen Aufbau von subjektiv Neuem für die Schülerinnen und Schüler
geht. Die erste Ausdifferenzierung meiner erkenntnisleitenden Forschungsfrage
lautet somit:

Wie wird die Bedeutungsaushandlung bei der Einführung neuer ma-
thematischer Begriffe im Grundschulmathematikunterricht durch die
Lehrperson sprachlich gestaltet?

Unterrichtsforschung zielt häufig auf eine Veränderung des Forschungsgegenstands
‚Unterricht' oder zumindest darauf, eine Möglichkeit zur Veränderung des bestehenden Unterrichts aufzuzeigen. Bei der sprachlichen Gestaltung des Unterrichts
durch die Lehrpersonen wird ein Teil der Handlungen in Form habitualisierter (vgl.
u.a. Bourdieu 1979, S. 164) oder nicht zweckrationalisierter Routinen ablaufen
(vgl. Joas 1996, S. 232), da diese dem Handlungsdruck in den jeweiligen Situationen des Alltags Unterricht geschuldet sind. Lehrpersonen werden keinen bewussten
Zugriff auf diese Handlungsroutinen haben, wodurch diese Routinen implizit bleiben und eine Veränderung des auf diesen Routinen aufbauenden Unterrichts den
Lehrpersonen selbst kaum möglich sein wird. Ziel dieser Untersuchung ist es somit

vor allem, auch diese Handlungen, die routinisiert und habitualisiert ablaufen, zu rekonstruieren, was zur zweiten ausdifferenzierten Teilfrage überleitet:

Welche Routinen und diesen Routinen zugrunde liegende Strukturen lassen sich bei der sprachlichen Gestaltung des Grundschulmathematikunterrichts durch die Lehrperson zur Einführung neuer mathematischer Begriffe rekonstruieren?

Als Ergebnis meiner Untersuchung lassen sich drei Handlungsroutinen der Lehrpersonen zur sprachlichen Gestaltung des Grundschulmathematikunterrichts in Szenen der Einführung neuer mathematische Begriffe rekonstruieren.[6] Diese Handlungsroutinen weisen strukturelle Gemeinsamkeiten und Unterschiede auf, die mit Hilfe der Methode der Komparation herausgearbeitet wurden. Demzufolge unterscheiden sich das didaktisch-methodische Vorgehen zur Einführung neuer mathematischer Begriffe sowie die Verwendung von mathematischen Begriffen oder Fachtermini durch die Lehrpersonen in den drei Handlungsroutinen maßgeblich. Die Charakteristika der Handlungsroutinen zur sprachlichen Gestaltung des Unterrichts durch die Lehrperson zeigen allerdings auch strukturelle Merkmale auf, die sich gleichen. Diese strukturellen Merkmale ermöglichen Aufschlüsse über Gelegenheiten zum Lernen von Schülerinnen und Schülern, die über den Mathematikunterricht in der Grundschule hinausweisen. Als ein gemeinsames zugrunde liegendes Strukturmerkmal der sprachlichen Gestaltung des Unterrichts durch die Lehrpersonen lässt sich eine Implizitheit der Lerninhalte und Vorgehensweisen auf unterschiedlichen Ebenen bei der Einführung neuer mathematischer Begriffe rekonstruieren.

Dieses Vorgehen zur Einführung neuer mathematischer Begriffe war allein mit den im Theorierahmen der Untersuchung aufgearbeiteten mathematikdidaktischen Ansätzen (vgl. Maier 2006, 2004, 1986; Maier/Schweiger 1999; Pimm 1987; Steinbring 2006, 2000, 1993) nicht erklärbar, weswegen ich weitere pädagogische, soziologische und linguistische Ansätze in Kapitel 5 dieser Arbeit zur Theorieerweiterung hinzugezogen habe (vgl. Bourne 2003; Bernstein 1996, 1990; Walkerdine 1984). Durch diese Öffnung des theoretischen Rahmens meiner Untersuchung lässt sich das Vorgehen der Lehrpersonen unter dem Begriff einer *Impliziten Pädagogik*[7] fassen, die sich dadurch auszeichnet, dass entscheidende Aspekte zur Bedeutungsaushandlung der Individuen und die daraus mögliche Konstruktion von situationsüberdauernden ‚Wissensbeständen‘[8] der Individuen bei der Einführung neuer mathematischer Begriffe im Unterricht verborgen bleiben.

---

6   Ergebnisse der Untersuchung finden sich auch in: Schütte (2008).
7   Zum Begriff siehe Kapitel 5.
8   Zur Auseinandersetzung mit dem Begriff des Wissens siehe Kapitel 2.1.

Eine solche Implizite Pädagogik ist dem Grundgedanken verhaftet, dass Schülerinnen und Schüler sich allein auf der Grundlage ihrer mitgebrachten Fähigkeiten Bedeutungen erschließen können. Nicht der Unterricht, die Qualifikation der Lehrenden und ihre Anstrengungen erlangen hiernach den entscheidenden Einfluss auf einen möglichen Schulerfolg von Schülerinnen und Schülern in der Schule, sondern vor allem die mitgebrachten Fähigkeiten der Kinder. Die sprachliche Gestaltung des Unterrichts durch die Lehrperson, die einem solchen Grundgedanken folgt, scheint den bestehenden Verhältnissen sprachlich-kultureller Pluralität im Klassenzimmer nicht hinreichend angepasst zu sein, da durch ein solches Vorgehen bestehende soziale Verhältnisse im Schulsystem reproduziert werden. Die Konsequenz eines solchen impliziten Vorgehens durch die Lehrperson kann zum einen sein, dass eine umfassende Bedeutungsentwicklung der neu zu lernenden Begriffe seitens der Schülerinnen und Schüler beeinträchtigt wird. Zum anderen ist eine mögliche Konsequenz, dass es den Schülerinnen und Schülern erschwert bzw. verwehrt wird, rezeptiv „Teil zu sein" an einem formalsprachlich geprägten Bildungsdiskurs im Unterricht. Darüber hinaus wird ihnen auch die Gelegenheit genommen, den Unterricht aktiv, d.h. produktiv durch „Teilnehmen" (zu den Begriffen vgl. Markowitz 1986, S. 9; s.a. Kap. 2.1) gestalten zu können. Dies geschieht vor allem deshalb, weil die Lehrpersonen durch ihr implizites Vorgehen kein Vorbild im Umgang mit der formalsprachlich geprägten „Bildungssprache" des Unterrichts darstellen (zu dem Begriff vgl. Gogolin 2006, S. 82; s.a. Kap. 2.4).

Im folgenden zweiten Kapitel meiner Arbeit werde ich den theoretischen Rahmen meiner Untersuchung darstellen. Dazu zählen u.a. mein Verständnis von Lernen als kollektiver Prozess (vgl. Miller 1986), die Entwicklung der Interkulturellen Pädagogik und der Interkulturellen Bildungsforschung sowie der Ansatz des monolingualen Habitus von Gogolin (1994), Ergebnisse international vergleichender Studien (PISA 2000, 2003; IGLU 2003), linguistische und soziologische Ansätze, die sich mit dem Einfluss der Sprache auf das Lernen im Unterricht der Schule befassen (vgl. u.a. Bernstein 1973), mathematikdidaktische Ansätze, die sich mit der Bedeutung der Sprache beim Lernen von Mathematik im Grundschulunterricht auseinandersetzen (vgl. u.a. Zevenbergen 2001 a; Maier/Schweiger 1999; Pimm 1987) und die Bedeutungsgenese mathematischer Begriffe im Interaktionsgeschehen des Unterrichts (vgl. u.a. Brandt 2004; Maier 2004; Steinbring 2000, 1993; Krummheuer 1992).

In Kapitel 3 werde ich die Methodologie der Untersuchung, mit der Verortung in der Interpretativen Unterrichtsforschung und der Orientierung am Ansatz der komparativen Analyse darstellen. Hierzu werde ich anfangs methodologische Überlegungen anstellen, die, im Zusammenspiel mit den Ausführungen im theoretischen Rahmen, Entscheidungen auf der Ebene des angewendeten methodischen Vorgehens der Untersuchung begründen. Hieran anschließend werde ich das methodische Vorgehen der Untersuchung anhand der Beispielszene kgV aufzeigen.

Das vierte Kapitel stellt – zusammen mit der Analyse der Szene kgV in Kapitel 3 – den empirischen Kern der Untersuchung dar. Darin werden Analysen von zwei weiteren Szenen zur Einführung neuer mathematischer Begriffe dargestellt. Die Analysen dieser drei Szenen münden in Charakteristika der Handlungsroutinen zur sprachlichen Gestaltung des Unterrichts durch die Lehrperson in Szenen der Einführung neuer mathematischer Begriffe.

Im fünften Kapitel werden die Charakteristika der drei Handlungsroutinen zur sprachlichen Gestaltung des Grundschulmathematikunterrichts einer Komparation unterzogen, um strukturelle Gemeinsamkeiten und Unterschiede herauszuarbeiten. Diese strukturellen Merkmale werden mit Hilfe der im theoretischen Rahmen der Untersuchung dargestellten bestehenden mathematikdidaktischen Theorieansätze zu erklären versucht. Da die Ansätze des theoretischen Rahmens hierfür jedoch nicht ausreichen und die bestehenden aufgearbeiteten mathematikdidaktischen Theorien die analysierten Phänomene der Empirie nicht in Gänze zu beschreiben oder zu erklären vermögen, findet in Kapitel 5 eine Theorieerweiterung[9] der Untersuchung hin zu allgemeinen pädagogischen, soziologischen und linguistischen Ansätzen statt, welche sich für die Erklärung der analysierten Phänomene zur sprachlichen Gestaltung des Grundschulmathematikunterrichts durch die Lehrpersonen als fruchtbar erweisen.

Im sechsten Kapitel dieser Arbeit werden abschließend die Ergebnisse der Arbeit zusammengetragen. Diese werden im Hinblick auf Gelegenheiten zum Lernen neuer mathematischer Begriffe durch die Schülerinnen und Schüler durch die sprachliche Gestaltung des Unterrichts der Lehrperson betrachtet. Zusätzlich werden die Konsequenzen der Ergebnisse der Arbeit dargestellt sowie ein Ausblick auf durch die Ergebnisse der Arbeit neu aufgeworfene Forschungsfragen gegeben.

---

9   Zur Erweiterung bestehender Theorien bzw. zur Theorieentwicklung siehe in Kapitel 3.1.4.3 die Aufarbeitung des von Peirce (1991, 1979, 1974) entwickelten Schlussmodus des hypothetischen Schließens, unter den die „qualitative Induktion" und die „Abduktion" fallen (Kelle 1994, S. 160 f.).

2 Theoretischer Rahmen und Forschungsperspektiven

2.1 Lernen in der Grundschule als kollektiver Prozess

Lernende und Lehrende gestalten in der Grundschule gemeinsam den Interaktionsraum[10] Mathematikunterricht. In diesem Interaktionsraum erhalten Schülerinnen und Schüler sowohl in rezeptiver als auch in produktiver Form Gelegenheiten zum Lernen von Mathematik im Kollektiv der Klassengemeinschaft. Die Gesamtheit der zur Verfügung stehenden Gelegenheiten zum Lernen für die Schülerinnen und Schüler im Interaktionsraum Grundschulmathematikunterricht bezeichne ich im Weiteren als *Lernraum*.[11] Im Fokus meiner Untersuchung steht die Konstituierung des Lernraums im Grundschulmathematikunterricht durch die sprachliche Gestaltung seitens der Lehrperson und die dadurch bedingten Deutungsaktivitäten der Schülerinnen und Schüler in der sozialen Interaktion des Unterrichts.

Miller (1986) spricht in diesem Zusammenhang von „[...]Bedingungen der Möglichkeit von Lernen" (S. 11). Krummheuer und Brandt (2001) beziehen diese Sichtweise auf Lernprozesse verstärkt auf eine Interaktions- bzw. Partizipationstheorie fachlichen Lernens und sprechen von „der interaktiven Bedingung der Möglichkeit des Mathematiklernens in unterrichtlichen Diskursformen" (S. 55). Mit der Bezeichnung Gelegenheit zum Lernen soll, angelehnt an Krummheuer und Brandt (2001) im Folgenden lediglich beschrieben werden, ob und wie für die Schülerinnen und Schüler Gelegenheiten zum Lernen mathematischer Inhalte im Unterricht geschaffen werden. Nicht jedoch, ob und warum das jeweilige Individuum in der vorliegenden Situation lernt, da sich diese kognitiven Leistungen einer Beobachtung entziehen.

Bei der Betrachtung der Gelegenheiten zum Lernen für Schülerinnen und Schüler lässt sich ein besonderer Anspruch an die Lehrpersonen formulieren, da diese

---

10 Unter Interaktionsraum wird nach Soeffner (1992, S. 12) „unser unmittelbarer Anpassungs-, Handlungs-, Planungs- und Erlebnisraum: unser Milieu, das wir mitkonstituieren und dessen Teil wir sind" verstanden, dieser Raum wird von uns „gestaltet" sowie als „bereits gestaltet erfahren".

11 In Bezug auf verständnisvolles bzw. verständnisorientiertes Lernen befassen sich einige Autoren unter dem Begriff der Gelegenheitsstrukturen mit Qualitätsdimensionen in Bezug auf sachliche und fachliche Rahmenbedingungen von Lernprozessen (s. Baumert/Köller 2000, Seidel et al. 2002). Seidel/Prenzel et al. (2002) verwenden z.B. den Begriff der Gelegenheitsstrukturen für die Beschreibung des Wechselspiels zwischen unterrichtlichen Lehrbedingungen und individuellen Lernprozessen. Bei der Untersuchung von Gelegenheitsstrukturen zielen sie auf die Unterrichtsorchestrierung mit Blick auf Funktionen für individuelle kognitive und motivationale Prozesse beim Lernen ab.

das Unterrichtsgeschehen nach ihren methodisch-didaktischen Planungen zu gestalten versuchen und in der Interaktion fortgeschrittene Individuen darstellen.

Die interaktiven Handlungen der Lehrperson zur sprachlichen Gestaltung des Unterrichts sowie die interaktiven Handlungen der Schülerinnen und Schüler umfassen mehr als den rein sprachlichen Bereich. So nehmen auf die sprachliche Gestaltung des Unterrichts auch nonverbale Handlungen Einfluss, wie z.B. Gesten der Beteiligten. Im Weiteren umfasst die Formulierung ‚Handlungen' somit nonverbale und verbale Handlungen, wobei der Fokus auf den verbalen Handlungen der Beteiligten liegt, da nonverbale Handlungen einer systematischen Analyse schwer zugänglich sind und so in den Analysen des Unterrichts vorwiegend zur Stützung von Deutungsalternativen der verbalen Handlungen hinzugezogen werden. Verbale Handlungen werden in diesem Sinne als Handeln mit dem Medium Sprache verstanden.

In Anlehnung an Miller (1986) gehe ich beim Lernen von Individuen von Prozessen aus, die in erster Linie als kollektive Lernprozesse zu bezeichnen sind. Nach Miller stellen kollektive Lernprozesse eine bestimmte Form des kommunikativen Handelns dar. Sie „vollziehen sich im wesentlichen in Form von kollektiven Argumentationen" (S. 10), wobei das Argumentieren als eine interaktionale Voraussetzung für das Lernen anzusehen sei. Das Phänomen des Argumentierens tritt nach Miller (1986) in zweierlei Hinsicht auf als „Argumentieren-Lernen" und als „argumentatives Lernen" (ebenda, S. 22 ff.). Fokussiert wird in dieser Untersuchung der zweite Aspekt, das argumentative Lernen. Schülerinnen und Schüler werden nach Krummheuer und Brandt (2001) in der Regel im Unterrichtsgespräch in Interaktionsprozesse eingebunden, die in der Gesamtheit ihrer Handlungen eine Argumentation erzeugen. Durch die Partizipation an diesen im Unterricht interaktiv hervorgebrachten Argumentationsprozessen wird Krummheuer und Brandt (2001) zufolge Mathematik selbst gelernt (vgl. zum Begriff des argumentativen Lernens Miller 1986, S. 22 ff., Krummheuer/Brandt 2001, S. 17 f.).

Kollektivem Lernen kommen zwei Bedeutungen zu: Einerseits bedeutet kollektives Lernen das Lernen eines Kollektivs, d.h. einer sozialen Gruppe. Andererseits bedeutet es das Lernen eines Individuums im Kollektiv. Diese beiden Bedeutungen von kollektiven Lernprozessen bedingen einander, denn das Lernen eines Kollektivs setzt das Lernen der Individuen im Kollektiv voraus. Für die vorliegende Untersuchung wird Bezug genommen auf die zweite Bedeutung kollektiver Lernprozesse – das Lernen eines Individuums im Kollektiv. Unterricht zielt im Allgemeinen darauf ab, dem Individuum im Kollektiv der Klasse Gelegenheiten zum Lernen zu geben, damit es sich innerhalb der Klassengemeinschaft seinen Fähigkeiten entsprechend entwickeln kann. Das Lernen des Kollektivs, wie der Klassengemeinschaft selbst, ist dabei nicht ausgeschlossen, jedoch zielen die früh einsetzende Bewertungspraxis und die daraus resultierende Selektion von Schülerinnen und Schülern gerade in deutschen Schulen darauf ab, Schülerinnen und Schüler vorwiegend individuell, ihren Fähigkeiten gemäß zu fördern und nicht in erster Linie die soziale Gruppe als Kollektiv lernen zu lassen (vgl. Miller 1986, S. 208 ff.).[12]

Es lässt sich in Anlehnung an Miller die Frage stellen, ob und wie kollektive Lernprozesse möglich sind (1986, S. 32), denn letztendlich muss auch beim Lernen im Kollektiv das Individuum die kognitive Leistung des Lernens erbringen. Diese Frage lässt sich über eine Auseinandersetzung mit Lern- und Entwicklungstheorien, die dem Genetischen Individualismus und dem Genetischen Interaktionismus zuzuordnen sind, beantworten. Für die Vertreter des Genetischen Individualismus[13] ist Lernen ein individueller monologischer Prozess eines Individuums. Dem Genetischen Individualismus zufolge liegen alle entscheidenden Mechanismen zum Lernen in der psychischen Konstitution des Individuums, so dass Mechanismen und Prozesse dieses Lernens auch nur Individuen zugeschrieben werden können. Dem steht die Sichtweise des Genetischen Interaktionismus[14] gegenüber. Für die Vertreter des Genetischen Interaktionismus ist Lernen ein dialogischer Prozess, der sich nur als eine Koordination mentaler Aktivitäten von zumindest zwei Individuen beschreiben lässt. Nach dieser Sichtweise ist Lernen ein Prozess des Individuums im Kollektiv. Ein entscheidender Unterschied beider Sichtweisen auf das Lernen von Individuen ist somit, dass der Genetische Interaktionismus im Gegensatz zum Genetischen Individualismus davon ausgeht, dass nur in der sozialen Gruppe und aufgrund sozialer Interaktionsprozesse zwischen den Individuen dieser Gruppe, dem einzelnen Individuum fundamentale Lernschritte ermöglicht werden können (vgl. Miller 1986, S. 15 ff.).[15]

---

12   Ein Ansatz der sich mit dem Lernen des Kollektivs, d.h. mit dem Lernen der sozialen Gruppe der Klassengemeinschaft beschäftigt findet sich bei Fetzer 2007.

13   Der Genetische Individualismus steht in der Tradition des ‚späten‘ Piaget und Kohlberg (vgl. Miller 1986, S. 15 ff.).

14   Der Genetische Interaktionismus geht auf Grundannahmen soziologischer und psychologischer Arbeiten zurück wie z.B. denen von Durkheim, Mead, dem ‚frühen‘ Piaget und Vygotski. In diesen Arbeiten wird die soziale Kooperation oder soziale Interaktion als grundlegend für Lernprozesse des Individuums angesehen (vgl. Miller 1986, S. 15 ff.).

15   Miller (1986) unterscheidet bei seiner Entwicklung einer soziologischen Lerntheorie Lernprozesse in zwei Dimensionen. Die erste Dimension differenziert danach, ob Basistheorien gelernt werden oder auf der Grundlage dieser Basistheorien anwendungsbezogenes Wissen. Die zweite Dimension differenziert danach, ob die Lernprozesse in wesentlicher Form dialogisch oder monologisch geführt werden. Anhand dieser beiden Dimensionen unterscheidet Miller bei Lernprozessen relatives, fundamentales und autonomes Lernen. Relative Lernprozesse zeichnen sich durch eine monologische Form aus, in der sich anwendungsbezogenes Wissen angeeignet wird. Fundamentales Lernen findet dialogisch statt und dient zur Aneignung von Basistheorien. Als Beispiel für autonomes Lernens lässt sich ein genuin wissenschaftliches Problemlösungsverhalten verstehen, denn autonomes Lernen zeichnet sich durch

Mit diesem Verständnis Millers vom Lernen als einen Prozess der Sozialisation in eine Fachkultur lässt sich meine Untersuchung von Lernprozessen in alltäglichen Unterrichtsinteraktionen theoretisch an der Schnittstelle zwischen soziologischen Theorien und psychologischen Lerntheorien ansiedeln. Hierzu wird im Weiteren nicht nur Bezug genommen auf die Lerntheorie des Genetischen Interaktionismus, sondern auch auf den soziologischen Ansatz des Symbolischen Interaktionismus[16] (Blumer 1975, 1969; Mead 1968). Mit dem Genetischen Interaktionismus und dem Symbolischen Interaktionismus als grundlegenden Theoriebezügen wird für die Analysen des Interaktionsgeschehens auf Arbeiten interaktionistischer Ansätze der „Interpretativen Unterrichtsforschung" (vgl. zum Begriff Terhart 1978; Krummheuer/Naujok 1999, S. 13–26; Kap. 3.1.4) der Mathematikdidaktik zurückgegriffen.

Der Symbolische Interaktionismus setzt in Abgrenzung von der traditionellen Bewusstseinsphilosophie nicht beim Bewusstsein des handelnden Individuums an, sondern „bei der Einheit der praktischen Handlung und der Krisensituation" (Wagner 2006, S. 148) Nach den Grundannahmen des Symbolischen Interaktionismus (Blumer 1975; Mead 1968; Turner 1988, S. 12 ff.) stellt sich die Wirklichkeit für jedes Individuum so dar, wie das Individuum das Geschehen um sich herum interpretiert und welche Bedeutung es ihm zuschreibt. Wirklichkeit entsteht in einem individuellen Deutungsprozess und ist somit nicht per se gesetzt oder gegeben. Die Deutungsprozesse entwickeln sich im Austausch mit anderen Individuen, in der sozialen Interaktion und werden durch diese beeinflusst, so dass die individuelle Deutung der Wirklichkeit erst gemeinsam konstruiert und hervorgebracht wird.

> „Der symbolische Interaktionismus ist eine theoretische, methodische und empirische Richtung in der Soziologie und den Sozialwissenschaften, die die symbolisch vermittelte Interaktion auf der evolutiven Stufe der humanen Gattung konstitutionstheoretisch als Basis der Produktion, Reproduktion und Transformation der sozialen Wirklichkeit ansieht" (Wagner 2006, S. 148).

Hiernach werden in der sozialen Interaktion von den Individuen „Bedeutungen, Strukturierungen und Geltungsnormen ausgehandelt, abgeändert und stabilisiert ..." (Krummheuer 1992, S. 14). Der Symbolische Interaktionismus konzentriert sich also darauf, wie in Interaktionen durch die Akteure Vorstellungen entwickelt, verändert und geprägt werden, was mit bestimmten Handlungen gemeint ist, wie man sie verstehen und interpretieren kann. Hierdurch formen sich Erwartungshaltungen,

---

eine monologische Form aus, in der sich Basistheorien angeeignet werden. Letzteres wird insofern bei Schülerinnen und Schülern in der Grundschule kaum vorzufinden sein (vgl. ebenda, S. 140 f.).

15 Der Symbolische Interaktionismus geht zurück auf Blumer, der als Schüler Meads an dessen pragmatisch-naturalistischen Ansatz anknüpfte und 1937 den Begriff des Symbolischen Interaktionismus prägte (vgl. Wagner 2006, S. 148 ff.).

Normvorstellungen und Interpretationsweisen mit einer gewissen situationsüberdauernden Geltung (vgl. Krummheuer/Fetzer 2005, S. 17).

Der Genetische Interaktionismus konzentriert sich darauf, wie die einzelnen Beteiligten hierdurch gemeinsam für sich Bedeutungen konstruieren bzw. hervorbringen und dadurch gegebenenfalls *situationsüberdauernde Bedeutungszuschreibungen*[17] verankern. In vielen Arbeiten werden diese von mir als situationsüberdauernde Bedeutungszuschreibungen mit *Wissen* bezeichnet.[18] Der Begriff Wissen hat jedoch die Konnotation von in den Objekten ‚liegenden‘ eindeutigen Eigenschaften, die das Individuum nur zu erfahren und kognitiv zu verankern hat. Nach dem Ansatz des Genetischen und Symbolischen Interaktionismus lässt sich die soziale Interaktion, in der kollektiv Bedeutungen ausgehandelt werden, als Konstituente von Lernprozessen betrachten. Hiernach müssen die Bedeutungen und auch solche, die eine situationsüberdauernde Geltung bekommen, kollektiv ausgehandelt werden und sind nicht in den Objekten der Bedeutungsaushandlung enthalten.[19]

Trotz der Verortung im Genetischen und Symbolischen Interaktionismus gehe ich davon aus, dass sich bei Individuen auch „individuelle Argumentationen" (Miller 1986, S. 223) rekonstruieren lassen. Solche individualisierten Lernprozesse schreibt Miller jedoch der späteren Entwicklung des Individuums zu. Sie dienen der reflexiven Vertiefung dessen, was ursprünglich kollektiv gelernt wurde. Miller bezeichnet diese Lernprozesse als „autonomes Lernen" (ebenda, S. 223). Den Zusammenhang zwischen kollektiven und individuellen Argumentationen beschreibt Miller (1986) wie folgt:

> „Kollektive Argumentationen lassen sich bereits bei Kindern im 2. Lebensjahr beobachten [vgl. Miller 1979]. Es liegt deshalb die empirische Hypothese nahe, daß kollektive Argumentationen auf eine implizite Weise einen Lern- und Erkenntnisprozeß ermöglichen, der dann später, im Falle des ‚autonomen Lernens‘, in einer zwar strukturell analogen, jetzt allerdings reflektierten und expliziten Form von potentiell ‚einsamen‘ Individuen in individuellen Argumentationen vollzogen werden kann. ‚Autonomes Lernen‘ ist, wenn diese ontogenetische Hypothese zutrifft, eine systematisierte, individualisierte, reflexive und explizite Form dessen, was als ‚kollektives Lernen‘ von Beginn an den Entwicklungs- und Bildungsprozeß des Individuums vorantreibt" (ebenda, S. 223).

Vor allem im Unterricht der Grundschule, wo sehr junge Schülerinnen und Schüler aufeinander treffen, laufen Miller folgend Lernprozesse vorwiegend kollektiv und dialogisch ab, wonach dort dem autonomen Lernen eine eher geringe Bedeutung

---

17 Zum Begriff s.a. Krummheuer 1992, S. 5.

18 Siehe z.B. die Arbeiten von Steinbring (2006, 2000, 1993); vgl. Kapitel 2.4 dieser Arbeit.

19 In Zitaten oder bei Vergleichen mit anderen Arbeiten werde ich, obwohl ich mich hier vom Wissensbegriff distanziere, teilweise den Begriff Wissen verwenden, sofern dieser explizit in der von mir herangezogenen Literatur verwendet wird.

beizumessen ist. In diesen kollektiven Lernprozessen im Unterricht lernen nicht nur die Schülerinnen und Schüler, die aktiv, d.h. produktiv den Lernraum durch ihre verbalen Handlungen mitgestalten, sondern auch diejenigen Schülerinnen und Schüler, die passiv, d.h. eher rezeptiv im Unterricht sind. Brandt (2006, S. 19) betont, dass die Mitgestaltung des Unterrichts durch die Schülerinnen und Schüler weit darüber hinausgeht, „dass Lernende das angebotene Lernarrangement annehmen oder ablehnen können bzw. gemäß ihren individuellen Fähigkeiten und Kompetenzen ‚verarbeiten'. Vielmehr ‚generieren' sie erst durch ihre spezifische Art der Beteiligung das Lernarrangement." Erst durch die wechselseitig aufeinander bezogenen verbalen Handlungen der Lernenden und der Lehrperson wird der Lernraum gestaltet. Diese wechselseitig aufeinander bezogenen verbalen Handlungen stellen nach Theorien des Genetischen und Symbolischen Interaktionismus einen interpretativen Akt der Individuen dar.

Markowitz (1986, S. 9) unterscheidet in Zusammenhang mit der Mitgestaltung der Lernenden im Unterricht zwischen „Teil sein" – dem eher rezeptiven Aspekt der eigenen Handlungen, der sich an den Handlungen der anderen orientiert – und dem „Teilnehmen" – dem gestaltenden produktiven Aspekt der eigenen Handlungen, an dem sich die Handlungen der anderen orientieren.[20] Von einer in kollektiven Argumentationen hervorgebrachten Problemsituation kann ein Lernzwang für alle Beteiligten, selbst für die vorwiegend Teil seienden und gegen die Interessen der Einzelnen, ausgehen, sofern diese Problemsituation für das Individuum eine kritische Qualität erlangt, so dass es mit Selbstwidersprüchen konfrontiert wird. Miller (1986) beschreibt die Bedingungen für einen solchen Lernzwang folgendermaßen:

> „Damit kollektive Argumentationen auch unter Umständen gegen den Willen und gegen die unmittelbaren Interessen eines Beteiligten dennoch für diesen zwingende Lernimpulse auslösen können, muß es der jeweiligen Gruppe von Argumentierenden gelingen, den betreffenden Teilnehmer mit Selbstwidersprüchen zu konfrontieren. Und die Wirksamkeit kollektiver Argumentationen als ein Lernmechanismus läßt sich dann steigern, wenn potentiell jeder Argumentationsteilnehmer über die argumentativen Fähigkeiten verfügt, um für einen anderen Teilnehmer eventuell eine solche kritische Lernphase zu initiieren. Die dazu erforderlichen argumentativen Fähigkeiten setzen jedoch bereits ein gewisses Verständnis der Logik der Argumentation voraus" (S. 335).

Bei diesen kollektiven Lernprozessen der frühen Entwicklung des Individuums bis etwa gegen Ende des Vorschulalters wird der kollektive Lernmechanismus nach Miller (1986, S. 335 ff.) vorwiegend durch die Interaktion zwischen einem lehren-

---

20 Zu rezeptiven und produktiven Formen der Mitgestaltung von Schülerinnen und Schülern im Unterricht siehe Krummheuer/Brandt (2001), Brandt (2002), Krummheuer/Fetzer (2005) sowie Fetzer (2007).

den und einem lernenden Individuum gestaltet. Das lernende Individuum benötige in diesen Phasen einseitige Interventionen seitens eines in der Entwicklung fortgeschritteneren Individuums. In der Schule stellt dieses in der Entwicklung fortgeschrittenere Individuum meist die Lehrperson dar, es kann aber auch in Gruppenarbeitsphasen oder Spielformen eine Mitschülerin oder ein Mitschüler sein.

Der Unterricht in der Grundschule findet im Gegensatz zum Vorschulunterricht zu einem späteren Zeitpunkt der Entwicklung der Schülerinnen und Schüler statt, so dass die Lernenden sich nicht nur „heteronomen Rationalisierungszwängen" (ebenda, S. 339) aussetzen, die ihnen einseitig von einem Lehrenden auferlegt werden, sondern sich auch „reziproken Rationalisierungszwängen" (ebenda, S. 339) aussetzen, die ihnen wechselseitig von ihren mitlernenden Mitschülerinnen und -schülern auferlegt werden.[21] Trotzdem wird in meiner Untersuchung eine wesentliche Rolle für die Konstituierung des Lernraums im Grundschulmathematikunterricht und damit für die Konstituierung des Lernens der Lehrperson zugeschrieben, da diese nicht nur ein in der Entwicklung fortgeschritteneres Individuum darstellt, sondern auch willentlich das Unterrichtsgeschehen und so auch den Lernraum nach ihren didaktisch-methodischen Planungen zu gestalten versucht. Die Lehrperson übt heteronome Rationalisierungszwänge auf die Schülerinnen und Schüler aus und versucht auch, auf die reziproken Rationalisierungszwänge Einfluss zu nehmen, die die Lernenden von ihren Mitschülerinnen und Mitschülern auferlegt bekommen (vgl. ebenda, S. 337 ff.).

Dieser Einfluss der Lehrperson auf die Gelegenheiten zum Lernen für die Schülerinnen und Schüler nimmt vor allem in einer alltäglichen Unterrichtspraxis zu, die sich durch Unterrichtsformen auszeichnet, in denen der Handlungsspielraum der

---

21 Der Begriff Zwang hat in der vorliegenden Argumentation zwei Bedeutungen: Zum einen verwendet Miller (1986) den Begriff Zwang im Zusammenhang mit der kollektiven Argumentation, in der das bessere Argument das Individuum durch Selbstwidersprüche in eine zwanghafte Situation des Lernens versetzen kann. Habermas (2001, S. 44 ff.) spricht in Bezug auf Zwang bei einer Argumentation von der Zwanglosigkeit der Kommunikation, die demnach frei von Restriktionen sein muss. Er definiert Kommunikation als erfolgreich, wenn diese in Form eines herrschaftsfreien und rational-argumentativen Dialogs abläuft. In diesem Dialog würde sich der *zwanglose Zwang* des besseren Arguments, d.h. die rationale Akzeptabilität einer entsprechenden Aussage, gegenüber der Überzeugungskraft der besseren Argumente durchsetzen. Zum anderen wird Zwang auf der ‚Hierarchieebene' der an der Unterrichtsinteraktion beteiligten Lernenden und Lehrenden verwendet. So wird der heteronome Rationalisierungszwang von der Lehrperson auf die Schülerinnen und Schüler ausgeübt. Eine Schülerin oder ein Schüler steht in der Interaktion mit Lehrpersonen aufgrund der vorliegenden Hierarchie unter einem anderen Rechtfertigungszwang als in der Interaktion mit Mitschülerinnen und Mitschülern. Hier wirken reziproke Rationalisierungszwänge auf der Ebene gleichberechtigter Interaktionsteilnehmer.

Schülerinnen und Schüler durch eine Dominanz seitens der Lehrperson eingeschränkt wird (s. hierzu u.a. Bauersfeld 1978, S. 162 ff.; Voigt 1984, S. 128).

Die anfangs in Anlehnung an die Aussagen Millers gestellte Frage, wie kollektive
Lernprozesse möglich sind, lässt sich nach dem Autor (1986, S. 32) zurückführen
auf „[...] die Frage nach den Bedingungen der Möglichkeit individueller Lernprozesse". Diese wiederum lässt sich nach den obigen theoretischen Ausführungen für
meine Untersuchung darauf zurückführen, welche Gelegenheiten zum Lernen von
Mathematik im deutschen Grundschulmathematikunterricht durch die Lehrperson
geschaffen werden, um die einzelnen Schülerinnen und Schüler in die Lage zu versetzen, Neues zu lernen. Darüber hinaus lässt sich mit Markowitz (1986, S. 9) hinterfragen, inwieweit für die Schülerinnen und Schüler im untersuchten Grundschulmathematikunterricht Bedingungen durch die Lehrperson geschaffen werden,
damit sie ein Teil des Lernraums sein können und auf der Grundlage dieses „Teil
seins" Gelegenheiten erhalten, um z.B. in Form „aktiver Partizipation an kollektiven Argumentationen" (vgl. zum Begriff Krummheuer/Brandt 2001, S. 38 ff.) des
Klassengesprächs aktiv „teilnehmen" und so Neues zu lernen.

In beiden auf meine Untersuchung bezogenen Fragen taucht der Begriff des Lernens von Neuem auf. Aber wie lässt sich Neues erlernen? Oder, mit Miller (1986),
wie sind „[...] die Bedingungen der Möglichkeit der Entstehung vom ‚Neuen‘" (S.
280). Diese Frage geht auf das Menon-Paradox[22] zurück. Dieses legt das Problem
dar, dass das Neue einerseits nicht identisch mit dem Alten sein kann, denn dann
wäre es kein Neues, und andererseits, dass das Neue jedoch auch nicht ohne Beziehung zum Alten stehen kann, denn dann wäre es für das Individuum nicht verstehbar und damit kognitiv nicht zu erreichen:

> „Wenn sich aber das Neue als Neues jenseits der Bewußtseinsschranken des einzel-
> nen Subjekts befindet, so muß es für das einzelne Subjekt eine Möglichkeit der Er-
> fahrungskonstitution geben, mit der es auf eine systematische Weise bereits existie-
> rendes subjektives Wissen transzendieren kann, oder es könnte kein ‚Neues‘ und
> damit auch keine Entwicklung geben" (ebenda, S. 281).[23]

---

22 In Platons Dialog ‚Menon‘ versuchen Menon und Sokrates die Frage zu beantworten, ob die
Tugend zu lehren oder lernen sei. Hierbei stoßen sie auf folgendes Paradox: Wenn man etwas
weiß, kann man es nicht mehr lernen, und wenn man es noch nicht weiß, kann man es ebenfalls nicht lernen, denn man weiß nicht, was zu lernen ist.

23 Miller bezieht sich bei der Auseinandersetzung mit dem Neuen auf Adorno (1973). Dieser
versteht Entwicklungsprozesse zum Neuen hin oder das Lernen von Neuem als ein be-
schränktes Potenzial von Möglichkeiten zum Lernen, welche in den Gegenständen der empirischen Erfahrung der Subjekte zuvor angelegt sind, also nicht gänzlich neu sind: „Das Neue
ist keine subjektive Kategorie, sondern von der Sache erzwungen, die anders nicht zu sich
selbst, los von Heteronomie, kommen kann. Aufs Neue drängt die Kraft des Alten, das, um
sich zu verwirklichen, des Neuen bedarf" (ebenda, S. 40). Das beschränkte Potenzial von

Die lernenden Subjekte müssen, obwohl sie im Schulunterricht in der Entwicklung ein fortgeschritteneres Gegenüber in der Lehrperson haben, mit Hilfe ihrer eigenen Erfahrungen selbst das Neue für die eigene Kognition konstruieren. Diese kollektiven Lernprozesse im Grundschulunterricht laufen vorwiegend dialogisch ab. Bei der Betrachtung des Lernens von Neuem stellt sich die Frage, wie die Individuen die Potenziale von Gelegenheiten zum Lernen ausschöpfen können, und zuvor noch, ob diese Potenziale von Gelegenheiten zum Lernen ausreichend vorhanden sind, um ein Lernen von Neuem zu ermöglichen.

Um Unterrichtsszenen zu analysieren, in denen eine große Anzahl von Gelegenheiten zum Lernen von Mathematik erwartet werden können, wurden für die Analysen des Unterrichts vorliegend Szenen aus Instruktionsphasen innerhalb des Klassengespräches ausgesucht, in denen durch die Lehrperson jeweils ein neuer mathematischer Begriff eingeführt wurde. Es ist zu erwarten, dass in diesen Szenen verstärkt kollektive Lernprozesse ablaufen, in denen es um die erstmalige Konstruktion von subjektiv Neuem für die einzelnen Schülerinnen oder Schüler geht.

Einen entscheidenden Aspekt bei der Analyse dieser Szenen der Einführung von Neuem im Unterricht stellt die Tatsache dar, dass die Gestaltung des Unterrichts durch die Lehrperson und somit auch die Interaktionsprozesse, in denen die Schülerinnen und Schüler im Grundschulmathematikunterricht Gelegenheiten zum Lernen erhalten, vorwiegend über das Medium Sprache ablaufen.

2.2 Multilingualität in der deutschen Schule – ein Phänomen nicht nur sprachlich-kultureller Pluralität

Meine Untersuchung befasst sich mit der sprachlichen Gestaltung des Grundschulmathematikunterrichts an deutschen Schulen und den potenziell daraus resultierenden Gelegenheiten zum Lernen von Mathematik für Schülerinnen und Schüler. Die sprachliche Gestaltung des Unterrichts erlangt eine besondere Bedeutung vor dem Hintergrund sprachlich-kultureller Pluralität aufgrund von Migration in der deutschen Gesellschaft. Es ist zu erwarten, dass äußere Bedingungen, in denen monolingual deutsch aufwachsende Kinder und solche mit Migrationshintergrund in Deutschland leben, Einflüsse auf Prozesse haben, die innerhalb des Unterrichts ab-

---

Möglichkeiten zum Lernen von Neuem beschreibt Adorno über das Modell des Kindes, das auf einem Klavier einen ihm unbekannten Akkord ertastet. Die Existenz des Akkordes wird nicht erst vom Kind erschaffen. Es gab diesen Akkord schon zuvor und die Möglichkeiten seiner Kombination sind durch die Klaviertastatur begrenzt. Das Neue bei Adorno wird jedoch dadurch begrenzt, dass es sich ausschließlich dadurch auszeichnet, nicht identisch mit dem Alten zu sein.

laufen. Deswegen werde ich im folgenden Abschnitt einen Blick auf das Thema Migration werfen. Im Einzelnen sind das die Auswirkungen von Migration auf die Zusammensetzung der Schülerschaft in deutschen Schulen, die Entwicklung einer interkulturellen Pädagogik und interkulturellen Bildungsforschung, die jüngsten Ergebnisse von Schulleistungsvergleichen von Schülerinnen und Schülern mit und ohne Migrationshintergrund und die hieraus abzuleitende Bedeutung der Sprache für das Lernen in der Schule. Im Anschluss hieran werde ich einen Ansatz der interkulturellen Bildungsforschung von Gogolin (1994) näher darstellen, der für meine Analysen als fruchtbar erscheint.

2.2.1 Die Auswirkung von Migration auf das deutsche Schulsystem

In Deutschland lässt sich eine zunehmende sprachlich-kulturelle Pluralisierung der Gesellschaft ausmachen, die auf die Zuwanderung seit den 1950er Jahren zurückzuführen ist. Die höchsten Zuwanderungsraten sind zu Beginn der 1990er Jahre zu verzeichnen, was auf den Zusammenbruch der sozialistischen Staaten zurückzuführen ist (vgl. Gogolin/Krüger-Potratz 2006, S. 15 ff.). Die Beauftragte der Bundesregierung für Migration, Flüchtlinge und Integration schreibt in ihrem 6. Bericht über die Lage der Ausländerinnen[24] und Ausländer in Deutschland (2005):

> „Wir müssen uns der Tatsache, dass wir eine Einwanderungsgesellschaft sind, deren Bevölkerung in den letzten Jahrzehnten ethnisch, kulturell und religiös immer vielfältiger geworden ist, und damit auch diesen Fragen viel grundsätzlicher stellen, als wir dies bisher getan haben" (ebenda, S. 30).

Nach dem OECD-Bericht „Where Immigrant Students Succeed" (2006), der in Anbetracht inkonsistenter Kategorien in verschiedenen Ländern nach „foreign-born" und „foreign-nationality" (ebenda, S. 21) trennt, beträgt der Anteil an der Bevölkerung in Deutschland, der im Ausland geboren ist, 12,5 % und der Anteil derjenigen, die eine ausländische Nationalität haben, 8,9 % der Bevölkerung. Anhand dieser

---

24 In der vorliegenden Arbeit wird für Schülerinnen und Schüler, die selbst migriert sind oder von denen mindestens ein Elternteil gewandert ist, der Ausdruck „Schülerinnen und Schüler mit Migrationshintergrund" verwendet. Im Bericht der Beauftragten für Migration, Flüchtlinge und Integration heißt es:
„Die Begriffe ‚Ausländerin' und ‚Ausländer' werden in diesem wie in allen vorangegangenen Berichten vor allem in rechtlichen und statistischen Zusammenhängen verwendet, da sie dort – zur Bezeichnung nichtdeutscher Staatsangehöriger – Teil der Fachsprache sind" (Beauftragte der Bundesregierung für Migration, Flüchtlinge und Integration 2005, S. 36). Da diese Art der Benennung von Menschen mit Migrationshintergrund jedoch an das Merkmal der rechtlichen Staatsangehörigkeit gekoppelt ist, was nur einen Teil der zugewanderten Bevölkerung beschreibt, können so keine genauen Auskünfte über Migrationsbewegungen und die Zusammensetzung der Migrantenbevölkerung in Deutschland gegeben werden (vgl. Gogolin/Krüger-Portratz 2006, S. 15).

Kategorisierung trennt der OECD-Bericht (2006) bei der Betrachtung von Leistungen der Schülerinnen und Schüler in 17 ausgewählten Staaten nach folgenden drei Kategorien:

> „*first-generation students* (foreign-born students with foreign-born parents), *second-generation students* (students born in the country of assessment with foreign-born parents and *native students* (students with at least one parent born in the country of assessment)" (S. 25 f., Hervorhebungen des Autors).[25]

Für die Beschäftigung mit dem Thema Lehren und Lernen in einer multilingualen und multikulturellen Schülerschaft erscheint es mit Blick auf die Gruppe von Migranten der zweiten Generation sinnvoll, diese Aufteilung stärker zu differenzieren. Schülerinnen und Schüler, bei denen nur ein Elternteil gewandert ist, fallen nach obiger Kategorisierung zusammen mit den monolingual deutsch aufwachsenden Kindern in die Kategorie der native students. Erstere Schülerinnen und Schüler werden im Elternhaus gleichwohl sprachlich-kulturelle Praktiken erfahren, die denen in der deutschen Schule eventuell weniger ähneln, als es die Praktiken ihrer monolingual aufwachsenden Mitschülerinnen und Mitschüler tun. Laut des OECD-Berichtes (2006) gibt es jedoch Vorstudien, die zu dem Ergebnis kommen, dass die Schulleistungen von Schülerinnen und Schülern aus so genannten „‚combined' families" (ebenda, S. 26), den Leistungen monolingual aufwachsender Schülerinnen und Schüler ähneln (vgl. Gonzales 2002), was eine solche Aufteilung zu legitimieren scheint.

Nach dem Bericht der Beauftragten der Bundesregierung für Migration, Flüchtlinge und Integration (2005) haben mittlerweile mehr als 14 Millionen Menschen in Deutschland einen Migrationshintergrund. Jedes vierte neugeborene Kind hat zumindest einen gewanderten Elternteil. Nahezu ein Drittel der Schülerinnen und Schüler in deutschen Schulen kommt nach dem Bericht der Beauftragten der Bundesregierung aus Migrantenfamilien. Diese große Anzahl von Schülerinnen und Schüler mit Migrationshintergrund in Deutschland führt dazu, dass die Schüler-

---

25 In dem OECD Bericht erfolgte die Auswahl der Staaten nach folgenden Kriterien:
- der Anteil an Kindern mit Migrationshintergund beträgt mindestens 3% (first-generation students und second-generation students)
- zudem mussten 3% der Schülerinnen und Schüler eine andere Sprache im Elternhaus sprechen als die Sprache des Unterrichts bzw. als die Landessprache
- und es mussten von über 100 Schülerinnen und Schüler mit Migrationshintergrund Daten vorliegen.

Hiernach umfasst der Bericht Ergebnisse von 17 Staaten. Bei den 14 ausgewählten OECD-Staaten des Berichtes handelt es sich um Australien, Belgien, Dänemark, Deutschland, Frankreich, Kanada, Luxemburg, Niederlande, Neuseeland, Norwegen, Österreich, Schweden, Schweiz und die Vereinigten Staaten von Amerika. Die drei Partnerstaaten sind Hongkong-China, Macao und die Russische Föderation.

schaft an deutschen Schulen zunehmend durch Mehrsprachigkeit und unterschiedliche kulturelle Hintergründe geprägt ist (vgl. ebenda, S. 30). Es stellt sich hiernach die Frage, wie die Unterrichts- und Bildungsforschung sowie die Institution der Schule diesen gesellschaftlichen Rahmenbedingungen aller Schülerinnen und Schüler begegnen und ob bzw. wie allen Schülerinnen und Schülern gleichermaßen in deutschen Schulen ermöglicht wird, einen möglichst günstigen Lernraum mit vielen Gelegenheiten zum Lernen zu erhalten.

2.2.2 Die Entwicklung der Interkulturellen Pädagogik und der Interkulturellen Bildungsforschung in Deutschland

Die sprachlich-kulturelle Pluralität in Deutschland ist im überwiegenden Maße auf die grenzüberschreitende Migration, beginnend mit dem Ende des Zweiten Weltkrieges, durch die ‚Gastarbeiteranwerbung‘ in den 1950er Jahren zurückzuführen. Der Tatsache, dass deshalb die Bevölkerung und damit auch die Schülerinnen und Schüler im deutschen Schulsystem sprachlich-kulturell vielfältig wurden und heute noch sind, wurde hingegen in deutschen Bildungseinrichtungen zeitlich erst deutlich versetzt Aufmerksamkeit geschenkt (vgl. Gogolin/Krüger-Portratz 2006, S. 14).

Ein bis zwei Jahrzehnte nach dem Einsetzen der ersten ‚Gastarbeiterströme‘ der 1950er Jahre begann sich die Interkulturelle Pädagogik zu entwickeln, dies jedoch anfangs ausschließlich in den pädagogischen Handlungsfeldern Schule und Sozialarbeit. Hierbei lag das Augenmerk vorerst auf der Fortbildung bereits ausgebildeter Pädagoginnen und Pädagogen und nicht auf einem differenzierten Angebot in der Erstausbildung der Studierenden an den Universitäten. Erst Ende der 1970er und mit Beginn der 1980er Jahre wurden an mehreren deutschen Hochschulen Zusatzstudiengänge eingeführt, die als gemeinsame inhaltliche Thematiken Interkulturelle Pädagogik, Deutsch als Zweitsprache und Grundkenntnisse in einer der ‚zugewanderten Sprachen‘ lehrten. Eine Etablierung der Interkulturellen Pädagogik als Querschnittaufgabe in der Ausbildung von Studierenden lässt sich erst seit Ende der 1990er und Beginn der 2000er Jahre an deutschen Hochschulen ausmachen (vgl. Gogolin/Krüger-Portratz 2006, S. 196 f.).

Gleichzeitig mit der Entwicklung der Interkulturellen Pädagogik etablierte sich in den 1980er Jahren an den deutschen Hochschulen der Forschungszweig der Interkulturellen Bildungsforschung. Vorrangiges Forschungsinteresse der Interkulturellen Bildungsforschung ist es, auf einer traditionell monolingual-monokulturellen Grundorientierung nationalstaatlich verfasster Institutionen der Bildung und Erziehung sowie einer diesbezüglich herrschenden Selbstüberzeugung der Individuen dieser Institutionen die Reaktionen dieser Institutionen und Individuen im Bildungsprozess auf das Phänomen sprachlich-kultureller Pluralität zu ermitteln (vgl.

Gogolin 2002, S. 263). Anfangs beschäftigte sich die Interkulturelle Bildungsforschung mit den Manifestationen von ‚Fremdheit‘, den daraus resultierenden Defiziten der ‚Fremden‘ und Versuchen, diese Fremdheit durch eine Überführung der Fremden in die eigene ‚Kultur‘[26] zu überwinden. Jedoch führte eine solche Interkulturelle Bildungsforschung, die sich mit oberflächlichen Erscheinungen von Fremdheit befasste zum Teil zu kurzschlüssigen Kategorisierungen. Durch ein vorerst verhältnismäßig unreflektiertes Anknüpfen an alltagsorientierten Vorstellungen von Kultur, konstruierte die Bildungsforschung selbst ihre Klienten und deren Probleme, die sie sodann unter pädagogische Betreuung stellte. Die neuere Interkulturelle Bildungsforschung hingegen grenzt sich hiervon ab und stellt Migration sowie ihre Folgen in einen ganzheitlichen Kontext, nach dem die durch Migration entstandene Vielfältigkeit der Gesellschaft als ein nicht zu revidierender sozialer Prozess betrachtet wird, den es mit dem Blick auf das Leben aller Beteiligten in der Gesellschaft zu erforschen gilt:

> „Nicht ‚der Migrant‘ und die ihm zugeschriebenen kulturellen Manifestationen sind
> Objekt der Betrachtung, sondern die Konstellationen und die Institutionen sind es, in
> der Gewanderte und Nichtgewanderte agieren oder interagieren. [...] Danach richtet
> sich die Aufmerksamkeit darauf, sprachliche und kulturelle Pluralität als einen Zu
> sammenhang zu betrachten, der zu den nicht umkehrbaren und unhintergehbaren
> Grundtatsachen gegenwärtiger und zukünftiger sozialer Existenz gehört“ (ebenda, S.
> 267).

Die Interkulturelle Bildungsforschung lässt sich idealtypisch in zwei unterscheidbare Perspektiven trennen. Die eine befasst sich mit der ‚Begegnung‘. Begegnung wird verstanden als ein Aufeinandertreffen unterschiedlicher Weltsichten, Glaubensüberzeugungen, Ausdrucks- und Handlungsweisen. Das Ziel dieser Perspektive stellen das Erfahren und Kennenlernen anderer Kulturen in einer harmonischen Atmosphäre dar. Die Frage, die untersucht wird, ist, ob oder unter welchen Bedingungen die Begegnung als Mittel der Erkenntnis für friedliche Koexistenz in pluralen Gesellschaften fungieren kann.

Die zweite Perspektive befasst sich mit dem Aspekt gesellschaftlicher Ungleichberechtigung, welche Menschen mit Migrationshintergrund erfahren und die so einer möglichen gleichberechtigten Existenz aller Menschen mit verschiedenen Sicht- und Lebensweisen in pluralen Gesellschaften entgegensteht.

---

26 In diesem Zusammenhang wurde ‚Kultur‘ als Nationalkultur verstanden, und zwar im Sinne
    eines homogenen, „[...] über lange Zeitdauer stabilen und unangefochtenen Bestand an Traditionen, Auffassungsweisen und Ausdrucksformen in dem gesellschaftlichen Ganzen eines
    Staates“ (Gogolin 2002, S. 264).

„Die wissenschaftliche Neugierde richtet sich darauf zu ergründen, ob bzw. in welcher Weise ‚Kultur' oder ‚Ethnizität' als Anlass oder Mittel der Benachteiligung wirksam werden" (Gogolin 2002, S. 266).

2.2.3 Der monolinguale Habitus der deutschen Schule und der in ihr arbeitenden Lehrerschaft

Ein Ansatz, der sich mit gesellschaftlicher Ungleichberechtigung von Menschen mit Migrationshintergrund befasst und somit der zweiten Perspektive der Interkulturellen Bildungsforschung zuzuordnen ist, wurde von Gogolin (1994) entwickelt. Er ermöglicht es, das sprachliche Selbstverständnis und die sprachlichen Strategien von Lehrpersonen anhand des geschichtlich gewachsenen Umgangs mit Mehrsprachigkeit im deutschen Schulsystem zu erklären. So zeigt der Ansatz auf, dass sich in der Geschichte des staatlichen deutschen Schulwesens unter der Lehrerschaft habituelle Grundeinstellungen ausformten, nach denen die deutsche Schule einsprachig organisiert sein solle und schulische Bildung sich am besten im Medium einer einzigen, hier: der deutschen, Sprache vollziehe:

> „Die historischen Wurzeln des heutigen sprachlichen Habitus der Lehrerschaft sind in der Zeit zu suchen, in der sich das deutsche staatliche Schulwesen herauszubilden begann, das allmählich jene Formen annahm, die noch heute in vielen Strukturmerkmalen sichtbar sind. Der Anfang liegt in der Konstituierung des bürgerlichen deutschen Nationalstaats, also in jenem Abschnitt der Geschichte, in dem Kultur zur Nationalkultur der Deutschen erhoben wurde. Die ‚gemeinsame Kultur' – die den Mythos der Nation ausmacht, durch den ihr Zusammenhalt legitimiert und gewährleistet ist – findet [...] ihren höchsten und eigensten Ausdruck in der deutschen Sprache" (Gogolin 1994, S. 41 f.).

Bis zum Ende des 19. Jahrhunderts wurde im deutschen Schulsystem, durch die Einführung einer sechsjährigen höheren Bürgerschule neben den neunjährigen Vollanstalten, an denen das Abitur erworben werden konnte, eine hierarchisch organisierte Schulstruktur gefestigt. Diese hierarchische Struktur führte zu einer schichtspezifischen Kanalisierung der Bildungsbeteiligung, die wir, bestätigt durch die Ergebnisse internationaler Studien, noch heute im deutschen Bildungssystem wiederfinden (vgl. Gogolin 1994, 69). Zusätzlich erfuhr das Bildungswesen eine Normierung, indem jede Schule unter einen Erziehungsauftrag – „der Erzeugung gehorsamer, zu Gott, Kaiser und Reich fest und treu stehender Untertanen" – (Gogolin 1994, S. 70) genommen wurde. Die Schule sollte nach dem Willen Kaiser Wilhelm II. „[...] das Bollwerk wider die inneren Feinden des Reiches – Sozialdemokraten, Kommunisten, Anarchisten – ebenso wie gegen die äußeren" (ebenda, S. 70) darstellen. Mit diesem nationalstaatlichen Schulprogramm bekam Deutsch die Stellung eines Mittelpunktfaches und des Mediums, in dem alle Unterrichtsziele vermittelt werden sollten. Hildebrand, ein Universitätsprofessor jener Tage, entwickelte ein Konzept von Bildung, in dem er „[...]dem Deutschen als Medium formaler Bildung zur Geltung verhelfen wollte" mit der Zielsetzung für alle ‚Untertanen', „[...] deutsch zu werden in Sprache und Denken [...]" (Gogolin 1994, S. 73).

Nach Gogolin bildete dieses deutsche Bildungssystem im 19. Jahrhundert ein monolinguales Selbstverständnis heraus, welches heute noch immer in der deutschen Schule wirke, nicht zuletzt dadurch, dass der Vorgang und die Ursache seiner Herausbildung längst vergessen seien. Ein Ergebnis dieser Entwicklung ist, dass im heutigen deutschen Schulsystem nicht die monolinguale Ausbildung der Schülerschaft infrage gestellt werde, sondern höchstens die Einhaltung dieser Norm diskutiert werde (vgl. Gogolin 1994, S. 30).

Gogolin (1994) nennt dieses historisch entstandene Selbstverständnis den „monolingualen Habitus" der deutschen Schule und der in ihr tätigen Lehrerschaft (S. 30 ff.).[27] Der Ansatz von Gogolin (1994) geht zurück auf den gesellschaftstheoretischen Ansatz des Habitus als „Erzeugungsmodus von Praxisformen" von Pierre Bourdieu (1979, S. 164). Durch diese Tradition des deutschen Schulsystems, die von *einem* Grundprinzip des Seins ausgeht, führen normative Setzungen – etwa dessen, was in einem bestimmten Lebensalter ‚normal' sei – zur Konstruktion von Gemeinsamkeiten, die im historischen Prozess zu selbstverständlichen Merkmalen und Eigenschaften der Individuen mutieren. Beispielsweise zähle der Grundgedanke, dass Menschen ‚normalerweise' einsprachig leben und lernen sowie dass das Schulsystem oder der gesamte Staat ‚normalerweise' einsprachig organisiert sein sollen, zu solchen selbstverständlichen Merkmalen der Individuen oder Institutionen:

> „Solche historisch überkommenen Normalitätsvorstellungen sind auch zu Strukturen und Formen der Schule und des Unterrichts geronnen. Sie dienen unter anderem als Grundlage für die Auswahl der als bildungsrelevant geltenden schulischen Lerninhalte oder Gegenstandsfelder des Unterrichts. ‚Lebensweltliche Mehrsprachigkeit'[28]

---

27 Eine Anwendung des Konzepts des monolingualen Habitus auf alltäglichen Grundschulmathematikunterricht findet sich in: Schütte (2005).

28 Gogolin lehnt den Begriff „lebensweltliche Mehrsprachigkeit" bzw. „lebensweltliche Zweisprachigkeit" an den Habermas'schen Lebensweltbegriff an (vgl. zum Konzept der Lebenswelt Habermas 1981, 182 ff.). Sie subsumiert unter diesem Begriff eine Zwei- oder Mehrsprachigkeit, „die als ‚Modus einer lebensweltlichen Selbstverständlichkeit gegeben' ist (Habermas 1981, 189)", und grenzt die Bezeichnung so von anderen in der Linguistik gebräuchlichen ab. „Der Begriff ‚lebensweltliche Zweisprachigkeit' soll die spezifischen sprachlichen Potenziale bezeichnen, die sich unter den Lebensumständen entwickeln, daß persönliche Primärerfahrung mit mehr als einer Sprache gewonnen wird, und er soll zugleich andeuten, daß dieser besondere Sprachbesitz gebraucht wird, um unter diesen Lebensumständen gesellschaftlich handlungsfähig zu sein" (Gogolin 1994, S. 16). Hierbei verfügt, laut Gogolin, ein

zählt nicht zu den Normalvorstellungen, die heute in der deutschen Schule Geltung haben" (Schütte/Gogolin/Kaiser 2005, S. 181).

2.2.4 Ergebnisse international vergleichender Schulleistungsstudien und der erziehungswissenschaftlichen Migrationsforschung

Die Tatsache, dass in Deutschland nahezu ein Drittel der Schülerschaft einen Migrationshintergrund aufweist (vgl. Beauftragte der Bundesregierung für Migration, Flüchtlinge und Integration 2005, S. 30), wäre nicht weiter bedenkenswert, wenn Schülerinnen und Schüler mit Migrationshintergrund ihren monolingual deutsch aufwachsenden Mitschülerinnen und Mitschülern nicht nur formal gleichgestellt wären, sondern im deutschen Schulsystem auch tatsächlich die gleichen Chancen auf eine erfolgreiche Schullaufbahn hätten. Das ist jedoch nicht der Fall. Ergebnisse internationaler Vergleichsstudien wie z.B. PISA 2003 (vgl. OECD 2006, S. 30) und IGLU (Bos et al. 2003), aber auch der erziehungswissenschaftlichen Migrationsforschung (vgl. z.B. Gogolin et al. 2003) kommen einhellig zu dem Schluss, dass Schülerinnen und Schüler mit Migrationshintergrund deutlich schlechtere Bildungschancen im deutschen Schulsystem haben und schlechtere Schulleistungen erbringen als ihre monolingual deutsch aufwachsenden Mitschülerinnen und Mitschüler:[29]

> „Obwohl überwiegend in Deutschland geboren und aufgewachsen, sind Kinder und Jugendliche mit Migrationshintergrund im Schnitt im Bildungssystem wesentlich weniger konkurrenzfähig als Kinder ohne Migrationshintergrund. Die starke Abhängigkeit des Bildungserfolgs von der sozialen Herkunft trifft diese Kinder in besonderem Maße. Obwohl die Beteiligungsquote von Migrantenkindern in den Kindergärten zunimmt und sie in Vorschulen überproportional vertreten sind, gelingt es weder den Kindertageseinrichtungen noch dem Schul- und Ausbildungssystem, diese Kinder und Jugendlichen – trotz nachgewiesener hoher Bildungsmotivation – adäquat zu fördern. Der konstruktive Umgang mit sozialer und kultureller Heterogenität und Vielfalt ist in deutschen Bildungseinrichtungen schwach ausgeprägt" (Beauftragte der Bundesregierung für Migration, Flüchtlinge und Integration 2005, S. 37).

Nach dem aktuellen Bericht der OECD (2006) liegen in Deutschland, ähnlich wie in den meisten anderen 14 OECD-Staaten, die Mathematikleistungen von Schülerinnen und Schülern der Gruppe der first-generation students mehr als ein Kompe-

---

großer Teil der Gemeinschaft, der unter den Bedingungen lebensweltlicher Mehrsprachigkeit lebt, nicht über dieselben sprachlichen Voraussetzungen wie diese Gemeinschaft selbst.

29 Ein quasi longitudinaler Vergleich der PISA-Studien 2000 und 2003 und von IGLU (Bos et al. 2003) ist nur unter methodischen Vorbehalten möglich. Unterschiedliche Stichproben-Stichprobenverfahren, Testinstrumente sowie die Länderauswahl erlauben keinen direkten Vergleich.

tenzstufenlevel unter denen der native students.[30] Mehr als 30 % von ihnen erreichen nicht das zweite Level der Kompetenzlevelskala und damit nur ein äußerst
geringes mathematisches Kompetenzniveau, was schwerwiegende Auswirkungen
für die zukünftigen Bildungs- und Berufschancen dieser Schülerinnen und Schüler
haben kann. Eine Besonderheit ergibt sich in Bezug auf die Gruppe der second-
generation students in Deutschland: In keinem anderen Teilnehmerstaat der PISA-
Studie ist der Unterschied bei den Kompetenzen in Mathematik zwischen den native students und den second-generation students so hoch wie in Deutschland. Er
beträgt ca. 1,5 Level des Kompetenzstufenmodells und ist damit deutlich höher als
die Differenz zwischen native students und first-generation students. Mehr als 40 %
der Gruppe der second-generation students erreichen in Deutschland nicht das Level 2 der Kompetenzstufenskala für mathematische Kompetenzen. Im Gegensatz
dazu schneiden im Großteil der Teilnehmerstaaten der PISA-Studie die second-
generation students besser ab als die first-generation students (vgl. OECD 2006, S.
32 und 42 ff.). Diese Situation mag verwundern, denn die Schülerinnen und Schüler der second-generation students haben bis dato ihre ganze Schullaufbahn in
Deutschland absolviert, scheinen aber nicht erfolgreich in Deutschland beschult
worden zu sein. Das lässt laut OECD-Bericht (2006) folgende Annahme für die
Integrationsleistung des jeweiligen Schulsystems und somit für das deutsche Schulsystem zu:

> „The gap in performance between first-generation and second-generation students
> may indicate the extent to which the different school systems succeed in supporting
> immigrant students' learning" (S. 32).

Nach den Ergebnissen von PISA 2003 und IGLU (Bos et al. 2003) erweist sich der
sozioökonomische Status als stärkster Prädiktor der mathematischen Kompetenz
der 15-jährigen Schülerinnen und Schüler bzw. der Grundschülerinnen und Grundschüler am Ende der Jahrgangsstufe vier. Als zweitstärkster Prädiktor erweist sich
jedoch der Migrationsstatus der Schülerinnen und Schüler (vgl. PISA-Konsortium
Deutschland 2004, S. 254 ff., Bos et al. 2003, S. 276 ff.).[31] Insofern wird die An-

---

30 In der PISA-Studie werden Schülerinnen und Schüler gemäß ihren erzielten Leistungswerten
    in dem Test in ein Kompetenzstufenmodell eingeordnet. Dieses Modell hat 6 Stufen: Stufe 1
    beginnt ab 358 Punkten und Stufe 6 bei 668 Punkten. Der Übergang von einer zur nächsten
    Stufe beträgt 62 Punkte. Im OECD-Bericht (2006) steht zur Bedeutung der Level Folgendes:
    „Of particular concern are students below Level 2, as these students may be considered at risk
    for not being able to actively use mathematics in daily life" (S. 42).
31 PISA 2003 berücksichtigt neben der Frage, ob Jugendliche im Testland geboren sind auch, ob
    sie in ihrer Familie die gleiche Sprache sprechen, die normalerweise im Unterricht des jewei-
    ligen Landes gesprochen wird. Außerdem erfasst PISA das Geburtsland der Eltern. Hiernach
    werden für alle beteiligten Staaten bei PISA vier Gruppen unterschieden:
    „– *Jugendliche ohne Migrationshintergrund.* Beide Elternteile sind im Testland geboren.

nahme gestützt, dass die sprachliche Gestaltung des Unterrichts in deutschen Schulen Einfluss auf die beschriebenen Resultate hat. So gibt es nach den Ergebnissen von PISA 2003 einen Zusammenhang zwischen der „Umgangssprache im Elternhaus" (OECD 2006, S. 46 ff.; PISA-Konsortium Deutschland 2004, S. 259) und den mathematischen Kompetenzen der Jugendlichen. Jugendliche, deren Umgangssprache im Elternhaus nicht der Unterrichtssprache entspricht, erzielen in den PISA-Tests in allen Domänen geringere Kompetenzwerte. Selbst in einem vielfach als sprachlich-kulturell unabhängig betrachteten Bereich, wie dem der Mathematik, zeigt sich demzufolge, dass die Kompetenzwerte der Schülerinnen und Schüler, die zu Hause eine andere Sprache sprechen als die im Schulunterricht übliche, deutlich geringer ausfallen als die derer, die zu Hause die Sprache des Unterrichts sprechen (vgl. PISA-Konsortium Deutschland 2004, S. 259 f.). Im OECD-Bericht (2006) heißt es hierzu:

> „Based on the OECD average, it is not unexpected to find that in the majority of countries where there are significant differences in performance between immigrant and native students, the performance disadvantage is larger for immigrant students (both second-generation and first-generation) who do not speak the language of instruction at home than for immigrant students who speak the language of instruction at home. This is the case in Austria, Belgium, France, Germany, Luxembourg, the Netherlands, Sweden, Switzerland, the United States, Hong Kong-China and the Russian Federation" (S. 48).

Für Deutschland bedeutet dies in Zahlen, dass die Gruppe der native students in der Mathematikleistungsskala einen um 70 Punkte höheren mittleren Wert als die Gruppe der second-generation students und einen um 48 Punkte höheren Wert als die first-generation students, die zu Hause die Sprache des Unterrichts und des Tests sprechen, erreichen. Dies ist einmal eine Differenz um etwas mehr als einen Level und einmal eine um etwas weniger als einen Level im Vergleich zu den native students auf der Kompetenzstufenskala des PISA-Modells. Diese Differenz beträgt für Schülerinnen und Schüler, die zu Hause eine andere Sprache sprechen, bei den second-generation students etwas mehr als 1,5 Level und bei den first-generation students 1,5 Level im Kompetenzstufenmodell.

- *Jugendliche mit einem im Ausland geborenen Elternteil.* Nur ein Elternteil der Jugendlichen ist im Ausland, der andere ist im Testland geboren.
- *Erste Generation.* Die Jugendlichen selbst sind im Testland geboren, beide Elternteile aber im Ausland.
- *Zugewanderte Generation.* Beide Elternteile und der beziehungsweise die Jugendliche sind außerhalb des Testlandes geboren und aus einem anderen Land zugewandert" (PISA-Konsortium Deutschland 2004, S. 256, Hervorhebungen im Original).

2.2.5 Der Einfluss der Sprache auf das Lernen im Unterricht

Der Faktor Sprache scheint jedoch auch für den Prädiktor des sozioökonomischen Hintergrundes, der als stärkster in die OECD-Daten mit einfließt, von großer Bedeutung zu sein. Der Schlüssel zur Verbesserung von Bildungschancen von Schülerinnen und Schülern mit Migrationshintergrund oder denen mit niedrigerem sozioökonomischem Status in deutschen Schulen liegt meines Erachtens im Zugang zur Sprache des Unterrichts (s.a. Cummins 1984) und in der Beherschung der Regeln der Interaktion des Unterrichts.

So konstatiert Zevenbergen (2001a, S. 40), "that the mathematics curriculum is acting as a social filter". Zevenbergen geht davon aus, dass sozial benachteiligte Schülerinnen und Schüler andere Formen von Sprache verwenden als die, die im Mathematik- oder Schulkontext gefordert werden. In diesem Zusammenhang untersucht Zevenbergen die Sprache von Schülerinnen und Schülern aus „working-class families" und „middle-class families" (ebenda, S. 40). Hierbei nimmt sie Bezug auf Arbeiten von Bernstein (1972), der bei dem Vergleich der Sprache von Arbeiter- und Mittelschichtkindern zwei verschiedene Codes von Sprache trennt: den „restringierten" und den „elaborierten" Code (S. 17), die man aus den grammatikalischen Merkmalen zweier verschiedener Sprechweisen rekonstruieren könne.[32] Restringierte Sprechweisen zeichnen sich durch ein hohes Maß von Kontextabhängigkeit aus. Dabei werden zur Verständigung außersprachliche Elemente der jeweiligen Situation und außersprachliche Ausdrucksmittel benötigt. Elaborierte Sprechweisen zeichnen sich hingegen weitestgehend durch eine Kontextunabhängigkeit aus. In elaborierten Sprechweisen wird alles, was zur Verständigung benötigt wird, verbalisiert. Nach Bernstein (1972) zeichnet sich die Sprache des Unterrichts durch eine „formale" (S. 74) Sprache aus, die sich aus vielen elaborierten Sprechweisen oder Codes zusammensetzt. Diese formale Sprache werde in der Interaktion von Familien aus der Mittelschicht angewendet, wodurch nach Bernstein Kinder aus der Mittelschicht schon frühzeitig für einen Sprachgebrauch sensibilisiert werden, der relativ komplexe Strukturen aufweist. Grammatische Charakteristika der formalen

---

32 Nach Bernstein (1972) sind Codes nicht direkt beobachtbar. Lediglich Sprachvarianten lassen sich beobachten und spiegeln die Oberflächenstruktur der Sprache wider. Als Sprachvariante lässt sich hiernach die „Formung der Ausdrucksweise, die durch spezifische soziale Kontexte hervorgerufen" (S. 55) wird, verstehen. Codes repräsentieren hingegen die Tiefenstruktur von Sprache. Der Codebegriff dient als ein regulatives „Prinzip, das die Realisierung der Sprache in verschiedenen sozialen Kontexten" (S. 55) kontrolliert (vgl. auch ebenda S. 60). Anzumerken ist, dass Bernstein in seinen Arbeiten den Codebegriff nicht konsensuell benutzt. In seinen anfänglichen Arbeiten ersetzt Code die Bezeichnung language. Nach einer Zeit rigiden Gebrauchs dieses Begriffs des Codes wird dieser durch den Begriff der Sprachvariante fast ersetzt und gewinnt in den späten Arbeiten erneut eine Tiefendimension als Interpretationsschlüssel für Systemdeutungen (vgl. S. 29).

Sprache sind nach Bernstein unter anderem eine genaue grammatische Struktur und Syntax, komplexe grammatische Satzstrukturen, z.b. durch vielfältigen Gebrauch von Konjunktionen und Relativsätzen, eine häufige Verwendung von Präpositionen und unpersönlichen Fürwörtern sowie eine differenzierte Verwendung von Adjektiven und Adverbien (vgl. ebenda S. 74).

Hingegen verwenden nach Bernstein (1972) Kinder aus der Arbeiterschicht in ihrem sozialen und familiären Umfeld eine alltägliche Sprache, die nicht der Sprache des Unterrichts ähnelt. Diese Sprache zeichne sich durch einen großen Anteil an kurzen Befehlen sowie durch einfache Feststellungen und Fragen aus. Ihre Symbolik sei deskriptiv, konkret und von geringer Verallgemeinerbarkeit. Ihr Ursprung liege meist in emotiven Beweggründen im Gegensatz zum vorrangigen Ziel von logischen Implikationen der formalen Sprache (vgl. ebenda S. 73).

Ein besonderes Merkmal dieser unterschiedlichen Sprachvarianten von Mittelschicht- und Arbeiterkindern laut Bernstein (1972) ist, dass sich qualitativ unterschiedliche Wahrnehmungsarten von Objekten bei ihnen rekonstruieren lassen. Kinder aus der Arbeiterschicht pflegen in ihrem sozialen Umfeld eine Alltagssprache, die informell ist. Durch den Umgang mit dieser Sprache sowie den Interaktionsweisen und sozialen Praktiken in ihrem sozialen Umfeld entwickeln sie eine Sensibilität beim Ordnen von Objekten, die ihre Aufmerksamkeit dem Inhalt von Objekten widmet. Im Gegensatz dazu ist der Umgang im sozialen Umfeld der Mittelschichtkinder laut Bernstein durch eine formale Sprache sowie andere Interaktionsweisen und soziale Praktiken bestimmt. Durch den Umgang mit diesen entwickeln Mittelschichtkinder eine Sensibilität beim Ordnen von Objekten, die ihre Aufmerksamkeit der Struktur von Dingen widmet. Dieses Erkennen von Strukturen beim Ordnen von Objekten und ihren Beziehungen stellt einen wichtigen Teil der geforderten Kompetenzen im Mathematikunterricht der Schule dar (vgl. Bernstein 1972, S. 68 ff.).

Bei Bernsteins Arbeiten entsteht leicht der Eindruck, es gäbe eine Sprache der Mittelschicht und eine der Unterschicht. Hierbei wird jedoch übersehen, dass es in komplexen Gesellschaften auch eine schichtübergreifende Verständigung geben muss, da sonst der Fortbestand der Gesellschaft nicht gesichert wäre. So lässt die Trennung der Sprachvarianten vom Code-Begriff die Möglichkeit zu, dass Sprecher oder Sprecherinnen, die über einen elaborierten Code verfügen, unter gewissen Bedingungen linguistisch restringierte Sprachvarianten hervorbringen. Genauso könnten Sprecherinnen oder Sprecher, die nur über einen restringierten Code verfügen, linguistisch elaborierte Sprachvarianten hervorbringen (vgl. Bernstein 1972, S. 55).

Auch Zevenbergen (2001 a) kommt zu ähnlichen Schlüssen wie Bernstein, jedoch bezogen auf die Möglichkeit des Mathematiklernens von „working-class children" (ebenda, S. 41) im Unterricht. Sie nimmt dabei Bezug auf den Kapitalbegriff

von Bourdieu.[33] Zevenbergen (2001 a) schreibt, dass Schülerinnen und Schüler die
Möglichkeit haben, ihre sprachlichen Fähigkeiten als eine Form von Kapital gewinnbringend gegen Schulerfolg im Mathematikunterricht einzutauschen.[34]

> „For such students [middle-class students], the language and styles of interacting
> with others which they are used to is similar to that of the formal mathematics class-
> rooms, so they are better able to crack the code of the culture represented in these
> classrooms. In having this culture knowledge and linguistic experience, such stu-
> dents are better able to position themselves more favourably in the eyes of their
> teachers. The converse is also true, so that for those students whose experiences are
> different from that of the mathematics classrooms, success is more evasive than for
> their middle-class peers. In understanding success within this framework, it becomes
> possible to see the language experience of the students as forms of capital that can
> be exchanged for success – those who have the capital recognised by school setting
> are more likely to trade that capital for successes in mathematics, and subsequently
> obtain qualifications they can use in the future" (S. 47).

Nun ließe sich argumentieren, dass Kinder aus beiden sozialen Milieus ‚ihre' Sprache beherrschen und sich daraus auch Vorteile auf Seiten der Kinder der Arbeiterschicht ergeben könnten, da sie sprachliche Codes oder Sprachvarianten beherrschen, die die Kinder der Mittelschicht nicht verwenden können. Dies ist jedoch
laut Bernstein (1972) nicht der Fall. Nach ihm ist das Mittelschichtkind fähig, sowohl die Sprache zwischen sozial Gleichgestellten (Peers), die einer alltäglichen
Sprache nahe kommt, als auch eine formale Sprache, die ihm Sensibilität für Rolle
und Status erlaubt, zu beherrschen. Dieser Nachteil von Kindern aus der Arbeiterschicht, nur eine informelle Alltagssprache zu beherrschen, bewirkt für einen Großteil von Kindern mit Migrationshintergrund eine zusätzliche Problematik: Schülerinnen und Schüler mit Migrationshintergrund werden nicht nur Probleme mit der
Sprache des Unterrichts aufgrund ihres sprachlich-kulturell anderen Hintergrundes
haben, sondern sie werden auch wenig Anknüpfungspunkte an die Sprache des Unterrichts nach Bernstein (1972) und Zevenbergen (2001 a) finden, weil ein über-
proportional großer Anteil von ihnen in Familien aufwächst, die eher der unteren
Sozialschicht angehören und somit in Bernsteins Terminologie eher restringierte
Sprachvarianten beherrschen und verwenden. Diese Schülerinnen und Schüler

---

33 Bourdieu definiert entlang der Verfügung über verschiedene Kapitalsorten die Teilung der
    Gesellschaft in Klassen. Die soziale Welt lässt sich Bourdieu zufolge über das Vorhandensein
    oder Nicht-Vorhandensein von Kapital ordnen. Insofern lässt sich der Begriff Kapital auch als
    Metapher für soziale Macht verstehen. Bourdieu unterscheidet ökonomisches, kulturelles, so-
    ziales und symbolisches Kapital. Hierbei lassen sich, wie bei Zevenbergen (2001 a) angedeu-
    tet, Kapitalsorten in andere umtauschen (vgl. z.B. Bourdieu 1987, S. 205 ff.; 1983, S. 183 ff.).
34 Zur Betrachtung von Sprache als eine Form von Kapital, welches im Bourdieu'schen Sinne
    gegen Schulerfolg im Mathematikunterricht getauscht werden kann s.a. Zevenbergen 2001 b.

bringen demnach in Anlehnung an die Aussagen Zevenbergens (2001 a) weniger kulturelles Kapital und geringere Spracherfahrung in der Sprache des Unterrichts mit in die Schule, welche sie sonst gegen einen möglichen Schulerfolg eintauschen könnten (vgl. OECD 2006, S. 58 ff.; Deutsches PISA-Konsortium 2004, S. 266).

Ein entscheidender Ansatz, um die Bildungschancen von Schülerinnen und Schülern mit Migrationshintergrund und denen mit niedrigerem soziökonomischen Status in deutschen Schulen zu verbessern, scheint es somit, ihren Zugang zur Sprache und den Regeln der Interaktion im Unterricht zu verbessern. Die sprachliche Gestaltung der Lehr-Lern-Prozesse im Unterricht gehört für diese Schülerinnen und Schüler, die zu Hause häufig nicht in die für den Unterricht benötigten Sprachroutinen und Regeln der Interaktion eingeführt werden, zu den herausragenden Problemen des deutschen Schulunterrichts. Es ist jedoch zu erwarten, dass der Unterricht in deutschen Schulen nach den Ergebnissen international vergleichender Studien dies noch nicht zu leisten vermag. So wird aufgrund des Umstandes, dass sich z.b. die Interkulturelle Pädagogik in Deutschland erst so spät entwickelte, eine Vielzahl der Lehrpersonen, die an deutschen Schulen arbeiten, nur unzureichend darin ausgebildet worden sein mit Multilingualität in ihren Klassenzimmern umzugehen, da ihre Ausbildung zu einem deutlich früheren Zeitpunkt stattgefunden hat als die Etablierung der Interkulturellen Pädagogik an deutschen Hochschulen.

Multilingualität in deutschen Klassenzimmern ergibt sich nach obigen Darstellungen aber nicht nur aus der sprachlich-kulturellen Pluralität in der deutschen Schule aufgrund von Wanderung. Auch die Differenzen zwischen den verwendeten sprachlichen Codes bzw. Sprachvarianten einer vielfältigen Schülerschaft lassen sich im Sinne Bernsteins (1972) als ein Problem von Multilingualität im Klassenzimmer verstehen. Es stellt sich die Frage, ob und wie die Lehrenden an deutschen Schulen bei der sprachlichen Gestaltung des Unterrichts der sprachlich-kulturellen Vielfalt und den unterschiedlichen sprachlichen Fähigkeiten der Kinder begegnen, das heißt, wie sie versuchen, durch ihre Handlungen die Lehr-Lern-Prozesse im Unterricht einer multilingualen Schülerschaft zu gestalten.

2.3   Rekonstruktion von Strukturen im Grundschulmathematikunterricht

Musterhafte Strukturierungen von Handlungen im Mathematikunterricht werden in interaktionistischen Ansätzen der Mathematikdidaktik analysiert. Als Ergebnis dieser Untersuchungen lassen sich im alltäglichen deutschen Grundschulmathematikunterricht vielfach musterhafte Interaktionen mit wenig ausgeprägten ‚optimierten' Lernbedingungen rekonstruieren, in denen das Fortschreiten der ‚störungsfreien' Interaktion häufig der fachlichen und kritischen Auseinandersetzung über die Un-

terrichtsinhalte vorgezogen wird. Voigt (1984) entwickelt in diesem Zusammenhang ein Beschreibungssystem, welches erlaubt, ‚Regelhaftigkeiten' in kurzen Sequenzen alltäglichen (Mathematik-)Unterrichts zu identifizieren. Grundlage dieses
Systems stellt der Begriff des „Interaktionsmusters" (vgl. zum Begriff Voigt 1984,
S. 46 ff.) dar. Dieser geht auf den Begriff des „Kommunikationsmusters" (vgl. zum
Begriff Bauersfeld 1978, S. 159) von Bauersfeld zurück. Bauersfeld rekonstruiert
in seiner Arbeit ein Kommunikationsmuster in der Interaktion des Klassengesprächs des Mathematikunterrichts, das „Trichtermuster" (vgl. zum Begriff Bauers-
feld 1978, S. 162), welches sich dadurch auszeichnet, dass Lehrpersonen das Klas-
sengespräch sehr eng lehrergelenkt durch ihr Frageverhalten führen, wodurch das
Spektrum der Handlungsmöglichkeiten der Schülerinnen und Schüler so auf ein
Minimum begrenzt wird. Hierdurch vermittelt die Unterrichtsinteraktion, obwohl
Gelegenheiten zum Lernen für Schülerinnen und Schüler nicht geschaffen werden,
einen nach außen reibungslos erscheinenden Eindruck erfolgreicher schulischer
Interaktion. Auf den Begriff des Kommunikationsmusters aufbauend, mit dem
Blick auf Unterrichtsphasen, rekonstruiert Voigt (1984, S. 128) ein Interaktionsmu-
ster, das so genannte „Erarbeitungsprozessmuster". Dieses bezieht sich auf Phasen,
in denen ein neuer Unterrichtsstoff oder neuartige Zugangsweisen zu bekanntem
Unterrichtsstoff erarbeitet werden sollen (vgl. Krummheuer/Fetzer 2004, S. 54).
Weiter rekonstruiert Voigt „das Muster der inszenierten Alltäglichkeit" (1984, S.
177). Darin wird ein neuer unbekannter Unterrichtsstoff durch die Lehrperson in
einen für die Schülerinnen und Schüler alltäglichen Kontext eingebettet. Auch diesen beiden Mustern ist gemein, dass die musterhafte Strukturierung des Unterrichts
der inhaltlich-fachlichen Auseinandersetzung über die zu lernende Thematik des
Unterrichts zuwiderläuft. Krummheuer (1992) kommt zu ähnlichen Ergebnissen in
seiner Untersuchung. Nach ihm wird die

> „konstatierbare relative Stabilität schulischer Interaktionsprozesse weniger durch in-
> haltlich bestimmte Klärungen, sondern eher durch musterhafte und ritualisierte
> Strukturierungen der Interaktion in Form von Interaktionsmustern gewonnen" (S.
> 113).

Die bisherigen Ausführungen zu den Schulleistungen und Bildungschancen von
Schülerinnen und Schülern im deutschen Schulsystem stützen die Annahme, dass
sich in der Sprache und den Interaktionsmustern des Unterrichts Gründe für das
schlechtere Abschneiden von Schülerinnen und Schülern mit Migrationshintergrund oder solchen aus sozioökonomisch schwächerem sozialen Umfeld finden
lassen. Deshalb stellen die Analysen der Sprache des Unterrichts vor allem anhand
der verbalen Handlungen der Lehrperson, den Schwerpunkt der zugrunde liegenden
Untersuchung dar. In meiner Arbeit fokussiere ich jedoch nicht auf die Rekonstruktion von musterhaften Strukturierungen der Unterrichtsinteraktion, wie Interakti-

onsmuster, sondern nutze die Analysen der Unterrichtsinteraktion dazu, die Handlungsebene der Lehrpersonen näher zu ergründen. So analysiere ich, ob und wie das routinehafte Vorgehen der sprachlichen Gestaltung des Unterrichts durch die Lehrpersonen innerhalb der Unterrichtsinteraktion Gelegenheiten zum Lernen für Schülerinnen und Schüler ermöglicht. Ziel meiner Untersuchung ist es jedoch nicht, nur Handlungsroutinen zur sprachlichen Gestaltung des Unterrichts durch die Lehrpersonen zu rekonstruieren, sondern Strukturen, die diesen Routinen zugrunde liegen.

Bei der lerntheoretischen Betrachtung der aus den Handlungen der beteiligten Lehrpersonen sowie Schülerinnen und Schüler entstehenden Handlungsroutinen der Lehrpersonen des alltäglichen Grundschulmathematikunterrichts wird auf den Ansatz des Symbolischen Interaktionismus (Blumer 1975, 1969; Mead 1968) Bezug genommen. Auf der Grundlage dieses Ansatzes lässt sich die soziale Interaktion als Konstituente von Lernprozessen betrachten. Über den Bezug zum Symbolischen Interaktionismus lässt sich erklären, wie Individuen in der Interaktion gemeinsam Bedeutung aushandeln und auch situationsüberdauernde Bedeutungszuschreibungen vornehmen. Nach dem theoretischen Standpunkt des Symbolischen Interaktionismus emergieren die Bedeutungszuschreibungen in der Interaktion. Hierdurch lassen sich demnach auf der konkreten Handlungsebene Muster und Routinen rekonstruieren.

Um zugrunde liegende Strukturen der Handlungsroutinen der Lehrpersonen rekonstruieren zu können, wird dem Ansatz des Symbolischen Interaktionismus ein weiterer theoretischer Ansatz, das Habituskonzept von Bourdieu (1987), zur Seite gestellt. Dieser Ansatz geht von dem Vorhandensein strukturierender und das Individuum leitender Strukturen aus. Nach Bourdieu erzeugen die Konditionierungen, die mit einer bestimmten Klasse von Existenzbedingungen verknüpft sind, Habitusformen

„[...] als Systeme dauerhafter und übertragbarer Dispositionen als strukturierende Strukturen, die wie geschaffen sind, als strukturierende Strukturen zu fungieren, d.h. als Erzeugungs- und Ordnungsgrundlagen für Praktiken und Vorstellunge" (Bourdieu 1987, 98).

Es stellt sich die Frage, wie man diese tief verwurzelten Strukturen rekonstruieren kann. Folgt man Bourdieu, so erzeugen sich Habitusformen als Systeme dauerhafter strukturierender Strukturen in der Praxis selbst (vgl. ebenda, S. 101 f.). Somit muss vor allem die Praxis untersucht werden, in der diese Strukturen entstehen und sich reproduzieren, denn solche tief verwurzelten und verborgenen Strukturen lassen sich nach Sutter (1994) nicht vom Prozess ihrer ‚Hervorbringung' trennen und sind nur in diesem rekonstruierbar.

„Strukturen haben zum einen immer eine Entstehungsgeschichte, d.h. sie markieren nicht einen Anfangs- bzw. Urzustand oder einen Endzustand von Handlungssequenzen und Interaktionssystemen. Strukturen werden nur in Phasen bzw. in Ausschnitten des Prozesses ihrer Reproduktion und Transformation faßbar. Sie entstehen und werden verändert in konkreten Interaktionsverläufen, in denen bestimmte Bedeutungen aus dem Horizont möglicher Bedeutungen selegiert werden. Zum anderen bilden sich Strukturen immer als Strukturen konkreter Fälle [...]" (ebenda, S. 95).

Die Praxis der konkreten Fälle, in der verborgene Strukturen des Schulsystems wirken, die sich auch in den Handlungsroutinen der Lehrpersonen niederschlagen, ist der alltägliche Unterricht im Klassenzimmer. Die konkreten Fälle sind, bezogen auf meine Untersuchung, die Unterrichtsszenen, in denen sich Instruktionsphasen innerhalb des Klassengespräches rekonstruieren lassen, in welchen von der Lehrperson jeweils ein neuer mathematischer Begriff eingeführt wird. Um nicht bei der Untersuchung der Praxis der konkreten Fälle auf der Ebene des Einzelfalls zu bleiben, sondern aus der Analyse der Praxis Strukturen rekonstruieren zu können, wird beim methodischen Zugang zu dieser Praxis das methodische Prinzip der komparativen Analyse[35] angewendet. Durch dieses systematische Vergleichen auf allen Ebenen des Forschungsprozesses lassen sich Gemeinsamkeiten auf der Ebene der konkreten Handlungen der Individuen sowie das Individuum leitende und seine Handlungsroutinen strukturierende Strukturen rekonstruieren.

Durch die Verbindung der zwei genannten theoretischen Perspektiven – der symbolisch-interaktionistischen und der des Habitusansatzes von Bourdieu (1987) – werden ‚Synergieeffekte' für die Untersuchung erwartet. So lässt sich durch die Verbindung beider Perspektiven einerseits die Kritik entkräften, dass die Ergebnisse von Arbeiten aus dem Bereich interaktionistischer Ansätze der Interpretativen Unterrichtsforschung der Mathematikdidaktik nur bezogen auf den Forschungsgegenstand der Interaktionstheorie des Mathematiklernens neue Erkenntnisse erbringen. Durch die Erweiterung einer solchen mathematikdidaktischen Perspektive auf die Lehr-Lern-Prozesse im Grundschulmathematikunterricht durch den gesellschaftstheoretischen Ansatz von Bourdieu (1987) mit Bezug zu interkulturell vergleichenden Ansätzen und Forschungsergebnissen lassen sich die Ergebnisse meiner Analysen in ein breites Spektrum der interkulturell vergleichenden Erziehungswissenschaft und der interpretativen mathematikdidaktischen Forschung einordnen. Die Ergebnisse der Untersuchung weisen so über die Betrachtung einer allgemeinen Interaktionstheorie des Mathematiklernens hinaus.

Andererseits lässt sich durch den mikroethnografischen Zugang der Sequenzialität der Interaktion im Unterricht Rechnung tragen. So können die Analysen und Rekonstruktionen der Handlungsroutinen zur sprachlichen Gestaltung des Unter-

---

35 Zum Vorgehen der komparativen Analyse siehe Kap. 3.1.4.5 und Kap. 3.2.3.1.

richts durch die Lehrperson auf der konkreten Handlungsebene des Unterrichts ‚nah' an den Daten vorgenommen werden. Hierdurch lässt sich die Kritik entkräften, dass die Ergebnisse der Untersuchung nicht im Zusammenhang mit den gesammelten Daten stehen.

2.4 Bedeutung der Sprache beim Lernen von Mathematik im Grundschulunterricht – Medium oder Lerninhalt?

Die Sprache hat, wie die Ergebnisse internationaler Schulvergleichsstudien (vgl. PISA 2000, 2003; IGLU 2003) sowie die Arbeiten von Zevenbergen (2001 a) und Bernstein (1972, s.a. 1977) zeigen, für viele Schülerinnen und Schüler eine besonders große Bedeutung für das (Mathematik-)Lernen im Unterricht. Bei einer Analyse der sprachlichen Gestaltung des Grundschulmathematikunterrichts ist das Medium ‚Sprache', auf das im Folgenden fokussiert wird, jedoch zuvor genauer zu bestimmen.

Es lassen sich nach Halliday (1989) zwei verschiedene Forschungsrichtungen, die sich mit Sprache auseinandersetzen, unterscheiden. In der einen wird versucht, Erfahrung und Sprache zu trennen. Sprache wird dort als neutral angesehen und diene lediglich dazu, die ‚Früchte' der Erfahrung zu transportieren. Die andere Forschungsrichtung, die sich dem Ansatz von Halliday zuordnen lässt, geht davon aus, dass Sprache zwar nicht unbedingt als ein Teil von Erfahrung zu werten ist, aber eng verbunden ist mit der Art und Weise, wie wir Erfahrung aufbauen und organisieren. Durch die Trennung in diese beiden Forschungsrichtungen haben sich in Bezug auf das Lernen von Sprache einige Mythen entwickelt. Der bedeutendste Mythos ist, dass man beim Lernen von Sprache diese von ihrer Bedeutung sowie die Form der Sprache von ihrer Funktion oder vom Zusammenhang, in dem sie steht, trennen könnte. Wo nach diesen Vorstellungen versucht wird, Sprache zu lehren, verkommt dies jedoch zum Lehren von „language rules" und „grammatic rules" (Halliday 1989, S. v).

Bei Anwendung der ersten Forschungsrichtung wird meines Erachtens jedoch die wichtige Rolle der Sprache bei der Entstehung von Bedeutung übersehen. Die Sprache des Unterrichts stellt das Medium des Unterrichts dar, in dem sich Interaktionsprozesse entwickeln und manifestieren sowie, angelehnt an den Symbolischen Interaktionismus, in dem Bedeutungen ausgehandelt werden. Infolgedessen wird in der folgenden Untersuchung auf ein Verständnis von Sprachlernen Bezug genommen, das auf die Arbeiten von Halliday zurückgeht.

Die Ausführungen Hallidays (1989), die language und meaning verbinden, stellen eine Auseinandersetzung mit der Grammatik von Sprache dar. Sie beziehen sich infolgedessen auf semantische Aspekte der Grammatik von Sprache, nicht auf syntaktische. Es wird demnach in den Ausführungen von Halliday nicht in Grammatik und Semantik als Pole getrennt. Halliday sieht Sprache als „social semiotic" (ebenda, S. vi) und als ‚Ressource' von Bedeutung an, eng verknüpft mit dem Prozess, in dem Menschen diese Bedeutung aushandeln. Wichtig ist hierbei vor allem der Fokus auf den Gebrauch von Sprache (vgl. ebenda, S. vi und ix).

Nach obigen Ausführungen gehe ich davon aus, dass sich weder das Sprachlernen vom Erfahrungslernen trennen lässt, noch dass sich sprachliche Fähigkeiten erlernen lassen ohne eine Einbettung in das Aushandeln von Bedeutung, für die es dieser sprachlichen Fähigkeiten bedarf.

Untersucht man die Gelegenheiten zum Lernen der Schülerinnen und Schüler, die durch die sprachliche Gestaltung des Unterrichts durch die Lehrperson gegeben werden, so ist ein Bezug zur Fachdidaktik unverzichtbar. Durch diesen Bezug ist es möglich, das sprachliche Lernen in den Kontext des Unterrichtsfaches zu stellen und so mit Bedeutung zu füllen. In jedem Unterrichtsfach hat die sprachliche Gestaltung des Unterrichts durch die Lehrperson andere Ausprägungen, was zu unterschiedlichen Einflüssen auf den Lernraum der beteiligten Schülerinnen und Schüler führt. So unterscheidet sich das Klassengespräch über die Einführung eines neuen mathematischen Begriffs vom Klassengespräch über die Erlernung einer neuen Technik für einen Korbleger beim Basketball. Es erscheint mir somit sinnvoll, für die Untersuchung der sprachlichen Gestaltung des Unterrichts eine Einschränkung auf einen bestimmten Fachunterricht vorzunehmen.

Eine Besonderheit des Faches Mathematik stellt die Tatsache dar, dass Mathematik lange Zeit für ‚kulturneutral', d.h. unabhängig gegenüber sprachlichen oder kulturellen Einflüssen, gehalten wurde. Ein solches Bild der Mathematik wird seit den 1980er Jahren in der Didaktik der Mathematik infrage gestellt. Mathematik wird mittlerweile als ein kulturelles Phänomen angesehen. Hierfür spricht sich D'Ambrosio (1985) in der Forschungsrichtung der „Ethnomathematik" aus, welche auf der Grundlage mathematikhistorischer, anthropologischer und kulturübergreifender Studien basiert. Die Ethnomathematik versteht Mathematik als ein kulturelles Phänomen, das keineswegs universell sei, sondern auf historischer Überlieferung beruhe und daher als ein kulturelles Produkt anzusehen ist, welches in verschiedenen Kulturen, unterschiedliche Ausprägungen erfahre (s.a. Powell/Frankenstein 1997; Maier/Schweiger 1999, S. 20 f.).

Aufgrund der Tatsache, dass sich in der Wissenschaft erst seit den 1980er Jahren durchsetzte, dass von einem Einfluss von Sprache und Kultur auf das Lernen von Mathematik ausgegangen werden kann, stellt die Analyse der sprachlichen Gestaltung des Grundschulmathematikunterrichts anhand von verbalen und nonverbalen Handlungen oder Handlungsroutinen der Lehrpersonen einen noch relativ unerforschten Bereich der Unterrichtsforschung dar.

Trotz der Beschränkung auf das Unterrichtsfach Mathematik sind stoffdidaktische und methodische Überlegungen der ‚optimalen Vermittlung‘ mathematischer Inhalten bzw. neuer Begriffe nicht Gegenstand der Untersuchung. Für die Analyse der sprachlichen Gestaltung des Unterrichts ist es weitgehend uninteressant, ob der Unterricht bei stoffdidaktischer Betrachtung sinnvoll erscheint. Von Interesse ist das ‚Wie‘ der sprachlichen Gestaltung eines Inhalts.

Gemäß einigen mathematikdidaktischen Ansätzen von Maier (2006, 2004, 1986), Maier und Schweiger (1999), Schweiger (1996), Pimm (1987) und Steinbring (2006, 2000, 1993), die im Weiteren aufgearbeitet werden, kommen der Sprache und der kommunikativen Kompetenz in Bezug auf das Lernen mathematischer Inhalte eine besondere Bedeutung zu. So stellt Maier (2006) fest, dass im Mathematikunterricht – vor allem in der Grundschule – meist versucht wird, eine Begriffseinführung durch einen Zugang über Visualisierung durch konkrete oder zeichnerische Modelle, d.h. in Form „enaktiver" oder „ikonischer" (zu den Begriffen siehe Bruner 1971) Repräsentationen zu eröffnen. Bei diesem Vorgehen tritt, so Maier, ein Problem auf, denn durch diese visualisierenden Einführungen lassen sich die Begriffe der Mathematik nur begrenzt erfahren. Dies gilt vor allem, weil die Objekte der Mathematik, so Maier (1986), nicht realer Natur sind und damit den Sinnen schwer über enaktive und ikonische Visualisierungen zugänglich gemacht werden können. Maier schlussfolgert, dass dieses Dilemma nur auf sprachlich-symbolischer Ebene zu lösen ist, was die Bedeutung der Sprache beim Lernen im Mathematikunterricht unterstreicht:

> „Als grundsätzlich abstrakte Begriffe lassen sie [die mathematischen Begriffe] sich letztlich nur auf sprachlich-symbolischer Ebene gültig darstellen und ‚handhaben'" (ebenda, S. 137).

Bei der Einführung neuer mathematischer Begriffe kommt, so Maier, der intensiven verbalen Kommunikation infolgedessen eine unverzichtbare begriffsbildende Funktion zu, was er an folgenden drei Unterpunkten festmacht:

> „Zum Ersten lässt sich theoretisches Wissen auch aus überlegt und gut gewählten Modellen nicht unmittelbar ableiten. Modelle sind nicht selbstevident; vielmehr muss der einzelne Schüler das Wissen erst durch Interpretation aus ihnen gewinnen. Diese Interpretation aber bedarf des Anstoßes mit sprachlichen Mitteln.
> Zum Zweiten sind anschauliche Modelle in aller Regel nicht eindeutig; sie lassen neben der von der Lehrperson gewünschten bzw. ihrer Modellkonstruktion zu Grunde gelegten auch andere, abweichende Deutungen zu. [...] Es bedarf eines an sprachliche Kommunikation gebundenen Gedankenaustausches.

Zum Dritten können anschauliche Modelle das angestrebte Wissen zumeist nur ausschnitthaft oder ungenau repräsentieren. Daher lässt sich vielfach der Aufbau mathematischer Begriffssysteme nur explikativ, letztlich nur über sprachliche Definition gewährleisten" (Maier 2006, S. 15).

Pimm (1987) misst der intensiven verbalen Kommunikation im Mathematikunterricht nicht nur eine unverzichtbare begriffsbildende Funktion zu, sondern geht einen Schritt weiter und betrachtet Mathematik als eine soziale Aktivität, die strukturell eng verknüpft ist mit verbaler Kommunikation. Hieraus leitet er mit der Metapher „Mathematics is a language?" (ebenda, S. XiV) die Frage ein, ob die Mathematik, zwar nicht im Sinne einer natürlichen Sprache, jedoch im Sinne eines eigenen Sprachstils zu werten sei. Sein Anliegen ist es hierbei, teilweise den Begriff der Mathematik in Kategorien nach denen von Sprache zu strukturieren, mit dem vorrangigen Ziel, das Lehren und Lernen von Mathematik besser erklären zu können (vgl. ebenda, S. XiV f.):[36]

> „Mathematics is not a natural language in the sense that English and Japanese are. It is not a ‚dialect' of English (or any other language) either. Many natural languages have developed registers which allow discussion about mathematical concerns to take place, and the fact it is mathematics that is under discussion has also shaped the language used" (Pimm 1987, S. 207).

In diesem Zusammenhang stellt Pimm Überlegungen dazu an, was es bedeutet, eine Sprache oder Sprachvariante zu beherrschen. Er vergleicht dabei zwischen der Lehrperson als einem Rollenbild des ‚native speaker' der Mathematik (ebenda, S. Xiii) und anderen Menschen, für die Mathematik unverständlich zu sein scheint, wie eine Fremdsprache, deren sie nicht mächtig sind (ebenda, S. 2). Eine besondere Wichtigkeit bei der Beherrschung einer Sprache oder eines Sprachstils misst Pimm der „communicative competence" (ebenda, S. 4; s.a. Stubbs 1980, S. 115 f.) bei. Dies ist die Fähigkeit, Sprache in der sozialen Situation, also im Kontext zu verwenden.

Demnach betrachtet Pimm, ähnlich wie Halliday (1989), Sprachlernen als einen Prozess, bei dem die Sprache nicht losgelöst vom Kontext erlernt werden kann, sondern immer im Kontext mit Bedeutung gefüllt werden muss. Durch dieses Lernen von Sprache im Kontext werden die Lernenden erst in die Lage versetzt, differente sprachliche Stile in der jeweiligen Situation adäquat einzusetzen:

---

36 Es ist zu beachten, dass sich die Ausarbeitungen zum Lernen von und durch Sprache von Pimm (1987), Zevenbergen (2001a, 2001 b) und Bernstein (1977, 1972) auf die englische Sprache beziehen und somit eine Übertragung auf die deutsche Sprache im Einzelnen nicht zu identischen Schlussfolgerungen, jedoch im Ganzen zu ähnlichen Schlussfolgerungen führen wird.

„Communicative competence, then, involves knowing how to use and comprehend styles of language appropriate to particular social circumstances" (Pimm 1987, S. 4).

Dem Gedankengang von Pimm folgend Mathematik in Kategorien von Sprache zu strukturieren, wäre auch im Mathematikunterricht oder zur Beherrschung von Mathematik nicht nur eine fachliche mathematische Kompetenz von Bedeutung, sondern vor allem auch die mathematische kommunikative Kompetenz, d.h. die Fähigkeit Mathematik im sozialen Kontext differenziert anzuwenden.

Kommunikative Kompetenzen lassen je sich nach Kommunikationsbedingungen in verschiedene Versprachlichungsstrategien, die eher dem mündlichen oder schriftlichen Bereich zuzuordnen sind, unterteilen. Eine Differenzierung der Sprachmittel scheint auch für die vorliegende Untersuchung geboten. Neben der gesprochenen spielt im Mathematikunterricht auch die geschriebene Sprache eine große Rolle.[37] Der Fokus der von mir nachfolgend untersuchten Sprachformen liegt auf den medial phonischen (zum Begriff vgl. Fetzer 2007, S. 77 ff.) Sprachformen des Unterrichtsgespräches. Da diese jedoch teilweise durch medial-grafische Sprachformen ausgelöst oder beeinflusst werden, ist es nicht auszuschließen, dass auch ein schriftlicher Beitrag, wie z.b. der Tafelanschrieb der Lehrperson in den Fokus einer Analyse gerät. Nach Fetzer (2006) weisen Mündlichkeit und Schriftlichkeit anhand dieser Differenzierung folgende Charakteristika auf:

Mündlichkeit zeichnet sich aus durch:

- eine eher parataktische Organisation (Äußerungen in kurzen einfachen Sätzen);
- eine dialogische Struktur;
- Herstellung von Kohärenz durch Gesten oder andere nonverbale Handlungen;
- Situativität und Kontextualität;
- relativ spontanes Agieren der Interaktionspartner.

Schriftlichkeit zeichnet sich aus durch:

- eine eher hypotaktische Organisation der Äußerungen mit großer Kompaktheit und Elaboriertheit der Sätze;
- eine monologische Struktur;
- eine Anforderung nach kontextfreier Verständlichkeit;
- Reflektieren anstelle spontanen Agierens (vgl. ebenda S. 80).

---

37 Zu gesprochener und geschriebener Sprache in Bezug auf den Mathematikunterricht s.a. Pimm (1987); nicht in direktem Bezug auf den Mathematikunterricht s.a. Hallidays Differenzierung in „spoken language" und „written language" (1989, S. 66 f.).

Diesen Differenzierungen folgend ließe sich der Fokus der zu untersuchenden sprachlichen Mittel des Unterrichts in der vorliegenden Untersuchung auf die mündlichen Sprachmittel festlegen. Die mündlichen Sprachmittel stellen im alltäglichen Unterricht der Grundschule das gängige Medium der Kommunikation dar, mit dem Schülerinnen und Schüler kollektiv Bedeutung konstruieren. Somit ist Ersteren das größte Gewicht bei der Schaffung eines günstigen Lernraums zum kollektiven Lernen von Mathematik beizumessen. Fetzer (2006) kritisiert eine solche eindimensionale Differenzierung von Sprache, da es ihr zufolge kaum Sprachmittel gibt, die ausschließlich dem schriftlichen oder mündlichen Bereich von Sprache zuzuordnen sind. Um diese These zu stützen, gibt sie einige Beispiele an, die zwar zweifelsohne mündlich oder schriftlich sind, jedoch konzeptionell betrachtet auch wesentliche Merkmale des jeweiligen anderen Bereichs mündlicher bzw. schriftlicher Sprachformen aufweisen:

> „In einem Telefonat beispielsweise, welches eindeutig mündlich ist, fehlt die Möglichkeit, Kohärenz durch Gestik und Mimik anzuzeigen. Vorträge sind eher von Reflexion als von Spontanität geprägt, obwohl sie mündlich präsentiert werden. Das Chatten im Internet dagegen ist in hohem Maße dialogisch und spontan, obgleich es eine schriftliche Sprachform darstellt" (ebenda S. 80 f.).

Fetzer verweist in diesem Zusammenhang auf einen linguistischen Ansatz von Koch und Österreicher (1985). Nach diesem Ansatz werden Mündlichkeit und Schriftlichkeit in zwei Dimensionen, die mediale und die konzeptionelle, gefasst. In der medialen Dimension wird nach grafisch oder phonisch, in der konzeptionellen Dimension zwischen mündlich und schriftlich unterschieden:

> „Die mediale Dimension ist dichotomisch. Etwas wird entweder gesprochen und ist akustisch wahrnehmbar (phonisch), oder es liegt in geschriebener Sprache vor (graphisch). Die konzeptionelle Dimension dagegen ist graduell. Äußerungen können unabhängig von ihrer medialen Realisierung konzeptionell betrachtet eher mündlicher oder eher schriftlicher Art sein. Ein Gespräch mit einem guten Freund ist beispielsweise konzeptionell mündlicher als ein Vortrag. Ein Zeitungsartikel ist konzeptionell schriftlicher als ein Tagebucheintrag" (Fetzer 2007, S. 78).

Nach Österreicher (1993, S. 269) lassen sich Mündlichkeit und Schriftlichkeit auch als „kommunikative Nähe" und „kommunikative Distanz" verstehen. Demnach ist ein Vorstellungsgespräch auf medial-phonischer Ebene anzusiedeln. Da das soziale Verhältnis der Gesprächspartner jedoch von Distanz geprägt ist, der Grad der Themenfixierung groß ist und Äußerungen wohlüberlegt getätigt werden, ist dieses Gespräch eher von kommunikativer Distanz geprägt. Ein Vorstellungsgespräch wäre dieser Terminologie folgend als medial phonisch, aber konzeptionell schriftlich zu beschreiben (vgl. Fetzer 2006, S. 82).

Nach diesen Differenzierungen lässt sich das Klassengespräch im Unterricht genauer klassifizieren. Es ist medial phonischer Natur. Einerseits ließe sich durch eine Atmosphäre, in der sich die Gesprächspartner teilweise mit Vornamen anreden, duzen und fast täglich sehen, eine große kommunikative Nähe annehmen. Diese Annahme ist jedoch sehr einzuschränken, da die Situation des Unterrichts andererseits durch ein Hierarchiegefälle und ein ständiges Bewerten der Äußerungen der Schülerinnen und Schüler durch die Lehrperson gekennzeichnet ist, d.h. als kommunikativ distanziert zu beschreiben ist.[38]

Zur Analyse der sprachlichen Gestaltung des Grundschulmathematikunterrichts ist zudem von Bedeutung, ob die medial phonische Kommunikation nur über medialphonisch erarbeitete und eingebrachte Sachverhalte geführt wird oder ob Gegenstand der Diskussionen im Unterricht ebenfalls medial grafisch erarbeitete und eingeführte Sachverhalte sind. Fetzer entwickelt in diesem Zusammenhang eine Interaktionstheorie grafisch basierten Lernens im Mathematikunterricht. Bei der Betrachtung von Theorien zum Schriftspracherwerb und zur Schreibentwicklung differenziert sie wie folgt in Verschriftung und Verschriftlichung von Sprache:

> „**Verschriftung:**
> Übertragung der Phoneme[39] in Grapheme[40], Vornehmen einer Kodierung unter phonographischen Aspekten. Beim Verschriften wird hörbare Sprache sichtbar gemacht.
>
> **Verschriftlichung:**
> Verdauerung von innerer Sprache/Gedanken oder gesprochener Sprache durch Fixierung. Beim Verschriftlichen wird ein Sinngehalt hinsichtlich seiner Gestalt umgewandelt. Innere Sprache oder Gedanken bzw. gesprochene Sprache werden in geschriebene Sprache umgewandelt" (Fetzer 2006, S. 79, Hervorhebung im Original).

In der vorliegenden Untersuchung werden Sprachformen analysiert, die im offiziellen Unterrichtsgespräch des Klassenzimmers der untersuchten Klassen medial phonisch durch die Lehrperson oder Kinder der Klasse eingebracht worden sind. Denkbar ist jedoch, dass sich Äußerungen des Unterrichtsgesprächs auf Verschriftungen beziehen, wie z.B., wenn die Lehrperson eine Äußerung zuvor an der Tafel notiert hat, oder aber auf Verschriftlichungen, wie z.B., wenn Schülerinnen und

---

38 Zur Bewertungsfunktion der Lehrperson im institutionellen Diskurs der Schule s. Streeck (1979).

39 Ein Phonem ist in der Sprachenwissenschaft die kleinste bedeutungsunterscheidende, aber nicht selbst bedeutungstragende sprachliche Einheit (z.B. *b* in *Bein* im Unterschied zu *P* in *Pein*) (vgl. DUDEN, Fremdwörterbuch 2006, S. 333).

40 Graphem ist in der Sprachwissenschaft das kleinste bedeutungsunterscheidende grafische Symbol, das ein oder mehrere Phoneme wiedergibt (vgl. DUDEN, Fremdwörterbuch 2006, S. 374).

Schüler Ergebnisse vortragen, die sie in ihrem Heft oder auf einem Zettel erarbeitet haben.

Bei der Auseinandersetzung mit Sprache fokussiert Halliday (1989) ebenfalls auf den geschriebenen und den gesprochenen Modus von Sprache. Hierbei definiert er den gesprochenen und geschriebenen Modus der Sprache wie folgt:

> „[I]f we talk about somebody using the ‚written mode', this is an informal way of suggesting that the language used is that of a text that would typically be found in writing. In the same way, we refer to ‚spoken language', again without implying that all forms of speech are alike. But there are features characteristics of spoken register just as there are of written; and in similar fashion we can talk about the ‚spoken mode'" (ebenda, S. 46).

Bei der Differenzierung von gesprochener und geschriebener Sprache trennt Halliday (1989) bei der Auseinandersetzung mit der Grammatik der Sprache in lexikalische Wörter – „content words" – und grammatische Wörter – „function words" – (ebenda, S. 61). Grammatische Wörter sind für sich betrachtet ‚inhaltsleer' (wie z.b. das Wort „und") und verweisen auf etwas. Dazu zählen u.a. Pronomen, Präpositionen und Konjunktionen. Grammatische Wörter sind solche, die eine Funktion in einem geschlossenen System der Sprache haben. Ihre Anzahl ist somit endlich (vgl. ebenda, S. 61). Als Beispiel hierfür gibt Halliday (1989) das Personalpronomen him an: „[H]im contrasts on one dimension with he, his; on another dimension with me, you, her, it, us, them, one; but that is all. There are no more items in these classes and we cannot add any" (S. 63).

Lexikalische Wörter zeichnen sich nach Halliday dadurch aus, dass sie einen eigenen Inhalt haben (wie z.B. der Begriff „Würfel"). Lexikalische Wörter sind solche, die das System von Sprache öffnen. Es lassen sich immer wieder neue Kombinationen aus bekannten lexikalischen Wörtern bilden, wodurch ihre Anzahl unendlich groß ist. Neben Substantiven gehören zu den lexikalischen Wörtern auch Verben und Adjektive. Halliday konstatiert, dass die geschriebene Sprache sich durch eine hohe lexikalische Dichte[41] auszeichnet, in der die Anzahl lexikalischer

---

41 Die lexikalischer Dichte einer Aussage lässt sich nach Halliday (1989) nach zwei Versionen bestimmen: Zum einen bestimmt man die Anzahl der lexikalischen Wörter und setzt sie ins Verhältnis zur Gesamtanzahl der Wörter. Der Quotient gibt hierdurch den Prozentsatz der lexikalischen Dichte an. Hierbei werden nach Halliday lexikalische Wörter mit Bezug zur geschriebenen Sprache dadurch definiert, dass vor und hinter ihnen ein Leerzeichen steht. Eine ergiebigere Form der Bestimmung der lexikalische Dichte, die gesprochener und geschriebener Sprache gerecht wird, lässt sich Halliday zufolge über eine andere Methode erzielen, wobei dieser auf die Differenzierung von „clause" und „sentence" eingeht: „The clause is the gateway from the semantics to the grammar. It provides a more powerful and more relevant organising concept for measuring lexical density, and, more generally, for enabling us to capture the special properties of both spoken and written language. Instead of counting the num-

Wörter pro Aussage mindestens doppelt so hoch ist wie die in der gesprochenen Sprache. Die gesprochene Sprache hingegen hat eine vergleichsweise hohe Anzahl von grammatischen Wörtern pro Aussage (vgl. ebenda 1989, 63 ff.).

Nach den Ergebnissen von Gogolin et al. (2004) bei einer Untersuchung in der Jahrgangsstufe 7 gibt es signifikante Unterschiede in der Komplexität (Gogolin et al. 2004, S. 99) des medial phonischen Sprachgebrauchs zwischen monolingual und bilingual aufwachsenden Schülerinnen und Schülern während der Bearbeitung mathematischer Aufgaben. Besonders deutlich werden diese Unterschiede beim Gebrauch komplexer Verbformen und Satzverbindungen, dem die Autorinnen und Autoren eine entscheidende Bedeutung für die Entschlüsselung und die Produktion schulspezifischer Rede geben. Sowohl der Gebrauch von Satzverbindungen als auch der Gebrauch komplexer Verbformen lässt den Ergebnissen ihrer Untersuchung zufolge eine Differenzierung zwischen bildungserfolgreichen und weniger bildungserfolgreichen Schülerinnen und Schülern zu. Die Messung der lexikalischen Dichte im Anschluss an Halliday (1989) lässt ihren Ergebnissen zufolge keine Differenzierung zwischen bildungserfolgreichen und weniger bildungserfolgreichen Schülerinnen und Schülern zu.[42]

In Bezug auf die sprachlichen Fähigkeiten von Schülerinnen und Schülern der Mittel- und Arbeiterschicht lassen sich auch Ergebnisse bei Bernstein (1972, S. 56 f.) finden. Lawton und Bernstein fanden heraus, dass sich im Kontext einer Diskussion kleiner Gruppen von Mittelschicht- und Unterschichtkindern, die in Bezug auf Alter, Geschlecht und Fähigkeit gleichgestellt wurden, Unterschiede in der relativen Häufigkeit der Verwendung bestimmter „syntaktischer Wahlen und lexikalischer Auswahlen" (ebenda, S. 56 f.) zeigten. Bernstein (1972) konnte oberhalb der Ebene des Satzes keine Existenz einer verschiedenartigen Strukturierung des Sprechens nachweisen, formulierte aber trotzdem Folgendes:

> „Es war und ist noch meine Ansicht, daß diese Unterschiede entlang einer Skala der gemessenen Beobachtungen mit der Häufigkeitsverteilung einen durchgehenden Unterschied in der *Strukturierung* (patterning) des Sprechens hervorbrachten" (ebenda, S. 57; Hervorhebung im Original).

Dieser von Bernstein nicht erbrachte Nachweis scheint Gogolin et al. (2004) bezogen auf den Einsatz komplexer Verbformen und Satzverbindungen bei einer klei-

---

ber of lexical items as a ratio of the total number of running words, we will count the number of lexical items as a ratio of the total number of clauses. LEXICAL DENSITY will be measured as the number of lexical items per clause" (S. 66 f., Hervorhebung im Original).

42 Bei der Bestimmung der lexikalischen Dichte von Schüleräußerungen verwenden Gogolin u.a. (2004, S. 74) das Verfahren, nach dem die Anzahl der lexikalischen Einheiten ins Verhältnis zur Anzahl der insgesamt verwendeten sprachlichen Einheiten der Schülerinnen und Schüler gesetzt wird.

nen Stichprobenauswahl gelungen zu sein. Die Autoren schlussfolgern, dass sich sachdienliches und zielgerichtetes mathematikorientiertes Sprechen vor allem über den Einsatz grammatischer Einheiten steuern lässt und hingegen eine Vielzahl lexikalischer Einheiten sogar auf einen wenig inhaltlich verbundenen Text hinweisen kann.

> „[D]ass – vergleichbar der Syntax der mathematischen Formelsprache – eine hinreichende Anzahl präzise gebrauchter grammatischer Einheiten als Steuerungselemente notwendig sind, um sachdienlich und zielgerichtet vorzugehen. Ein Überwiegen lexikalischer Einheiten weist daher eventuell auch auf einen geringeren Verknüpfungsgrad des Texts. Seine Kohäsion nimmt ab, wenn nicht genügend referierende ana- und kataphorische[43] Elemente vorhanden sind." (ebenda, S. 76).

Dieses Ergebnis lässt sich wiederum in die Ergebnisse von Bernstein (1977, 1972) einordnen, der bei der Differenzierung in Alltagssprache und eine formale Sprache auf den Vorteil von Schülerinnen und Schülern der Mittelschicht gegenüber Kindern aus der Arbeiterschicht verweist. Durch das Beherrschen einer formalen Sprache, die in der Schule verwendet wird und sich u.a. durch eine genaue grammatische Struktur und Syntax sowie komplexe grammatische Satzstrukturen auszeichnet, entwickeln Mittelschichtkinder eine Sensibilität der Struktur von Objekten und der Struktur von Sprache gegenüber, die ihnen hilft, sachdienlich und zielgerichtet im Leben und in der Schule Probleme zu lösen.

Die Ergebnisse von Gogolin et al. (2004) lassen sich sicher nicht gleichermaßen auf die im Unterricht verwendeten verbalen Handlungen medial phonischer Art der Schülerinnen und Schüler übertragen, da sie nicht durch die Analyse alltäglicher Klassengespräche, sondern vor allem aus Interviews verschiedener Provenienz mit den Schülerinnen und Schülern gewonnen wurden. Laut Gogolin (2001) wird jedoch ein normativer Anspruch des deutschen Schulsystems an alle Schülerinnen und Schüler herangetragen, dass diese die im Unterricht gepflegten Sprachvarianten der Schule produktiv und rezeptiv beherrschen. Diese Schulsprache entspricht nicht der mündlichen Kommunikation des Alltags vieler Schülerinnen und Schüler, sondern hat auf der Ebene der Strukturen von Sprache

> „mit den Regeln der schriftsprachlichen Kommunikation mehr gemeinsam [...] als mit mündlichen Gesprächsweisen" (S. 3).

---

43 Eine Anapher ist in der Sprachwissenschaft die Bezeichnung für einen Ausdruck, der sich auf vorausgegangene Ausdrücke in einem Text bezieht z.B. in Form eines Pronomens: Karl erwachte; er hatte schlecht geschlafen (vgl. DUDEN, Fremdwörterbuch 2006, S. 64). Der Gegensatz zur Anapher ist die Katapher. Eine Katapher ist demnach eine Bezeichnung für einen Ausdruck, der sich auf nachfolgende Ausdrücke in einem Text bezieht z.B. in Form eines Pronomens: Er erwachte; Karl hatte schlecht geschlafen (vgl. DUDEN, Fremdwörterbuch 2006, S. 516).

Ein solcher Modus der Sprache der Schule, der auf der normativen Ebene relevant ist – dessen Beherrschung somit von Schülerinnen und Schülern verlangt wird, wenn sie bildungserfolgreich sein sollen – wird von Gogolin (2006, S. 82) „Bildungssprache"[44] genannt. Gogolin lehnt den Begriff der Bildungssprache an ein von Cummins (2000, 1979) beschriebenes Konzept der „Cognitive Academic Language Proficiency" an, welches dieser im Kontext des Zweitspracherwerbs mit Englisch als Zweitsprache entwickelt. Cummins trennt „academic language proficiency" von „conversational language proficiency" (Cummins 2000, S. 57 ff.) womit er darauf verweist, dass Kinder in ihrer Zweitsprache schnell Fähigkeiten erwerben können, die sie in Alltagssituationen anwenden können, aber bedeutend länger benötigen, um Kompetenzen in der Bildungssprache des Unterrichts zu erlangen, die erforderlich sind, um bildungserfolgreich sein zu können. Ein entscheidendes Charakteristikum der Bildungssprache des Unterrichts stellt ihre konzeptionelle Schriftförmigkeit dar, wodurch sie ein hohes Maß an Informationsdichte und eine Situationsentbundenheit aufweist. Hierdurch unterscheidet sie sich signifikant von alltäglicher mündlicher Kommunikation im Alltag von Schülerinnen und Schülern. Im Weiteren werde ich, wenn ich auf das für den Schulerfolg entscheidende sprachliche Register verweise, ausschließlich den Begriff der formalen Bildungssprache oder Bildungssprache verwenden, welcher synonym zum Begriff der academic language zu verstehen ist. Diesen Begriff sehe ich als eine Erweiterung des Begriffs der formalen Sprache von Bernstein (1977, 1972) an. Empirische Untersuchungen im deutschsprachigen Raum, die eine Bildungssprache des Unterrichts genauer charakterisieren könnten, liegen bislang nicht vor. Gogolin und Roth (2007, S. 42) geben zumindest Teilbereiche an, die nach Analysen von Roth mit hoher Wahrscheinlichkeit für das Beherrschen einer Bildungssprache relevant sein könnten. Hierzu zählen das Passiv, unpersönliche Ausdrücke, der Konjunktiv, Konstruktionen mit lassen, Substantivierungen, Komposita und Attribute. Als kompetent in einer Bildungssprache lassen sich Schülerinnen und Schüler somit verstehen, wenn sie fähig sind, abstrakte Begriffe unabhängig vom konkreten Kontext zu verstehen und in schriftförmig geprägter dekontextualisierter Form zu beschreiben.

2.5 Konstruktion individueller Deutung und die Bedeutungsgenese mathematischer Begriffe im Interaktionsgeschehen des Schulunterrichts

In der Interaktion im Grundschulunterricht, der vorwiegend über medial phonische Sprachformen geführt wird, wird von Schülerinnen und Schülern zusammen mit der Lehrperson verbal ausgehandelt, was zu den gemeinsam geteilten mathemati-

---

44   Zum Begriff s.a. Gogolin/Roth 2007, S. 40 ff.; Gogolin 2004.

schen situationsüberdauernden Bedeutungszuschreibungen der Klassengemeinschaft gehört und was nicht. Inwiefern die Deutungen der Individuen in der Klassengemeinschaft tatsächlich als gemeinsam geteilt gelten, lässt sich erst durch eine ausführliche Analyse rekonstruieren. Gerade die Tatsache, dass die Schülerinnen und Schüler untereinander sowie im Austausch mit der Lehrperson unterschiedliche subjektive Deutungen von Situationen konstruieren, stellt den ‚Motor' des Lernens und der Kommunikation im sozialen Alltag der Schule dar. Durch diese unterschiedlichen subjektiven Deutungen wird jede oder jeder Einzelne ständig mit interpersonellen Koordinationsproblemen in der Interaktion konfrontiert und muss die eigenen Deutungen insoweit mit denen der Interaktionspartner an- und abgleichen, dass die Interaktion nicht zum Erliegen kommt:

> „Nur in einer Welt, in der jedes Individuum, ob groß oder klein, dasselbe denkt, lassen sich solche Koordinationsprobleme vermeiden" (Miller 1986, S. 320).

2.5.1 Einführung neuer mathematischer Objekte

Die als gemeinsam geteilt geltende Bedeutung von in der Interaktion thematisierten Objekten[45] wird dem Genetischen und Symbolischen Interaktionismus zufolge durch wechselseitige Interpretationen der beteiligten Schülerinnen und Schülern im Klassenzimmer ausgehandelt (s. Kap. 2.1 und s.a. Brandt 2004, S. 16).

Die zu betrachtenden Objekte werden dem Forschungsinteresse angepasst und eingegrenzt. Das hat zur Folge, dass in der vorliegenden Untersuchung nach der sprachlichen Gestaltung des Grundschulmathematikunterrichts bei der Bedeutungsaushandlung in Szenen der Einführung neuer mathematischer Begriffe gefragt wird. Diese einzuführenden neuen mathematischen Begriffe sind nach Maier (1986, S. 137) nicht realer Natur und damit den Sinnen schwer zugänglich, da es sich um abstrakte Begriffe handelt, die sich nahezu ausschließlich auf sprachlich-symbolischer Ebene darstellen und bearbeiten lassen. Es stellt sich die Frage, wie die einzuführenden abstrakten Objekte, hier neue mathematische Begriffe, im untersuchten Unterricht sprachlich thematisiert und durch die verbalen Handlungen der Lehrperson eingeführt und kollektiv von den Schülerinnen und Schülern gemeinsam mit der Lehrperson ausgehandelt werden.

Da die Objekte der Mathematik nach Maier (1986, S. 137) abstrakter Natur sind, lässt sich bei der Konstruktion des Neuen in Form mathematischer Begriffe nach Schweiger (1996) ein besonderes Augenmerk auf die Fachsprache der Mathematik legen, denn beim Lernen in der Mathematik geht es ihm zufolge nicht nur um das Lernen mathematischer Inhalte, sondern auch um die Aneignung einer Fachspra-

---

45 Objekte umfassen dem Symbolischen Interaktionismus und dem Genetischen Interaktionismus zufolge nicht nur sinnlich Wahrnehmbares, sondern auch Ideen, Normen, Regeln etc.

che, deren Begriffe mit denen aus der Alltagssprache interferieren (vgl. ebenda, S. 44).[46]

Diesem Gedankengang folgend fokussieren Maier und Schweiger (1999) bei ihrer Auseinandersetzung mit Mathematik und Sprache vorwiegend auf die Betrachtung des Lernens der Fachsprache der Mathematik. Durch eine sprachliche Verdichtung mit Hilfe der Fachsprache werden ihnen zufolge komplexe Sachverhalte über eine Benennung in einem Begriff fixiert. Dies ermögliche es, neue Wissensbereiche klar zu bestimmen und begrifflich zu durchdringen. Zusätzlich ermögliche die Benennung von z.b. Strategien und Techniken in einem Begriff, dass diese leichter abrufbar und verfügbar sind (vgl. ebenda, S. 17 f.).

Bei der Verwendung von „Fachausdrücken" (Maier/Schweiger 1999, S. 29) in der mathematischen Fachsprache unterscheiden Maier und Schweiger folgende drei unterschiedliche Kategorien:

1. Wörter, die in der Alltagssprache nicht vorkommen, wie z.b. Sinus;
2. Wörter, die in der Alltagssprache in ähnlicher oder gleicher Bedeutung verwendet werden, wie z.b. Dreieck oder Quadrat;
3. Wörter, die in der Alltagssprache abweichend von der in der mathematischen Fachsprache üblichen Form verwendet werden, meist aber eine gemeinsame Herkunft haben, wie z.b. Produkt oder rational (vgl. ebenda, S. 29 f.).[47]

---

46 Mit Bezug zur Definition des Begriffs Bildungssprache in Kapitel 2.4 sei hier angemerkt, dass das Register der Bildungssprache komplexer ist als das der Fachsprache. So lässt sich die Fachsprache der Schulfächer als eine Teilmenge von Bildungssprache verstehen, wobei nicht alle fachsprachlichen Anteile der Ursprungsdisziplinen, wie hier der Mathematik, im Register der Bildungssprache enthalten sein müssen. Das Register der Bildungssprache umfasst jedoch, vor allem mit seiner Fokussierung auf die Schriftförmigkeit und allgemein auf die Struktur von Unterrichtssprache, mehr als die Fachsprache des Unterrichts.

47 Zusätzlich verweisen die Autoren in diesem Zusammenhang auf Neuschöpfungen durch Mathematiker, bei denen ein metaphorischer Gebrauch beabsichtigt ist. Bei der Verwendung von Metaphern wird nach Maier/Schweiger (1999) das Ziel verfolgt, „einen Begriff oder Sachverhalt unter Zuhilfenahme jener Bedeutungsvorstellungen verstehbar zu machen, die in der wörtlichen Bedeutung mit ihnen verbunden sind" (S. 60). Das Problem dabei ist, dass so meist nur ein partielles Verstehen des Begriffs oder Sachverhalts gelingen kann und andere Aspekte des Begriffs unter Umständen verloren gehen. Deswegen plädieren die Autoren dafür, geeignete Prototypen für den Erwerb von Begriffen aufzubauen, denn auch mathematische Objekte werden durch typische Beispiele mittels zusammenhängender mathematischer Grundtätigkeiten erfahren (vgl. ebenda). Eine weitere Besonderheit, die die Mehrdeutigkeit einer Vielzahl von Begriffen der Alltagssprache erklärt, liegt nach Maier/Schweiger (1999) in der Bedeutungsübertragung. So sind einige Begriffe erst im Kontext verstehbar. Eine besondere Form dieses Wandels der Bedeutung liegt bei einer „Metonymie" (ebenda, S. 59) vor. Als Metonymie bezeichnet man die Verwendung eines Wortes, welches in logischem oder erfahrungsmäßigem Zusammenhang

Die Frage, die im Folgenden beantwortet werden soll, ist, wie diese Fachausdrücke der Mathematik im untersuchten Unterricht eingeführt werden. Hierzu verweist Maier (2004) darauf, dass es in der Fachsprache der Mathematik, aber auch in anderen Fachsprachen, ein Eindeutigkeitsproblem der Fachsprachen gibt, da diese mit der Sprache des Alltags der Schülerinnen und Schüler interferieren. Infolgedessen erlangen die Handlungen der Lehrperson zur sprachlichen Gestaltung des Unterrichts bei der Einführung neuer fachsprachlicher mathematischer Begriffe eine wichtige Bedeutung, da über sie Gelegenheiten zum Lernen dieser fachsprachlichen Begriffe seitens der Lernenden evoziert werden können (vgl. ebenda, S. 153).

Das Eindeutigkeitsproblem der Fachsprache der Mathematik bekommt nach Maier (2004, S.153) eine wesentliche Bedeutung bei den verbalen Handlungen der Lehrpersonen. Maier schreibt, dass die Lehrersprache sich in einem Spannungsverhältnis zwischen einer fachsprachlichen „Hypertrophie-"[48] bzw. „Hypotrophie"[49] bewegt. Ziel sollte es nach Maier sein, die Unterrichtssprache, die sich auf einer Skala zwischen diesen zwei Extrempunkten der Hyper- und Hypotrophie bewegt, ‚mittig' zu positionieren, um einerseits eine nötige Fachsprachentwicklung der Schülerschaft zu gewährleisten und andererseits den Schülerinnen und Schülern auch die Möglichkeit zu geben, mathematische Phänomene mit ihrer eigenen Sprache zu erfassen. Zur Analyse der sprachlich gestalteten Unterrichtswirklichkeit trennt Maier (2004) in die Betrachtung verschiedener Elemente, die den fachsprachlichen Charakter von Unterrichtssprache verstärken:

„a) Verwendung mathematischer Termini[50]
b) Verwendung mathematischer Symbole
c) Konventionen der Satzbildung" (ebenda, S. 154 f.).

---

mit dem jeweiligen Begriff steht. Als Beispiele für Metonymien geben Maier/Schweiger (1999, S. 59) rote Zahlen für Schulden und die grüne Linie als Bezeichnung für eine Untergrundbahn auf einem Streckenplan eines U-Bahnstreckennetzes an. Auf Grundlage dieser Überlegungen ergibt sich die Möglichkeit, die Verwendung mathematische Symbole ebenfalls als Metonymie zu verstehen.

48 Als fachsprachliche Hypertrophie wird nach Maier (2004, S. 153) die übermäßige Verwendung von nahezu „reiner Fachsprache" (ebenda) von Lehrenden oder Lehrmedien bezeichnet.

49 Mit fachsprachlicher Hypotrophie wird nach Maier (2004, S. 153) die übermäßige Verwendung von nahezu „reiner Umgangssprache" (ebenda) von Lehrenden oder Lehrmedien bezeichnet.

50 Die Bezeichnung Termini an dieser Stelle oder die Bezeichnung Fachtermini an anderer Stelle bei Maier (2004) ist im dargestellten Zusammenhang meines Erachtens etwas unpräzise. In dieser Arbeit wird mit Fachtermini oder Termini die Vokabel, d.h. die Bezeichnung eines mathematischen Begriffs definiert. Die Verbindung zwischen der Bezeichnung und den hinter der Bezeichnung stehenden mathematischen Bedeutungen und den Relationen zu anderen Begriffen wird im Weiteren durch den Ausdruck Begriff symbolisiert.

Zu diesen drei Elementen stellt Maier ausgiebig dar, bei welchen Formen des Unterrichtens die Gefahr fachsprachlicher Hyper- bzw. Hypotrophie besteht. So ist es z.b. gerade nach Maier „der sehr dichte Bedeutungsgehalt der Symbole [...], die manche Schüler nicht angemessen zu erfassen vermögen und sie daran hindern, die Bedeutung von Symbolen bzw. Symbolsystemen zu entschlüsseln" (ebenda, S. 154 f.). Jedoch weist Maier darauf hin, dass bei einem Versäumen der sprachverkürzenden und verallgemeinernden Funktion der mathematischen Symbole die Gefahr bestünde, in eine fachsprachliche Hypotrophie zu verfallen.

In Bezug auf das Lernen mathematischer Begriffe führt Maier (2004) aus, dass die Einführung neuer mathematischer Fachtermini in die Unterrichtssprache den Zweck erfüllt, die Kommunikation zu vereinfachen und lange Sätze zu verkürzen. Weiter sollen durch die Anwendung von Fachtermini die begrifflichen Vorstellungen der Schülerinnen und Schüler eindeutig fixiert und gefestigt werden. Ein gewisses Maß an Fachsprache scheint demnach unabdingbar, um mathematische Beziehungen, Objekte und Operationen präzise darzustellen. In diesem Zusammenhang verweist Maier (2004) auch auf das Problem der ‚Vollständigkeit' bei der Einführung von Fachsprache in der Mathematik. Etliche Begriffssysteme enthalten eine Vielzahl mathematischer Fachtermini, welche jedoch nicht alle zwingend zum Verständnis der Begriffe erforderlich sind und auch außerhalb dieses Systems von Begriffen ihre Bedeutung für viele Schülerinnen und Schüler gänzlich verlieren. Eine fachsprachliche Hypertrophie entsteht, wenn versucht wird, aus Gründen der Vollständigkeit zu viel unnötige Fachtermini in die Unterrichtssprache einzubringen. Die mathematische Fachsprache im Unterricht erhält so den Charakter einer Fremdsprache für die Schülerinnen und Schüler, was zur Folge hat, dass viele Schülerinnen und Schüler die Bedeutung der mathematischen Begriffe nur unvollständig verstehen und sie so lediglich in ihren passiven Wortschatz eingehen (vgl. ebenda, S. 156 f.).

Ein Problem der Betrachtung des Lernens mathematischer Fachsprache im Unterricht von Maier (2004) liegt darin, dass eine solche Betrachtung für die Analyse der sprachlichen Gestaltung des Grundschulmathematikunterrichts zu kurz greift. Zum einen ist der Umgang mit Fachbegriffen genauso wenig wie der mit Begriffen aus der Umgangssprache frei von Missverständnissen. Zum anderen geht es beim Lernen von Fachausdrücken nicht nur um ihren Inhalt, sondern auch um die Strukturen und Beziehungen, die mit ihnen verknüpft werden müssen.

Steinbring (2006, 2000, 1993) entwickelt einen Ansatz, der sich mit dem Lernen von Mathematik über die Konstruktion mathematischer Begriffe auseinandersetzt. Dieser Ansatz basiert auf der Idee, dass die Entwicklung mathematischer Bedeutung im Wechselspiel zwischen individuellen Deutungen über die zu konstruieren-

den Objekte und wissensbezogenen Strukturen, die in den Objekten, dem zu lernenden Wissen, selbst liegen (vgl. z.b. Steinbring 1993, S. 113).[51]

Nach Steinbring (1993) lassen sich Verstehensprobleme und Bedeutungsbrüche
innerhalb des alltäglichen Unterrichts anhand zweier unterschiedlicher Perspektiven analysieren:

1. in Hinblick auf die Beherrschung der nötigen Bezeichnungen, Definitionen,
   Konventionen und logischen Zusammenhänge im Rahmen der sprachlichen
   Kommunikation des Unterrichts oder
2. aus einer „epistemologischen Perspektive" (ebenda, S. 115).

Probleme des alltäglichen Mathematikunterrichts lassen sich Steinbring zufolge
demnach nicht nur auf der Ebene sprachlicher Kommunikation analysieren und erklären, sie beinhalten immer auch einen epistemologischen Anteil, der sich aufgrund der theoretischen Natur des Wissens begründet (vgl. Steinbring 2000, S. 30).
Da ich, wie in Kapitel 2.1 dargestellt, jedoch davon ausgehe, dass Schülerinnen und
Schüler stets für sich Bedeutungen neu konstruieren müssen und in diesem Sinne
‚der epistemologische Anteil' nicht fix ist, sondern auch in der Interaktion der Beteiligten neu ausgehandelt wird, gehe ich davon aus, dass sich Probleme des alltäglichen Mathematikunterrichts auf der Ebene sprachlicher Kommunikation zeigen
lassen – auch solche, die nach Steinbring (2000) unter die epistemologische Perspektive fallen.

   Nach Steinbring (2000) müssen Schülerinnen und Schüler während des Prozesses des Wissenserwerbs eine Umstrukturierung ihres bestehenden Wissens vornehmen, welches vornehmlich aus ihrer Beziehung zu konkreten und gegenständli-
chen Situationen entsprungen ist, um hieraus neue Beziehungsstrukturen des mathematischen Wissens selbstständig konstruieren zu können. Das mathematische
Wissen, wie z.B. mathematische Begriffe, existiert somit noch nicht und wird als
dieses fixe Wissen vermittelt, sondern wird in der Interaktion des Unterrichts ausgehandelt. In diesem Zusammenhang definiert Steinbring (2000) die Entwicklung
von Wissen als Herstellung von Deutungen zwischen „symbolischen Strukturen"
und möglichen „Referenzkontexten" (vgl. Steinbring 2006, S. 3; ein Beispiel findet
sich in den Analysen in Kap. 3.2.3.3.9). Innerhalb dieses Prozesses der Herstellung
von Beziehungen zwischen den strukturellen Merkmalen des Wissens und dem
durch Gegenstandsbezüge gegebenen Kontext des Wissens begegnen den Schülerinnen und Schülern nach Steinbring (2000) jedoch viele implizite, teilweise auch
konventionalisierte Vereinbarungen oder Vorgaben, die als Regeln schwer explizit
von der Lehrperson zu formulieren sind. Hierdurch entsteht für Schülerinnen und
Schüler die Schwierigkeit, die Beziehungen zwischen der symbolisch-strukturellen

---

51 Zum Umgang mit dem Wissensbegriff in dieser Arbeit siehe Fußnote 18.

und der gegenständlich-kontextbezogenen Ebene des Wissens korrekt zu konstruieren (vgl. Steinbring 1993, S. 116 f.). Schülerinnen und Schüler müssen bei der Konstruktion von verallgemeinerbaren arithmetischen Beziehungen eigene situative Beschreibungen entwickeln, um das Besondere im Allgemeinen zu benennen, da sie nicht auf die fertigen algebraischen Notationen zurückgreifen können (vgl. Steinbring 2000, S. 29).

> „Das Lernen setzt eine soziale Praxis des schulmathematischen Wissens voraus [...], in der die SchülerInnen ihre Wissensbedeutungen konstruieren können [...]. Und im Lernprozeß müssen die Lehrerinnen explizit auf die erkenntnistheoretischen Aspekte des schulmathematischen Wissens Bezug nehmen, um die zunächst als Namen für gegebene ‚Objekte' gebrauchten sprachlichen Bezeichnungen mit mathematisch-begrifflicher Bedeutung füllen und damit einen Übergang von sprachlichen Zeichen zu mathematischen Symbolen (Symbole als Repräsentanten für begriffliche Beziehungen) in Gang setzen zu können" (ebenda, S. 30).

Allerdings ist die Konstruktion des Wissens nach Steinbring (1993) nicht willkürlich und beliebig. Sie ist nur vor dem Hintergrund potenzieller „objektiver Strukturen und Beziehungsmöglichkeiten im Wissen selbst" (ebenda, S. 117) zu verstehen. Dieser Prozess stellt keinen auf das individuelle Subjekt beschränkten Vorgang dar. Die Verallgemeinerung mathematischer Begriffe erfordert hingegen einen sozialen Lernkontext, in dem durch die Auseinandersetzung mit Mitschülerinnen und Mitschülern Verallgemeinerungs- und Abstraktionsprozesse entstehen können (vgl. ebenda, S. 116 f.). Steinbring verweist somit wie Miller (1986) darauf, dass die Konstruktion von Neuem durch einen kollektiven Lernprozess evoziert werden muss, indem die subjektiven Deutungen der Schülerinnen und Schüler untereinander und/oder mit denen der Lehrperson abzugleichen und aneinander anzupassen sind. Diese soziale Konstruktion neuen Wissens wird von Steinbring (2000) als „[...] interaktiver Prozeß mit ‚offenem' Ausgang aufgefaßt" (ebenda, S. 28). Er sei nicht in Gänze vorab zu determinieren.

Die mathematischen Zeichen oder Symbole, wie auch die Referenzkontexte, in denen diese betrachtet werden, repräsentieren Steinbring (2006) folgend Strukturen und Relationen. Dadurch wird es nötig, dass im interaktiven Entwicklungsprozess der Schülerinnen und Schüler im Unterricht eine inhaltliche Verbindung zwischen Zeichen und Referenzkontext über Interpretationen erreicht wird. Hierbei gehen die Referenzkontexte dem mathematischen Zeichen nicht einfach zeitweise oder logisch voran, vielmehr bedingen sich beide. Der aus diesem Wechselbezug von mathematischen Zeichen und Referenzkontext emergierte mathematische Begriff ist nicht empirischer Natur. Er muss verstanden werden als eine Verkörperung struktureller Relationen und nicht als eine reale Sache mit sinnlich wahrnehmbaren Eigenschaften (vgl. ebenda, S. 11).

Nach Steinbring (2000) enthalten bei der Konstruktion und Begründung von neuem mathematischem Wissen weder die Referenzkontexte, in denen versucht wird, die Begriffe darzustellen, noch die Zeichen- oder Symbolsysteme den mathematischen Begriff unmittelbar. Durch die Zeichen und Referenzkontexte lassen sich lediglich Grundlagen zur Konstruktion neuer mathematischer Begriffe schaffen. Die Zeichen und Referenzkontexte stellen ikonische Träger des Wissens dar, die in Form von Hinweisen auf andere strukturelle Beziehungen der Begriffe Verwendung finden können. Zeichen sind nach Steinbring nicht eindeutig und – unabhängig davon – auch nicht selbsterklärend. Die Schülerinnen und Schüler müssen sich zum Verständnis des jeweiligen neuen Wissens Steinbring zufolge von dem konkreten Referenzkontext lösen, um darin eine allgemeine Struktur erkennen zu können, denn die Bedeutung und Funktion der mathematischen Begriffe zeigen sich erst in den Wechselbeziehungen von Referenzkontext, Zeichen und Begriff. Das von den Schülerinnen und Schülern konstruierte mathematische Wissen wird so zu einem Zeichen zur Repräsentation einer mathematischen Relation (vgl. ebenda S. 49; Steinbring 2006, S. 25 ff.).

Steinbring bezieht in seine Ausarbeitungen (2006, 2000, 1993) explizit den Gedanken ein, dass das Neue nicht aus sich heraus entsteht und Begriffe nicht allein durch ihre Benennung entstehen, sondern kollektiv ausgehandelt werden müssen. Dieser Ansatz ist meines Erachtens hilfreich für die vorliegende Untersuchung, da demnach eine Benennung von Begriffen mit Fachtermini nicht ausreicht, sondern die Schülerinnen und Schüler versuchen müssen, die Begriffe auf Grundlage der Zeichen und Symbole, die mit diesen Begriffen zu verbinden sind, sowie den Referenzkontexten, in denen sie die Begriffe erfahren, zu konstruieren. Der Ansatz von Steinbring (1993) bezieht sich jedoch auf Begriffe als isolierte sprachliche Einheiten, die zwar Bezüge zu Referenzkontexten haben, aber durch ihre Betrachtung als isolierte Zeichen den hierdurch begrenzten Rahmen ihrer Definition kaum überschreiten können. Um sich im Schulalltag und der alltäglichen Welt zurechtzufinden und lernen zu können, benötigen Schülerinnen und Schüler jedoch ein umfassenderes Verständnis von Begriffen: ein Textverständnis, welches ein Verständnis mehrerer zusammenhängender Äußerungseinheiten im Gegensatz zu einem isolierten Begriffsverständnis beinhaltet. So ist die Verwendung der Begriffe im Sinne von Bernstein (1977, 1972) nicht nur eingebunden in Referenzkontexte, in denen sie ihre Bedeutung erfahren, sondern auch in grammatische und inhaltliche Strukturen einer formalen Sprache, aus denen sich ihre Bedeutung, die Beziehung der Begriffe untereinander und auch die Verfahren, in denen die Begriffe ihre Bedeutung erlangen, ergeben.

In diesem Zusammenhang spricht Pimm (1987) von „mathematics register" (S. 74). Bei dem Begriff register verweist Pimm auf Halliday (1975). Nach Halliday lässt sich ein Register als eine Menge von Bedeutungen, die für eine besondere Funktion der Sprache geeignet sind, zusammen mit den Wörtern und Strukturen, die diese Bedeutungen ausdrücken, verstehen. Von einem mathematischen Register lässt sich Halliday folgend in dem Zusammenhang sprechen, wenn es um Bedeutungen geht, die zur Sprache der Mathematik gehören, und wenn es darum geht, was eine Sprache ausdrücken muss, wenn sie für mathematische Zwecke genutzt wird. Das mathematische Register lässt sich in diesem Sinne nicht nur aus einer Terminologie bestehend und die Entwicklung eines Registers auch nicht nur als ein Prozess, neue Wörter zu dieser Terminologie hinzuzufügen, verstehen (vgl. Halliday 1975, S. 65).

Die Aufgabe der Schülerinnen und Schüler, im Unterricht Begriffe der Mathematik zu lernen, beinhaltet, nach Pimm (1987, S. 76) demnach nicht nur, die Namen oder Bedeutungen isolierter Begriffe zu lernen, sondern vor allem mit Hilfe dieser Begriffe ein mathematisches Register sprachlich zu beherrschen und so in und mit diesem verbal handeln zu können wie ein native speaker der Mathematik.

> „Learning to speak, and more subtly, learning to mean like a mathematician, in-volves acquiring the forms and the meanings and ways of seeing enshrined in the mathematics register" (ebenda, S. 207).

In der Terminologie Bernsteins (1977, 1972) hieße das, dass es Ziel der Schule sein sollte, die Schülerinnen und Schüler zu befähigen, die formale Sprache des Mathematikunterrichts zu beherrschen und so fähig zu sein, „to deconstruct teacher talk" (Zevenbergen 2001 a, S. 44).

Ein mathematisches Register lässt sich durch zwei Aspekte im Umfang erweitern; zum einen dadurch, dass neue mathematische Begriffe geprägt oder eingeführt werden, und zum anderen dadurch, dass Begriffe aus der Alltagssprache entlehnt und neu interpretiert werden. Das Problem besteht dabei darin, dass eine Vielzahl von mathematischen Begriffen einer vielfältigen Verwendung in unterschiedlichen Registern unterliegen, da Erstere teilweise der Alltagssprache entlehnt sind, was auch in Bezug auf die ‚Uneindeutigkeit' von Fachsprache bei den Ausführungen zu Maier (2004) in diesem Kapitel bereits beschrieben wurde. Eine Ausweitung der Ideen Maiers (2006, 2004, 1986), Maier und Schweiger (1999) und Schweigers (1996) lässt sich aufgrund der Tatsache fordern, nach dem diese Entlehnung ausschließlich auf die Fachbegriffe der Mathematik bezogen wird und auf die Konventionen der mathematischen Satzbildung eingegrenzt ist. Die Entlehnung aus der Alltagssprache der Schülerinnen und Schüler findet jedoch nicht nur bei Substantiven und Verben statt, sondern auch bei grammatischen Konstruktionen, die in die Sprache der Mathematik mit aufgenommen werden und dort nicht ihre ursprüngliche Bedeutung behalten. Zum Erreichen eines besseren Verständnisses des mathematischen Inhalts der Äußerungen der Schülerinnen und Schüler schlägt Pimm

(1987) infolgedessen vor, dass die Lehrperson die Wechsel der Register ernst nimmt, um so den Schülerinnen und Schülern die Möglichkeit zu geben, zu verstehen, welchem Register der betrachtete Begriff zuzuordnen ist (vgl. ebenda, S. 76 ff.). Die Kernaussage Pimms in Bezug auf das mathematische Register lautet, dass sich Schülerinnen und Schüler jeglicher Stufe bewusst sein müssen, dass es unterschiedliche Register gibt und „that the grammar, the meanings and the uses of the same terms and expressions all vary witin them and across them" (ebenda, S. 109, Hervorhebung im Original).

2.5.2 Bedeutungsaushandlung im Grundschulmathematikunterricht

Nach der Position des Genetischen und Symbolischen Interaktionismus (vgl. Kap. 2.1) werden die Bedeutungen der neuen mathematischen Begriffe durch wechselseitige Interpretationen der beteiligten Schülerinnen und Schüler ausgehandelt und es findet so eine Bedeutungsgenese im Klassengespräch des Grundschulmathematikunterrichts statt. Im Zusammenhang mit der Anpassung subjektiver Deutungen der Schülerinnen und Schüler an die der Lehrperson oder an die der Mitschülerinnen und Mitschüler bei der Aushandlung und Konstruktion neuer Bedeutungen spricht Krummheuer (1992, S. 22 ff., s.a. Krummheuer/Fetzer 2005, S. 17 f.) von „Situationsdefinition". Dieser Begriff bezieht sich auf das Individuum, welches in der Interaktion mit anderen Individuen auf Grundlage seiner eigenen Erfahrungen individuelle Deutungsaktivitäten unternimmt und so zu subjektiven Deutungen der Situation gelangt. Mollenhauer (1972), der diesen Begriff in die pädagogische Diskussion einführte, betont durch die Beschreibung jedes Deutungsvorgangs als „Strukturierung" den prozessualen Charakter der Situationsdefinition. Nach ihm lässt sich die Situationsdefinition definieren als

> „[...] die bewußte oder unbewußte Strukturierung der Bedeutungskomponenten der Situation gemäß den erworbenen kognitiven und Beziehungs-Schemata" (ebenda, S. 123).

Die Hervorbringung von Situationsdefinitionen der Individuen lässt sich nicht als einmaliger Vorgang verstehen, sondern als Prozess von Deutungshervorbringungen, der nie zum Abschluss kommt. Das Hervorbringen ständig veränderter Deutungen wird von Krummheuer (1992) als eine entscheidende innerpsychische Voraussetzung für die kognitive Entwicklung des Individuums angesehen, da das Verändern der eigenen Deutungen eine Grundlage für die Konstruktion neuer Bedeutungen und damit konstitutiv für Lernprozesse ist. Die Hervorbringung von Situationsdefinitionen muss jedoch nicht zwangsläufig zum Lernen bzw. zur Konstruktion von Neuem führen. Durch eine Gewöhnung und eine Stabilisierung können die individuellen Deutungsprozesse standardisiert werden (vgl. ebenda, S. 23 f.).

Die Situationsdefinitionen werden ständig mit anderen an der Interaktion Beteiligten angeglichen und verändert. Ziel sollte es sein, unter den Beteiligten eine als „[...] geteilt geltende Deutung" (Krummheuer/Fetzer 2005, S. 18) zu erreichen, damit die Interaktion nicht zum Erliegen kommt. Auf der Grundlage dieser als geteilt geltenden Deutungen kann sich die Interaktion weiterentwickeln. Die als geteilt geltenden Deutungen werden im Prozess der Bedeutungsaushandlungen der Individuen ständig verändert. Die hat zur Folge, dass die Ergebnisse, die sich in den als geteilt geltenden Deutungen identifizieren lassen, nicht nur den kognitiven Fähigkeiten der Einzelnen zuzurechnen sind, sondern aus der Interaktion aller Beteiligten emergiert sind.

> „Nicht der Inhalt als solcher steht dem lernenden Schüler als Gegenstand gegenüber, sondern die in der Interaktion von den Mitwirkenden hervorgebrachte als geteilt geltende Deutung" (ebenda, S. 18).

Voigt spricht in diesem Zusammenhang vom „‚als geteilt geltende[n]' Verständnis" (Voigt 1994, S. 78). Mit der Bezeichnung ‚als geteilt geltend' wird dem Fakt Rechnung getragen, dass die Bedeutungszuschreibungen der Beteiligten nur insoweit als gemeinsam geteilt zu betrachten sind, als ein Fortschreiten der Interaktion im Klassenzimmer möglich ist. Für dieses Fortschreiten der Interaktion bedarf es meist nur einer geringen funktionalen Passung der individuellen Deutungen der beteiligten Schülerinnen und Schüler mit den Deutungen der Lehrperson oder denen der Mitschülerinnen und Mitschüler. Die ausgehandelte Bedeutung gilt in diesen Fällen nur als gemeinsam geteilt, da die individuellen Deutungen der Beteiligten nicht notwendiger Weise übereinstimmen müssen. Dieser Zustand vorübergehender Bedeutungspassung wird „Arbeitskonsensus" (Krummheuer 1992, S. 25; zum Begriff „working consensus" vgl. Goffman 1959, S. 9 f.) genannt.

Standardisierte und routinisierte individuelle Situationsdefinitionen benennt Krummheuer (1992, S. 24 ff.) in Bezug auf Goffmans Begriff des „frame" (1974, S 19) als „Rahmung" (Krummheuer 1992, S. 24). Mit dem Begriff der Rahmung wird zum einen der zunehmenden Stabilisierung von Deutungsprozessen im Verlauf des Unterrichtsdiskurses seitens der Schülerinnen und Schüler begegnet und zum anderen der Tatsache, dass die Lehrperson als universitär fachlich ausgebildete Person verschiedene Unterrichtsstunden gemäß einem kodifizierten wissenschaftlichen Inhaltsbereich einheitlich deuten kann. Die Rahmungen der Schülerinnen und Schüler untereinander sowie mit der Lehrperson stimmen jedoch häufig nicht überein und sind im Sinne des Arbeitskonsenses eventuell auch nur unzureichend aufeinander abgestimmt:

> „Schulische Unterrichtssituationen sind bezüglich der inhaltlichen Dimension durch qualitative Differenzen der Rahmung zwischen Lehrer und Schüler ausgezeichnet. Die auf einer solchen Rahmungsdifferenz beruhenden Verständigungsprozesse er-

weisen sich empirisch als höchst fragil und stehen in einem Spannungsverhältnis zu der ebenfalls benötigten Stabilisierung der Aushandlungsprozesse" (Krummheuer 1992, S. 47).

Der Unterricht lässt sich Krummheuer zufolge als eine „zur Praxis geronnene Schnittstelle von Rahmungen zweier unterschiedlicher Interaktionspraxen" (1992, S. 64) beschreiben. Die Lehrperson zieht, zur Deutung fachlicher Aspekte des Unterrichts, aufgrund ihrer universitären Ausbildung Rahmungen aus ihrer fachwissenschaftlichen und/oder didaktischen Interaktionspraxis hinzu, wohingegen die Schülerinnen und Schüler ihre Rahmungen aus ihrem außerschulischen Umfeld bzw. – bei älteren Schülerinnen und Schülern – aus ihrer vorangegangenen Schullaufbahn beziehen (vgl. ebenda, S. 47).

Krummheuer (1992) rekonstruiert in seiner Untersuchung schulischer Interaktionssituationen des Klassengesprächs des Grundschulmathematikunterrichts verschiedene Rahmungen und Rahmungsdifferenzen. Auf einige dieser Analyseergebnisse wird bei den vorliegenden Analysen des Grundschulmathematikunterrichts in Kapitel 5.2.3 Bezug genommen, da durch sie auf Handlungen der Lehrpersonen basierende Gelegenheiten zum Lernen für die Schülerinnen und Schüler beschreibbar sind.

2.5.2.1 Die aufgeschobene Rahmungsdifferenz

Die „aufgeschobene Rahmungsdifferenz" (Krummheuer 1992, S. 71 ff.) zeichnet sich dadurch aus, dass die Lehrperson eine Situationsdefinition in einer Interaktion deutet und diese nur scheinbar mit denen der Schülerinnen und Schüler übereinstimmt oder Ähnlichkeit aufweist.[52] Aus der Interpretation ergibt sich jedoch, dass die Rahmungsdifferenz unter einem Arbeitskonsens lediglich aufgeschoben wurde und eine gewisse Unbestimmtheit darüber bestehen bleibt, was in der Interaktion ausgehandelt wurde. Hierdurch kann es passieren, dass die Rahmungsdifferenz zu einer unüberwindbaren Verständigungshürde zwischen der Lehrperson und den Schülerinnen und Schülern wird. (vgl. Krummheuer 1992, S. 71 ff.)

---

52 Die Ausführungen bezüglich der Rahmungsdifferenzen beziehen sich im Weiteren immer auf die im Klassengespräch zwischen Lehrperson und Schülerinnen oder Schülern auftretenden Rahmungsdifferenzen. Denkbar sind Rahmungsdifferenzen natürlich auch in der Gruppenarbeit zwischen den Schülerinnen und Schülern selbst. Da der Fokus der vorliegenden Untersuchung jedoch auf der Analyse des Klassengesprächs im Unterricht liegt, sind sie nicht Gegenstand der Betrachtung.

2.5.2.2 Die übergangene Rahmungsdifferenz

Eine Interaktionssituation, in der der gesamte Aushandlungsprozess in einer Unbestimmtheit zwischen kollektiven Verbindlichkeiten und den Subjekten potenziell angebotenen Deutungsalternativen belassen wird, bezeichnet Krummheuer als „übergangene Rahmungsdifferenz". Mögliche Rahmungsalternativen der Schülerinnen und Schüler werden in dieser Interaktionssituation nicht thematisiert und schlicht übergangen (vgl. Krummheuer 1992, S. 71 ff.). In Bezug auf eine ähnliche Interaktionsform zwischen Individuen verweist Miller (1986) auf das „autoritäre Lernen" (S. 432 f.). Autoritäres Lernen zeichnet sich dadurch aus, dass

> „[...] alle Gruppenangehörigen nur noch einen Lern- und Erkenntnisprozeß durchlaufen, der mit dem Wissen einer unumstrittenen Autorität zusammenfällt und von dieser Autorität legitimiert wird. [...] Denn es ist schlichtweg undenkbar, daß in einer sozialen Gruppe das, was für die einzelnen Mitglieder spontan als fraglos und unmittelbar akzeptabel gilt, immer schon mit dem zusammenfällt, was von jener Autorität als gültig dekretiert wird" (Miller 1986, S. 432).

In einer Argumentation ist demnach eine fachliche Deutung einer Situation erst dann gerechtfertigt, wenn sie sich im Sinne der gemäß jener Autorität geltenden in eine kollektiv geltende fachliche Deutung überführen lässt. Pathologisch wird diese Form des Lernens vor allem dann, wenn Lernende, z.B. Schülerinnen und Schüler, sich ein geistiges Miniaturformat der bedingungslos anerkannten Autoritätsperson, z.B. einer Lehrperson, zulegen. Von diesem Moment an werden mögliche Ergebnisse eines individuellen Lern- und Erkenntnisprozesses von vornherein bereits feststehen, infolgedessen wird durch kollektive Lernprozessee nichts Neues mehr zu entdecken sein und so ein fundamentaler Lernprozesse im Keim erstickt werden (vgl. ebenda, S. 432 f.).

2.5.2.3 Die zerstörerische Rahmungsdifferenz

Unter einer „zerstörerischen Rahmungsdifferenz" versteht Krummheuer (1992, S. 83 ff.) eine Interaktionssituation, in der die Rahmung, z.B. einer Schülerin oder eines Schülers diametral mit der der Lehrperson aufeinander trifft. Dabei findet keine Annäherung der Differenzen durch eine gemeinsame Aushandlung statt, sondern die Unterschiedlichkeit der beiden Rahmungen zerstört die weitere argumentative Zusammenarbeit (vgl. S. 83 ff.).

2.5.2.4 Die überraschende Rahmungsdifferenz

Eine „überraschende Rahmungsdifferenz" liegt laut Krummheuer (1992) dann vor, wenn seitens der Schülerinnen oder Schüler subjektive Deutungen, z.B. einer fachlichen Aufgabe, aufgrund einer anderen, als von der Lehrperson erwarteten Rahmung eingebracht werden. Dabei bleibt die Unterschiedlichkeit der Rahmungen für viele Schülerinnen und Schüler implizit, da die sich bietende Gelegenheit zur Entwicklung erster Ansätze einer in der Interaktion zu explizierenden Argumentation durch Offenlegung der unterstellten Rahmung durch die Lehrperson ungenutzt bleibt (vgl. ebenda, S. 86 ff.).

Nun zeichnen sich die von Krummheuer (1992) rekonstruierten Rahmungsdifferenzen im Klassengespräch dadurch aus, dass sie nicht zum Thema des Unterrichts werden und somit keine ‚optimierten' Bedingungen für Gelegenheiten zum Lernen von Neuem, für die beteiligten Schülerinnen und Schüler darstellen. Es stellt sich daher für mich die Frage, wie in dem von mir betrachteten Unterricht mit den Rahmungsdifferenzen im Klassengespräch seitens der Lehrperson umgegangen wird: Bleiben diese verborgen und werden nicht thematisiert oder werden unterschiedliche Situationsdefinitionen der Schülerinnen und Schüler aufgrund anderer Rahmungen durch die Lehrperson aufgegriffen, um einen kollektiven Lernprozess unter den Schülerinnen und Schülern zu evozieren und insofern Gelegenheiten zum Lernen von Mathematik für alle Schülerinnen und Schüler zu schaffen (vgl. ebenda, S. 112 f.)?

Ein Schlüssel für einen ‚optimierten' und lernförderlichen Umgang mit Rahmungsdifferenzen im Klassengespräch könnte in Krummheuers Analysen von Kleingruppenarbeit liegen. In diesem Zusammenhang beschreibt Krummheuer (1992, S. 100 ff.) bei der Analyse von Interaktionssituationen während der Kleingruppenarbeit einer Lernendengruppe mit dem Computer die „koordinierte Rahmungsdifferenz".

2.5.2.5   Die koordinierte Rahmungsdifferenz

Die koordinierte Rahmungsdifferenz zeichnet sich dadurch aus, dass eine Koordination zweier Rahmungen stattfindet. Diese wird im Interaktionsverlauf zunehmend enger gestaltet, so dass sich die einzelnen Rahmungen gegen Ende so weit angenähert haben, dass sie sich kaum noch unterscheiden. Das Ergebnis ist eine interaktiv hervorgebrachte, als gemeinsam geteilt geltende Deutung, die die anfänglichen Rahmen der Beteiligten überschreitet, sodass über einen hohen Grad subjektiver Überzeugtheit bei den Beteiligten die Bedingungen für einen kollektiven Lernprozess optimiert wurden (vgl. Krummheuer 1992, S. 100 ff.).

Diesen Ausbruch aus einem gleichförmig musterhaften Interaktionsfluss im unterrichtlichen Klassendiskurs bezeichnen Krummheuer und Brandt (2001) in ihren neueren Arbeiten als „interaktionale Verdichtung" (S. 56; s.a. Krummheuer/Fetzer 2005). Zu diesen interaktionalen Verdichtungen, die Möglichkeiten fachlichen Lernens eröffnen, gibt es nach Krummheuer und Brandt (2001) nicht nur in der Kleingruppenarbeit, sondern auch im Klassengespräch, zahlreiche Gelegenheiten im

Verlauf des musterhaften gleichförmig ablaufenden Interaktionsflusses des Unterrichts. Vor diesem Hintergrund versucht der Autor der vorliegenden Untersuchung zu ergründen, ob und wie die Lehrperson durch die sprachliche Gestaltung des Unterrichts bei der Einführung neuer mathematischer Begriffe auch im Klassengespräch des alltäglichen Mathematikunterrichts Gelegenheiten zum Lernen schafft, die sich gegebenenfalls in der Terminologie Krummheuers und Brandts (2001) durch interaktionale Verdichtungen beschreiben lassen können.

3   Methodologie und methodisches Vorgehen

Im ersten Kapitel dieser Arbeit wird der theoretische Rahmen der Untersuchung aufgebaut. Im Folgenden werden die Methodologie und das methodische Vorgehen der Untersuchung dargestellt. Anfangs werden methodologische Überlegungen angestellt, die, im Zusammenspiel mit den Ausführungen zum theoretischen Rahmen, Entscheidungen auf der Ebene des angewendeten methodischen Vorgehens der Untersuchung begründen. Abschließend wird das methodische Vorgehen der Untersuchung anhand eines Beispiels illustriert.

3.1   Methodologische Überlegungen

Nach Wilson (1973, 1970) lässt sich in der empirischen Sozialforschung zwischen einem Interpretativen Paradigma[53] und einem Normativen Paradigma unterscheiden. Das Normative Paradigma zeichnet sich Wilson zufolge dadurch aus, dass die Beziehung zwischen sozialen Regeln und sozialem Handeln im Sinne eines Ursache-Wirkungs-Zusammenhangs als einseitig und eindeutig verstanden wird. Es ist dem Gedanken einer Einheitswissenschaft verpflichtet und orientiert sich an einer deduktiv-nomologischen Methodologie. Im Gegensatz hierzu lässt sich das Interpretative Paradigma so charakterisieren, dass jegliche soziale Ordnung auf den interpretativen Leistungen der Akteure beruht und soziale Normen allein als interpretierte, auf die Handlungssituation bezogene Teile der sozialen Wirklichkeit verstanden werden.

> „Das interpretative Paradigma fragt nach dem Sinn sozialen Handelns, wie er von den Handelnden selbst konstituiert wird" (Meuser 2006, S. 93).

Obwohl Wilson das interpretative Paradigma nicht explizit in Verbindung mit einer Festschreibung an einer qualitativen Methodologie bringt und ausdrücklich Bezüge mit quantitativen Verfahren betont, liegt die wissenschaftliche Bedeutung seiner Differenzierung in der Entwicklung einer spezifisch qualitativen Forschungsmethodologie. Die Unterscheidung der beiden Paradigmen setzte den Grundstein für eine Abgrenzung einer spezifisch rekonstruktiv-interpretativen Methodologie von der bis dato gängigen und dominierenden deduktiv-nomologischen Methodologie.[54]

---

53 Bei dem Begriff des Paradigmas bezieht sich Wilson auf ein Konzept, welches Kuhn (1973) wie folgt in die wissenschaftstheoretische Diskussion einführt: Nach ihm formuliert ein Paradigma Maximen und weitere Grundsätze, an denen sich die wissenschaftliche Praxis einer Disziplin orientiert. Über das Paradigma werden infolgedessen auch die Forschungsmethoden einer Disziplin festgelegt.

54 In Anlehnung an Bohnsack (2007, S. 10) wird im Weiteren eine Differenzierung in rekonstruktiv-interpretative Verfahren oder Vorgehen vorgenommen in Abgrenzung zu deduktiv-

Ansätze, die Wilson dem Interpretativen Paradigma zuordnet, sind der Symbolische Interaktionismus (vgl. Kap. 2.1) und die Ethnomethodologie (vgl. Meuser 2006, S. 92 ff.).

Aufgrund der im theoretischen Rahmen dieser Arbeit ausgearbeiteten Orientierung an der Lerntheorie des Genetischen Interaktionismus und dem soziologischen Ansatz des Symbolischen Interaktionismus lässt sich die vorliegende Untersuchung dem Interpretativen Paradigma zuordnen. Somit ist die Arbeit in der qualitativen Unterrichtsforschung, einem Teilgebiet der qualitativen empirischen Sozialforschung, zu verorten, wobei sie einer rekonstruktiv-interpretativen Methodologie folgt.

Im Folgenden wird zuerst ein theoretischer Blick auf den Gegenstand der Untersuchung – Mathematikunterricht – geworfen. Anschließend wird dargestellt, in welchem Verhältnis Untersuchungsgegenstand und Theorie nach der gewählten methodologischen Verortung stehen und welche Gültigkeit und Generalisierbarkeit die Ergebnisse der Untersuchung haben.

3.1.1 Die alltägliche Lebenswelt Mathematikunterricht

Nach Schütz und Luckmann (2003) gliedert sich die Lebenswelt von Menschen in verschiedene Sinnbereiche, die in sich geschlossen sind. Hierzu zählen nicht nur Welten, wie die der Dichtung oder der Religion, sondern auch die Lebenswelt der Theorie und die des Alltags. Die Erfahrungen in den Sinnbereichen weisen aufgrund ihrer Geschlossenheit einen spezifischen „Erlebnis- bzw. Erkenntnisstil" (ebenda, S. 55) auf. Zwei Charakteristika für den Stil des Alltags sind, mit Bezug auf Unterrichtsforschung,

> „die Sozialität auf der Basis der Erfahrung von mit Bewusstsein ausgestatteten Mitmenschen, die eine grundsätzlich intersubjektive Welt teilen sowie die Realitätsbegegnung im Modus des Eingreifens mit dem dabei praktizierten Bezug der Menschen aufeinander bis hin zur face-to-face-Kommunikation" (Jungwirth/Krummheuer 2006, S. 8 f.).

Am Sinnbereich des Alltags nimmt der Mensch unausweichlich und regelmäßig teil; er kann in ihn eingreifen, ihn verändern und trotzdem beschränken die Gegenständlichkeiten, auftretende Ereignisse und das Handeln anderer Menschen den freien Handlungsspielraum zum Eingreifen und zur Veränderung des Individuums.

---

nomologischen bzw. hypothesenüberprüfenden Verfahren oder Vorgehen. Eine Differenzierung, die lediglich in qualitative und quantitative Verfahren oder Vorgehen trennt, erhält eine starke Konnotation, die einzig an den verwendeten Methoden einer Untersuchung ausgerichtet wäre. Das zugrunde liegende Verständnis der sozialen Welt sowie das Theorieverständnis der Forschenden würde anhand dieser Differenzierung zu wenig deutlich werden.

Der Sinnbereich des Alltags stellt den fundamentalsten Bereich der Lebenswelt der Menschen dar, innerhalb dessen das Individuum sich mit anderen Individuen verständigen und mit diesen zusammenwirken kann. Nach dieser Sichtweise bedeutet selbst das Betreiben von Wissenschaft nur einen zeitweiligen Aufenthalt im Sinnbereich der Theorie und infolgedessen lässt sich auch der Mathematikunterricht als Sinnbereich des Alltags verstehen, indem mehr oder weniger ein Wechseln in den Sinnbereich der Theorie möglich ist (vgl. Schütz/Luckmann 2003, S. 29 ff.; Jungwirth/Krummheuer 2006, S. 8 ff.):

> „Dass sich Lernen in dieser oder jenen Form ereignet, siedelt das Geschehen noch nicht außerhalb des Realitätsbereichs des Alltags an; auch nicht, dass es sich auf die Mathematik, also auf ein Teilgebiet des Sinnbereichs ‚Theorie‘ bezieht. Es wird, so ließe sich sagen, versucht Theorie zu inszenieren" (Jungwirth/Krummheuer 2006, S. 10; Hervorhebung im Original).

Die vorliegende Untersuchung analysiert Grundschulmathematikunterricht, der demnach kontextgebundenen Unterrichtsalltag in der Grundschule darstellt. Den Forschungsfokus auf der Analyse schulischer Alltäglichkeit des Mathematikunterrichts haben Arbeiten interaktionistischer Ansätze der Interpretativen Unterrichtsforschung der Mathematikdidaktik, weswegen sich das Untersuchungsdesign der vorliegenden Studie an diesen Arbeiten orientiert. In Bezug auf die Alltäglichkeit des Mathematikunterrichts verweist eine Vielzahl von Arbeiten dieses Ansatzes auf die Ausarbeitung Soeffners zur „Auslegung des Alltags" (1989), worauf auch im Folgenden Bezug genommen wird.[55]

3.1.2 Die Konstitution des Alltags durch Interaktion – ein interpretativer kollektiver Akt

Im theoretischen Rahmen dieser Ausarbeitung wurde die Untersuchung mit Bezug zum Entwurf einer soziologischen Lerntheorie kollektiver Lernprozesse von Miller (1986) theoretisch an der Schnittstelle zwischen soziologischen Theorien und psychologischen Lerntheorien verortet. In Abgrenzung zur Sichtweise des Genetischen Individualismus, der das Lernen des Individuums als einen individuellen monologischen Prozess betrachtet, folgt diese Studie den Sichtweisen des Genetischen Interaktionismus (vgl. Kap. 2.1). Demnach lässt sich das Lernen von Individuen als dialogischer Prozess beschreiben, der nur als Koordination mentaler Aktivitäten von zumindest zwei Individuen abläuft. Diese Orientierung am lerntheoretischen Ansatz des Genetischen Interaktionismus führt dazu, dass auch die soziologische Theorie des Symbolischen Interaktionismus als Grundlage der Untersuchung hinzugezogen wird.

---

55 Siehe z.B. Brandt 2004; Fetzer 2007; Krummheuer 1997; Krummheuer/Brandt 2001.

Mit der theoretischen Verortung im Interaktionismus lässt sich eine Sichtweise auf die analysierten Prozesse des Unterrichts einnehmen, wonach der Unterrichtsalltag und das Lernen in diesem erst in Interaktionen des alltäglichen Unterrichts konstituiert werden und sich die soziale Interaktion des Unterrichts als Konstituente von Lernprozessen betrachten lässt:

> „Die generelle lerntheoretische These des Interaktionismus lautet, daß Lernen als situationsüberdauernde Bedeutungskonstruktion seinen Ursprung in der sozialen Interaktion hat" (Krummheuer 1992, S. 5).

Dem Ansatz des Symbolischen Interaktionismus (Blumer 1975, 1969; Mead 1968) folgend, wird Wirklichkeit erst durch einen gemeinsamen interpretativen Akt, einen individuellen Deutungsprozess in der Interaktion der Beteiligten konstruiert. Der Begriff interpretativer Akt weist darauf hin, dass die alltäglichen Situationen des Grundschulmathematikunterrichts nicht objektiv gegeben sind, sondern in wechselseitigen Aushandlungsprozessen der Individuen innerhalb des Sinnbereichs Alltag konstruiert werden. Die interpretativen Konstruktionen der Wirklichkeit in kollektiven Bedeutungsaushandlungen enthalten im Normalfall des alltäglichen Handelns der Akteure keine zweckrationalisiert gesteuerten, sondern teilweise habituelle d.h. unbewusst gesteuerte Handlungen (vgl. Meuser 2006, S. 140).

Die Akteure fassen demnach im gängigen Alltag bewusst nicht den Entschluss zu handeln, wählen entsprechende Mittel und handeln auf der Basis von beidem. Sie legen bei ihren Konstruktionen der Wirklichkeit bzw. des Alltags demnach vorab keine Zwecke fest. Mit Joas (1996), der Erkennen an die Lösung von Handlungsproblemen bindet, lässt sich die Zwecksetzung in das Handeln des Individuums verlagern. Die Individuen müssen beim Erkennen von Handlungsproblemen ihre Wahrnehmung auf zuvor unbeachtete Aspekte der Wirklichkeit richten, denn die ursprüngliche Typisierung in Bekanntes ermöglicht keine Lösung der erkannten Handlungsprobleme. Die Zwecksetzung ereignet sich nach Joas (1996) nicht vor dem eigentlichen Akt der Handlung in Form eines geistigen Entscheidungsprozesses, sondern ist „Resultat einer Reflexion auf die in unsicherem Handeln immer schon wirksam vor-reflexiven Strebungen und Gerichtetheiten" (ebenda, S. 232; Hervorhebung im Original). In diesem Sinne lässt sich Intentionalität im Handeln von Individuen prozessual als eine „selbstreflexive Steuerung" verstehen (Joas 1996, S. 232; vgl. auch Jungwirth/Krummheuer 2006, S. 13).

Die habitualisierten und somit unbewussten Handlungen bei der Konstruktion des Alltags lassen sich hingegen, wie im theoretischen Rahmen der Untersuchung (vgl. Kap. 2.3) bereits dargestellt, über den Zugriff auf das Habituskonzept von Bourdieu (1979) verstehen. Sie vollziehen sich habitualisiert im Routinehandeln der alltäglichen Praxis. Das Wissen über die habitualisierten Wirklichkeitskonstruktionen ist bei den Handelnden allenfalls implizit vorhanden. Dies gilt in gewissem Maß auch für die nicht zweckrationalen selbstreflexiven Wirklichkeitskonstruktionen. Die Handelnden „wissen, was sie tun müssen, um auf sozial akzeptable Weise zu handeln; sie beherrschen die Regeln, können diese aber nicht benennen, können nicht genau angeben, welchen Regeln sie folgen" (Meuser 2006, S. 140). Soeffner (1989) führt diesen Zusammenhang auf den in Praxis und Wissenschaft jeweils herrschenden kognitiven Stil zurück:

> „Nur, während der ‚realistische' kognitive Stil der Praxis, des Alltags, unter Handlungsdruck sich auf *eine* Deutungs-, Wahl- und Handlungsmöglichkeit konzentriert und im Interesse der Handlungsfähigkeit den *Zweifel* ausklammert und das Fragwürdige als ‚normal' typisiert, systematisiert die Wissenschaft den Zweifel, die Aufdeckung der alternativen Deutung-, Wahl- und Handlungsmöglichkeiten. [..] Der kognitive Stil der Praxis, des Alltags, zielt ab auf *Sicherung* des Erkannten, der analytisch-rekonstruktive und rational konstruierende der Wissenschaft auf Zweifel am Erkannten und Entfaltung des Erkennbaren [...]" (S. 25 f.; Hervorhebungen im Original).

Nach dem kognitiven Stil der Praxis oder des Alltags gilt es im Sinnbereich des Alltags für die Individuen handlungsfähig zu sein, weswegen das Fragwürdige von ihnen typisiert wird, als sei es bekannt. Alltag hat insofern eine Routinepraxis, was nicht bedeutet, dass es im Alltag nur um die routinemäßige Abwicklung des immer Gleichen geht. Um im Alltag handlungsfähig sein zu können, reicht es nicht immer, gewohnte Deutungs- oder Handlungsschemata einfach anzuwenden. Diese müssen ständig ausdifferenziert oder ergänzt werden. Das schließt mitunter auch eine Anleihe aus dem Sinnbereich der Theorie mit ein. Alltag kann sich hiernach verändern, ohne aus diesem Grund kein Alltag mehr zu sein (vgl. Jungwirth/Krummheuer 2006, S. 11 ff.).

An den Gedanken der Veränderbarkeit des Alltags versucht meine Untersuchung anzuknüpfen. Eine entscheidende Rolle im Gefüge des alltäglichen Grundschulmathematikunterrichts, die die Gelegenheiten zum Lernen von Mathematik der Schülerinnen und Schülern beeinflusst, schreibe ich den Handlungen – vor allem den verbalen Handlungen – der Lehrperson zu, da die Lehrperson das Unterrichtsgeschehen nach ihren didaktisch-methodischen Vorstellungen sprachlich zu gestalten versucht und ein in der Interaktion fortgeschrittenes Individuum darstellt. Ich gehe somit davon aus, dass die getroffene Annahme, dass Menschen normalerweise unbewusst oder zumindest nicht zweckrational handeln, auf Lehrpersonen im Unterrichtsalltag nur bedingt zutrifft. Ein Teil der Handlungen, mit denen die Lehrpersonen ihren Unterricht gestalten, läuft jedoch meiner Ansicht nach in Form habitualisierter oder nicht zweckrationalisierter Routinen ab, die dem Handlungsdruck in den jeweiligen Situationen des Alltags Unterricht geschuldet sind. Der Untersuchung liegt die Annahme zugrunde, dass Lehrpersonen in ihrem kognitiven Stil der

Praxis keinen bewussten Zugriff auf diese Handlungsroutinen haben. Die Routinen bleiben implizit und somit ist eine Veränderung von auf diesen Routinen aufbauendem Unterricht für die Lehrpersonen selbst kaum möglich.

Aber auch die Schülerinnen und Schüler stabilisieren und routinisieren ihre Handlungen bzw. die Deutungsprozesse, die ihren Handlungen zugrunde liegen, innerhalb des Unterrichtsdiskurses, um besser handlungsfähig im durch Handlungsdruck gekennzeichneten Alltag zu sein. So können unterschiedliche habitualisierte und routinisierte Situationsdefinitionen auf Lehrenden- und Lernendenseite entstehen, die im theoretischen Rahmen dieser Arbeit mit dem Begriff der Rahmung (vgl. Krummheuer 1992, S. 24 ff.; Goffman 1977, S. 31 ff.) beschrieben wurden. Die Unterschiede in den Rahmungen der Lehrpersonen werden über den Begriff der Rahmungsdifferenz (vgl. Krummheuer 1992, S. 64 ff.) gefasst. Durch eine Marginalisierung der Differenzen dieser Rahmungen und eine Stabilisierung der Deutungsroutinen der Beteiligten treten spezifische Interaktionsmuster im Unterrichtsdiskurs der Klasse auf, die aber nicht Kern des Forschungsinteresses dieser Arbeit sind. Vielmehr liegt das Forschungsinteresse bezüglich dieser Arbeit auf der Rekonstruktion der Gelegenheiten zum Lernen unter diesen interaktiven Bedingungen im Unterricht. Um die Wirklichkeitskonstruktionen der Schülerinnen und Schüler im Unterrichtsalltag beschreiben und rekonstruieren zu können, werden demnach nicht nur Analysen der vornehmlich verbalen Handlungen der Lehrpersonen, womit diese den Unterricht gestalten, durchgeführt. Es werden auch die durch die Handlungen bedingten Deutungsaktivitäten der Schülerinnen und Schüler in der sozialen Interaktion analysiert und mit Blick hierauf wird das Lernpotenzial in Form von Gelegenheiten zum Lernen neuer mathematischer Begriffe untersucht. Diese Differenzierung weist auf zwei unterschiedliche Zugriffe auf die zu analysierenden Unterrichtssequenzen in der Untersuchung hin.

Zum einen wird in der Untersuchung somit auf die Handlungen der Individuen fokussiert und im Speziellen auf die habituellen und nicht zweckrationalisierten Handlungsroutinen der Lehrpersonen. Hierbei wird der interaktionistische Rahmen der Untersuchung jedoch nicht verlassen. Die Untersuchung verweilt nicht auf der Ebene der Beschreibung der „actio" (Parsons 1978) und macht nicht ausschließlich das einzelne Individuum zum Ausgangspunkt weiterer theoretischer Reflexion. Im Sinne von Habermas (1969) wird Sprache – und somit auch die verbale Handlung der Lehrperson – nicht nur als Medium verstanden, das zur Koordinierung der Verständigung, sondern vor allem auch zur Koordinierung von Handlungen dient. Habermas fasst dies unter dem Begriff des „kommunikativen Handelns" zusammen, worunter er „symbolisch vermittelte Interaktion" (ebenda, S. 62) versteht. In der vorliegenden Untersuchung wird die komplexe Gruppenaktivität im Alltag Mathematikunterricht analysiert und so, Mead (1968) folgend, „das Verhalten des Individuums im Hinblick auf das organisierte Verhalten der gesellschaftlichen Gruppe" (ebenda, S. 45) erklärt.

Zum anderen wird über die Begriffe der Rahmung und Rahmungsdifferenzen (vgl. Krummheuer 1992; Goffman 1977) auf die „interactio" (Krummheuer 1992, S. 13) fokussiert. Die interactio oder Interaktion stellt in Arbeiten, die der symbolisch-interaktionistischen Perspektive folgen, einen nicht weiter reduzierbaren Grundbegriff dar (vgl. auch Brandt 2004, S. 9). Die Begriffe Rahmung und Rahmungsdifferenzen ermöglichen es, Beziehungen zwischen den Handlungen bzw. Handlungsroutinen der Beteiligten, den diesen zugrunde liegenden individuellen Situationsdefinitionen und den emergierenden Gelegenheiten zum Lernen neuer mathematischer Begriffe in der Interaktion des Klassengesprächs herzustellen. Der Begriff der Rahmung lässt sich beim handelnden Individuum ansiedeln, welches seine Situationsdefinitionen in der Interaktion mit anderen Individuen ständig verändern kann und so Rahmenmodulationen vornimmt. Rahmungsdifferenzen zwischen den Rahmungen der an der Interaktion beteiligten Individuen lassen sich hingegen in der Interaktion verorten, da die Differenzen der Rahmung nur im Austausch mit und zwischen den Individuen emergent werden. Durch die Modulation von Rahmungen lassen sich diese Differenzen jedoch koordinieren, wie im Theorierahmen vorliegender Untersuchung bereits dargestellt wurde.[56] Hiernach stellen die Analysen der Handlungsroutinen der Lehrpersonen einen ersten Zugriff auf die Gelegenheiten zum Lernen für alle Schülerinnen und Schüler dar, da auch auf das Interaktionsgeschehen selbst, wie z.B. auf Rahmungsdifferenzen und ihren Einfluss auf die Gelegenheiten zum Lernen in der Interaktion des Unterrichtsgeschehens fokussiert wird. Anzumerken ist zudem, dass auch die Handlungsroutinen der Lehrpersonen aus symbolisch-interaktionistischer Perspektive betrachtet nicht allein im Individuum zu verorten sind, sondern durch Anpassung und Veränderungen von Situationsdefinitionen sowie Modulationen der Rahmen der Lehrpersonen in der Interaktion mit anderen hergestellt werden. Trotzdem wird ihnen aufgrund von Rahmungen und Habitualisierungen mit Bezug auf Sutter (1994) eine gewisse situationsüberdauernde Eigenschaft im handelnden Subjekt zugeschrieben, welche sie zugleich ‚veränderungsresistent' gegenüber Einflüssen aus der Interaktion mit anderen macht. Diese beiden Zugriffsebenen der Untersuchung auf die Handlungsebene des Individuums und die Interaktionsebene zwischen den Individuen lässt sich mit Sutter wie folgt beschreiben:

> „Der Ort der sozialen Lernbedingungen und der möglichen Lerngegenstände sind die Sinnstrukturen bzw. Handlungsmöglichkeiten eines zu einem bestimmten Zeitpunkt gegebenen Interaktionssystems. Hier liegt das Potential der Organisation des praktischen Handelns durch Sinnstrukturen bereit.

---

56 Vgl. hierzu Kap. 2.5.2.

Der Ort der Konstruktionen von Selektionen und Reflexionen, d.h. der Realisierung und kognitiven Verarbeitung von Handlungsentscheidungen, ist ein handelndes Subjekt. Es ist eine auf nichts anderes reduzierbare Selektions- und Lerninstanz" (Sutter 1994, S. 92 f.).

Mit dem Fokus auf den Rekonstruktionen von Handlungsroutinen, der Rekonstruktion von Rahmungsdifferenzen und den aus den Handlungsroutinen der Lehrpersonen resultierenden Gelegenheiten der Schülerinnen und Schüler zum Lernen in der Interaktion des Klassengesprächs lässt sich die vorliegende Untersuchung in den Bereich der rekonstruktiven Sozialforschung einordnen. Durch die theoretische Verortung im Genetischen und Symbolischen Interaktionismus (vgl. Kap. 2.1) wird für die Auswahl der Methoden zur Analyse des Interaktionsgeschehens des Unterrichts vorwiegend auf Arbeiten interaktionistischer Ansätze der Interpretativen Unterrichtsforschung der Mathematikdidaktik zurückgegriffen.

3.1.3 Ein rekonstruktiv-interpretatives Verständnis qualitativer Forschung

Nach Meuser (2006, S. 140) besteht eine grundlegende Gemeinsamkeit einer Vielzahl qualitativer Verfahren der empirischen Sozialforschung darin, dass sie sich an einer rekonstruktiven Methodologie orientieren und sich dem Bereich der rekonstruktiven Sozialforschung zuordnen lassen. Unter dem Begriff der rekonstruktiven Sozialforschung vereint Bohnsack (2007), mit Bezug auf den Begründer der soziologischen Phänomenologie, Alfred Schütz (1974 und 1971), Untersuchungen mithilfe qualitativer Verfahren der empirischen Sozialforschung, die sich an einer rekonstruktiven Methodologie orientieren. Rekonstruktives Vorgehen im Sinne von Bohnsack (2007) bedeutet, dass die Wirklichkeit durch die Individuen konstruiert wird und versucht wird, diese Konstruktionen mit rekonstruktiven Verfahren der Interpretativen Unterrichtsforschung zu rekonstruieren. Hiernach sind die theoretischen oder gedanklichen Gegenstände, die von den Forschenden gebildet werden, Konstruktionen der Konstruktionen, die die handelnden Subjekte im Sozialfeld selbst tätigen:

> „Die Besonderheit sozialwissenschaftlichen Denkens besteht also darin, dass sich nicht nur dieses Denken selbst aus Interpretationen, Typenbildungen, Konstruktionen zusammensetzt, sondern dass bereits der *Gegenstand* dieses Denkens, eben das soziale Handeln, das Alltagshandeln auf unterschiedlichen Ebenen durch sinnhafte Konstruktionen, durch Typenbildungen und Methoden vorstrukturiert ist" (Bohnsack 2007, S. 23; Hervorhebung im Original).

Das rekonstruktiv-interpretative Vorgehen der vorliegenden Studie lässt sich im Sinne Bohnsacks (2007) aus zweierlei Sicht als rekonstruktiv-interpretativ beschreiben: Zum einen stellt der Gegenstandsbereich durch die beteiligten Subjekte eine bereits vorinterpretierte soziale Wirklichkeit dar, die vom Forschenden erneut interpretiert wird. Die interpretativen Analysen der Aushandlungsprozesse stellen Rekonstruktionen dessen dar, was die Lehrenden und Lernenden in den jeweiligen Bedeutungsaushandlungen als Deutungen oder Situationsdefinitionen vorgenommen und damit Wirklichkeit konstruiert haben. Zum anderen lässt sich das eigene Vorgehen selbst rekonstruieren. Zwischenergebnisse während des Forschungsprozesses können zu neuen oder veränderten Fragen hinsichtlich der Unterrichtssequenzen führen und so eine Erweiterung oder Veränderung des Methodenrepertoires oder des theoretischen Rahmens der Untersuchung erfordern. Die Rekonstruktion des eigenen Vorgehens bei der Untersuchung dient dazu, den Forschungsprozess so transparent wie möglich zu machen. Das Forschungsvorgehen und die Veränderungen dieses Vorgehens sollen zügig nachvollziehbar sein. Diese Rekonstruktion des Vorgehens findet im Austausch mit anderen Forschenden und/oder der Literatur statt (vgl. ebenda, S. 24 f.).

Zur Rekonstruktion der Bedeutungsaushandlungen der Beteiligten im alltäglichen Grundschulmathematikunterricht wird vorliegend ein rekonstruktiv-interpretatives Untersuchungsdesign, angelehnt an Arbeiten interaktionistischer Ansätze der Interpretativen Unterrichtsforschung der Mathematikdidaktik angewendet. Zur methodologischen Verortung ihrer Arbeiten nehmen Vertreter rekonstruktiv-interpretativer Vorgehen des interpretativen mathematikdidaktischen Forschungszweiges (s. zu den oben genannten z.B. auch Knipping 2003) Bezug auf methodologische und methodische Ausarbeitungen im Bereich der Sozialforschung von Bohnsack (2007, 1. Auflage 1993) und Kelle (1994). Vor diesem Hintergrund einer breit angelegten methodologischen Diskussion in diesen interpretativen Arbeiten lässt sich auch meine Arbeit methodologisch einordnen.

3.1.4 Interpretative Unterrichtsforschung

Der Begriff Interpretative Unterrichtsforschung wurde im deutschsprachigen Raum durch Terhart (1978) mit seiner Monografie „Interpretative Unterrichtsforschung – Kritische Rekonstruktion und Analyse konkurrierender Forschungsprogramme der Unterrichtswissenschaft" eingeführt. Interpretative Unterrichtsforschung stellt eine Art Sammelbegriff dar, der sich auf den Untersuchungsgegenstand und den methodischen Ansatz von Forschung bezieht. Zugleich impliziert sie einen theoretischen Standpunkt (vgl. Krummheuer/Naujok 1999, S. 8 ff.). Die Interpretative Unterrichtsforschung in der Mathematikdidaktik hat in Deutschland ihren Ursprung Anfang der 1980er Jahre. Ihr Forschungsfokus liegt nicht auf dem Gegenstand einer als statisch und fest aufgefassten Mathematik im Unterricht, sondern auf dem erst im alltäglichen Unterricht ständig neu erzeugten Deutungen und Deutungszuschreibungen in der Interaktion der Beteiligten. Im Unterricht werden, diesem Gedankengang folgend, durch die Beteiligten Bedeutungen ausgehandelt, wodurch mathematische situationsüberdauernde Bedeutungszuschreibungen konstruiert werden. Den Schwerpunkt setzt dieser Forschungszweig auf die Analyse der interaktiven Wechselbeziehungen unter den Lernenden selbst (s. z.b. Naujok 2000), zwischen den Lernenden und der Lehrperson (s. z.B. Jungwirth 1991) und schwerpunktmäßig auf der Kombination aus beidem, d.h. der Wechselbeziehung aller Beteiligten des Unterrichts (s. z.b. Bauersfeld 1978; Brandt 2004; Fetzer 2007; Krummheuer/Brandt 2001; Voigt 1984). Aus diesem Grund beziehe ich mich bei den methodologischen Grundlagen und dem methodischen Vorgehen meiner Untersuchung nicht nur auf ausschließlich methodologische und methodische Ausarbeitungen wie von Bohnsack (2007) oder Kelle (1994), sondern auch auf Arbeiten aus dem Bereich interaktionistischer Ansätze der Interpretativen Unterrichtsforschung der deutschsprachigen Mathematikdidaktik von Bauersfeld (1978), Brandt (2004), Fetzer (2007), Krummheuer (1992, 1997), Krummheuer und Brandt (2001), Naujok (2000) und Voigt (1984, 1994).

Anhänger des Ansatzes der Interpretativen Unterrichtsforschung der Mathematikdidaktik hatten ursprünglich das Ziel, die Forschung stärker beschreibend auf ein „Verstehen-Wollen" als vorschreibend auf ein „Verändern-Wollen" des Mathematikunterrichts zu richten. Hierdurch sollten eine Abkehr und kritische Abgrenzung von den bis dato gängigen stoffdidaktischen Ansätzen der Unterrichtsforschung ausgehen, die lediglich versuchten, Unterricht zu verändern, ohne ihn zuvor zu verstehen. Diese Abkehr von stoffdidaktischen Ansätzen drückte sich in dem forschungslogischen Prinzip rekonstruktiver Forschungsansätze aus, nach denen die Frage nach dem „[...] ,Wie' im Sinne des Funktionierens eines sozialen Wirklichkeitsausschnitts" in den Fokus der Untersuchung geriet und die Frage nach dem ,Was', dem Inhalt, zurückgedrängt wurde (Krummheuer 2004, S. 113).

> „Die Frage nach dem *Wie* ist die Frage nach dem *modus operandi*, nach dem der Praxis zugrunde liegenden *Habitus*" (Bohnsack 2006, S. 42; Hervorhebungen im Original).

Der Wechsel von dem Was der gesellschaftlichen Realität zur Frage nach dem Wie der Konstruktion dieser gesellschaftlichen Realität ist konstitutiv für interaktionistische Ansätze der Interpretativen Unterrichtsforschung der Mathematikdidaktik.

Ich ordne meine Arbeit zwar in den Bereich interaktionistischer Ansätze der Interpretativen Unterrichtsforschung der Mathematikdidaktik ein, beabsichtige aber, den Unterricht nicht nur zu beschreiben, sondern auch Möglichkeiten von Veränderbarkeit aufzuzeigen. Damit lehne ich mich an neuere Arbeiten interaktionistischer Ansätze der Interpretativen Unterrichtsforschung der Mathematikdidaktik an (s. z.B. Fetzer 2007).

Nach Krummheuer und Naujok (1999) lassen sich drei Spezifika zusammenfassen, die charakteristisch für die Interpretative Unterrichtsforschung sind:

„1. die Fokussierung auf alltägliche Unterrichtsprozesse;

2. das rekonstruktive Vorgehen und

3. die theoretische Grundannahme, daß Lernen, Lehren und Interagieren konstruktive Aktivitäten sind" (ebenda, S. 15).

Die beiden ersten Aspekte wurden bereits in Kapitel 3.1.1 und 3.1.3 bearbeitet. In Bezug auf den dritten Aspekt unterscheiden Krummheuer und Naujok (1999) zwei Hauptperspektiven: Die eine greift zur Beschreibung von Phänomenen auf einen kognitionspsychologischen Ansatz zurück. Unterrichtsforschung, die dieser Perspektive folgt, untersucht die Kognitionen bzw. die kognitive Entwicklung von Schülerinnen und Schülern mit dem Fokus auf dem Denken und Lernen der Einzelnen im Rahmen des alltäglichen Unterrichtsgeschehens. Hierbei sind subjektive Deutungen zentral. Die zu analysierenden Unterrichtsinteraktionen werden dieser Perspektive folgend als „Kontexte kognitiver Prozesse, also im Hinblick auf die Situativität dieser Prozesse betrachtet" (ebenda, S. 15).

Die andere Perspektive geht zurück auf die phänomenologische Alltagssoziologie Alfred Schütz' (1974 und 1971) und die Ethnomethodologie (s. z.B. Garfinkel 1967). Unterrichtsforschung, die dieser Perspektive folgt, versucht, die soziale Konstituierung von Alltag zu rekonstruieren, wobei Alltag als der Bereich gilt, „... in dem wir handeln, auf den wir durch unser Handeln einwirken und – natürlich nur in Grenzen – auch gezielt einwirken können" (Krummheuer/Naujok 1999, S. 15 f.). Nach dieser Perspektive auf das Lernen und Lernen im Unterricht lassen sich Unterrichtssequenzen als Interaktionen auffassen, mit denen der Unterrichtsalltag konstituiert wird (vgl. Kap. 2.1). Im Gegensatz zum kognitiven Konstruktivismus der ersten Perspektive gerät der Handlungsaspekt ins Zentrum der Betrachtung und nicht der von subjektiven Deutungen. Alltägliche Unterrichtsprozesse werden hiernach nicht nur dem Spezifikum Interpretativer Unterrichtsforschung nach fokussiert und so als methodische Kategorie aufgefasst, sondern auch theoretisch konfiguriert und somit als theoretische Kategorie betrachtet. Interpretative Unterrichtsforschung stellt bezogen auf diese beiden Perspektiven meist eine disziplinäre Mischung dar. Die vorliegende Arbeit nimmt, nach obigen Ausführungen, Bezug auf die zweitgenannte Perspektive der Interpretativen Unterrichtsforschung (vgl. Krummheuer/Naujok 1999, S. 15 f.).

3.1.4.1   Das Verhältnis von Theorie und Gegenstand Interpretativer Unterrichtsforschung

Im ersten Abschnitt des Methodologie- und Methodenkapitels habe ich mich mit dem Gegenstand rekonstruktiver Sozialforschung und genauer mit dem Gegenstand von alltäglichen Unterrichtsprozessen auseinandergesetzt. Dieser Gegenstand meiner Untersuchung lässt sich für alltägliche Unterrichtsinteraktionen im Grundschulmathematikunterricht spezifizieren und die Untersuchung kann in diesem Sinne in Arbeiten interaktionistischer Ansätze der Interpretativen Unterrichtsforschung der Mathematikdidaktik eingeordnet werden.

Es stellt sich die Frage, in welchem Verhältnis der Untersuchungsgegenstand ‚alltägliche Unterrichtsinteraktionen im Grundschulmathematikunterricht' zur bestehenden oder zur zu entwickelnden Theorie steht, und zuvor, wie das Verhältnis von Theorie und Gegenstand der Interpretativen Unterrichtsforschung zu Forschung im Allgemeinen ist. Brandt und Krummheuer (1998) sprechen im Zusammenhang vom Verhältnis von Gegenstand und Theorie der Interpretativen Unterrichtsforschung von der „Unausweichlichkeit von Theoriekonstruktion" (S. 22) und führen dies auf das Potenzial der permanenten Veränderung von Unterrichtsalltag zurück. Auf der einen Seite entfalten sich nach Krummheuer und Brandt (2001) die kognitiven Deutungsmöglichkeiten und Situationsdefinitionen von Schülerinnen und Schülern, so dass gerade in der Grundschule fachlich geprägte Situationsdefinitionen auf Lernendenseite erst entstehen. Auf der anderen Seite verändert sich der Unterricht bezogen auf inhaltliche Aspekte ständig.

Naujok (2000) schränkt den Geltungsbereich des Begriffes Theorie jedoch bezogen auf Interpretative Unterrichtsforschung entscheidend ein, da dieser in vielen anderen Bereichen meist global und universalistisch konnotiert ist. Die theoretischen Ergebnisse von Forschungen eines rekonstruktiv-interpretativen Vorgehens verfolgen nicht den Anspruch der Entwicklung globalisierender und universalistischer Theorieansätze (vgl. Krummheuer/ Naujok 1999, S. 105). Nach Naujok haben die generierten theoretischen Produkte der Interpretativen Unterrichtsforschung einen anderen Geltungsanspruch und

> „nicht den Charakter einer abstrakten, über den jeweils spezifischen Kontext hinaus geltenden Theorie, sondern sind eher als Versuche zu betrachten, die empirischen Phänomene und Zusammenhänge zwischen diesen zu erklären" (S. 32).

Ziel Interpretativer Unterrichtsforschung ist es vielmehr, Ergebnishypothesen zu formulieren, die auf empirischen Befunden beruhen und sich anhand dieser verstehen lassen. Die Hypothesen bleiben der Tatsache verhaftet, dass sie sich auf den jeweiligen Kontext des untersuchten Forschungsfeldes beziehen und somit empirisch gehaltvolle Elemente enthalten und innere Konsistenz aufweisen. Eine Allgemeingültigkeit der Ergebnisse der vorliegenden Untersuchung lässt sich demnach nicht im Sinne eines ‚gilt immer' erreichen, sondern bezogen auf einen eingeschränkten Geltungsbereich von Klassen, die unter ähnlichen Bedingungen unterrichtet werden und lernen, wie z.B. der sprachlich-kulturellen Zusammensetzung der Klasse, den sozioökonomischen Hintergründen der Mitschülerinnen und Mitschüler, der Ausbildung der Lehrperson und der Jahrgangsstufe. Diese Abkehr vom

Descartes'schen Rationalismus und seiner Bestrebung der Dekontextualisierung
von Theorien drückt sich dadurch aus, dass im Bereich der Interpretativen Unterrichtsforschung auf Erfahrung, subjektiv gefärbte Voreinstellungen und theoretisches Vorwissen im Gegensatz zum Rationalismus bewusst nicht verzichtet wird.
Interpretative Unterrichtsforschung ist eine „kontextbezogene und praxiserfahrene
Forschung" (Krummheuer/Naujok 1999, S. 105), aus der empirisch gehaltvolle
Theorien mit „mittlerer Reichweite" (Kelle 1994, S. 225 ff.; Merton 1968, S. 50 f.)
hervorgebracht werden.

Theorien von mittlerer Reichweite lassen sich von großen Theorien aufgrund
der Begrenzung ihres Gegenstandsbereiches unterscheiden. Nach Kelle (1994, S.
225) unterscheiden Merton (1968) und Blumer (1954 und 1940) bei der Auseinandersetzung mit der hierarchischen Struktur sozialwissenschaftlicher Theorien und
der heuristischen Bedeutung von leitenden Annahmen zwischen zwei allgemeinen
heuristischen Konzepten: Die einen besitzen eine große Reichweite, aber geringen
empirischen Gehalt und hierdurch eine geringe Präzision,[57] die anderen lassen sich
lediglich auf einen begrenzten sozialen Wirklichkeitsbereich anwenden, stellen
aber präzisere und gehaltvollere theoretische Konzepte dar.[58] Der Unterschied beider Konzeptionen des Theoriebegriffs liegt darin, dass bei Merton zentrale Aussagen großer Theorien als Paradigmen zur Theoriekonstruktion hinzugezogen werden
und bei Blumer die empirisch begründete Formulierung der definitiven Konzepte
durch sensibilisierende Konzepte angeregt werden soll.[59]

Durch die Bildung empirisch gehaltvoller Theorien mittlerer Reichweite entstehen im Bereich der Interpretativen Unterrichtsforschung eine Vielzahl konkurrierender, sich widersprechender, aber auch sich ergänzender Erklärungsansätze zu
Aspekten des alltäglichen Unterrichtshandelns:

> „Interpretative Unterrichtsforschung ist in diesem Sinne selbst ein Experiment und
> verwendet nicht nur im methodologischen Sinne quantitativer Unterrichtsforschung
> das Experiment zur Absicherung eines Geltungsbereiches" (Krummheuer/Naujok
> 1999, S. 105; Hervorhebung im Original).

Angelehnt an Blumer (1954 und 1940) fließt in die Analysen meiner Untersuchung
theoretisches Vorwissen in Form sensibilisierender und empirisch gehaltvoller Begriffe ein. Nach Kelle (1994, S. 239) weisen sensibilisierende Begriffe den For-

---

57 Vgl. „grand theories" (Merton 1968, S. 50 f.) und „definitive concepts" (Blumer 1954, S. 7).

58 Vgl. „middle range theories" (Merton 1968, S. 50 f.) und „sensitizing concepts" (Blumer
    1954, S. 7).

59 Im Weiteren werde ich nur noch von sensibilisierenden Begriffen sprechen, auch wenn, z.B.
    teilweise in den Zitaten nach Kelle (1994) von Konzepten gesprochen wird. „Begriff" definie-
    re ich, wie im theoretischen Rahmen meiner Untersuchung in Kapitel 2.4, als die Verbindung
    zwischen der Bezeichnung Fachterminus und den hinter der Bezeichnung stehenden mathe-
    matischen Bedeutungen und Relationen zu anderen Begriffen.

schenden den Weg zu ihrem Gegenstandsbereich, wo diese dann die jeweilige Ausprägung der Begriffe entwickeln können. Kelle und Kluge (1999) sprechen in diesem Zusammenhang vom „theoretischen Skelett" (S. 35) sozialwissenschaftlicher Theorien. Krummheuer und Brandt (2001) schreiben, dass sie sensibilisierende Begriffe nahezu wie Begriffe in einer „mathematischen Axiomatik" (S. 12) benutzen. Sie werden als gegeben vorausgesetzt und stehen für eine empirische Überprüfung auf ihre Stichhaltigkeit nicht zur Disposition. Strauss und Corbin (1996, S. 25) führen den Gedanken zur theoretischen Sensibilität in der qualitativen Forschung weiter aus und betonen, dass die theoretische Sensibilität es den Forschenden erlaubt, eine Theorie zu entwickeln, die gegenstandsverankert, konzeptuell dicht und gut integriert ist. Dieser Prozess sei überdies schneller, als wenn die Forschenden ihn ohne diese Sensibilität unternommen hätten, denn durch sensibilisierende Begriffe ist es möglich, für die eigene Theorie Grundannahmen zu formulieren, die erzielten Forschungsergebnisse mit den zuvor aufgestellten Grundannahmen zu vergleichen und eigene, neu entwickelte Theorieelemente in bestehende Theorien einzuordnen, d.h.,

> „[...] offene und begrifflich unscharfe soziologische Begriffe sollen als sensibilisierende Konzepte verwendet werden, die durch einen Kontakt mit dem untersuchten Gegenstandsbereich zu definitiven, d.h. empirisch gehaltvollen theoretischen Konstrukten ausformuliert werden" (Kelle 1994, S. 242).

In der Untersuchung werden grundlegende Begriffe aus den Ansätzen von Bernstein (1977, 1972), wie die Begriffe restringiert, elaboriert und Register; von Blumer (1975, 1969), wie der Begriff des Symbolischen Interaktionismus; von Bourdieu (1987, 1979), wie der Begriff des Habitus; von Goffman (1977), wie die Begriffe Rahmen, Rahmung und Rahmenmodulation; von Gogolin (2001, 1997, 1994), wie der Begriff des monolingualen Habitus; von Halliday (1989, 1975), wie die Begriffe grammatische und lexikalische Wörter sowie lexikalische Dichte; von Krummheuer (1992), wie die Begriffe aufgeschobene, übergangene, zerstörerische, überraschende und koordinierte Rahmungsdifferenz; von Miller (1986), wie der Begriff des kollektiven Lernprozesses und Steinbring (2006, 2000, 1993), wie der Begriff Referenzkontext, als sensibilisierende Begriffe übernommen. Die Stärke der Verwendung sensibilisierender Begriffe liegt in ihrer Vagheit und Unbestimmtheit. Diese theoretische Abstraktheit der Begriffe ermöglicht es, sie axiomatisch und als feststehend zu verwenden. Als theoretisch abstrakt lassen sich die sensibilisierenden Begriffe dabei vorwiegend in Bezug auf den Gegenstandsbereich des alltäglichen Grundschulmathematikunterrichts sprachlich-kulturell heterogener Klassen beschreiben. Zu definitiven, empirisch gehaltvollen Begriffen werden einige dieser Begriffe dadurch, dass sie durch Auseinandersetzung mit den Analyseergebnissen empirisch fundiert weiterentwickelt werden. Einige sensibilisierende Begrif-

fe, wie die Grundannahmen des Symbolischen Interaktionismus oder des Habitusansatzes werden dabei voraussichtlich nie zu definitiven Begriffen werden können,
da sie empirisch nicht beobachtbar sind.

3.1.4.2   Forschungsziel: Veränderbarkeit von Unterricht

Ein Ziel von Unterrichtsforschung im Allgemeinen ist es meistens, eine Veränderung des Forschungsgegenstands ‚Unterricht' mit Hilfe wissenschaftlich fundierter
Mittel zu initiieren oder zumindest eine Möglichkeit zur Veränderung des bestehenden Unterrichts aufzuzeigen. Krummheuer und Naujok (1999) fordern z.B.,
„[...] die theoretischen Produkte sollen Bedingungen der Veränderbarkeit von Unterricht identifizieren" (ebenda, S. 24). Auch die vorliegende Untersuchung versucht diesem Ziel in Anlehnung an neuere Arbeiten der Interpretativen Unterrichtsforschung der Mathematikdidaktik zu genügen und eine Veränderbarkeit von Unterrichtsalltag aufzuzeigen, was im Folgenden dargestellt wird.

Ziel meiner Untersuchung ist es, Gelegenheiten zum Lernen von Mathematik
von Schülerinnen und Schülern im Grundschulmathematikunterricht zu beschreiben und zu analysieren. Anfangs war es das Ziel meiner Untersuchung, die sprachliche Gestaltung des Mathematikunterrichts und ihre Auswirkungen auf Kinder, die
in zwei oder mehr Sprachen leben und lernen, zu untersuchen. In den ersten Analysen des Unterrichts wurden jedoch sprachliche Phänomene rekonstruiert, die – je
nach ihren Fähigkeiten unterschiedlich stark – Einfluss auf alle Kinder im Unterricht zu nehmen scheinen. Aus diesem Grund habe ich den Fokus meiner Untersuchung verändert, so dass nun Gelegenheiten zum Lernen von Mathematik aller
Schülerinnen und Schüler unter den Bedingungen sprachlich-kultureller Pluralität
im Zentrum der Untersuchung stehen.

Die Untersuchung lässt sich im Bereich rekonstruktiver Sozialforschung verorten, deren Ziel es im Allgemeinen ist, „[...] die Konstruktionen der Wirklichkeit zu
rekonstruieren, welche die Akteure in und mit ihren Handlungen vollziehen" (Meuser 2006, S. 140). Angewendet auf meine Untersuchung bedeutet dies, dass es zur
Analyse der Lerngelegenheiten der Schülerinnen und Schüler im beobachteten Unterricht Ziel ist, die Konstruktionen im habitualisierten Routinehandeln der Handlungsroutinen der Lehrpersonen verstehbar und erklärbar zu machen. Darüber hinaus sollen, durch systematischen Vergleich dieser Routinen, Strukturen, die den
Routinen zugrunde liegen, rekonstruiert werden. Dieses Ziel bezieht sich auf einen
der Zugriffe der Untersuchung auf Unterrichtsalltag: die Handlungen der Lehrpersonen.

Ein weiteres Ziel ist es zu untersuchen, wie diese Handlungen Einfluss auf das
Interaktionsgeschehen des Unterrichts nehmen. Bezogen auf meine Arbeit bedeutet
dies weiter, dass mit Hilfe rekonstruktiver Verfahren versucht wird zu analysieren,

wie die Schülerinnen und Schüler gemeinsam mit der Lehrperson Bedeutungen neuer mathematischer Begriffe aushandeln und welche Gelegenheiten zum Lernen für die Schülerinnen und Schüler sich in diesen Prozessen der Bedeutungsaushandlung rekonstruieren lassen. Dieses Ziel bezieht sich auf den zweiten der Zugriffe der Untersuchung auf Unterrichtsalltag: die emergierenden Gelegenheiten zum Lernen für Schülerinnen und Schüler im Lernraum Grundschulmathematikunterricht.

Wie kann über diese beiden Zugriffe das Ziel des Aufzeigens einer Veränderbarkeit des alltäglichen Grundschulmathematikunterrichts erreicht werden?

Im theoretischen Rahmen meiner Untersuchung wird ein Bezug zwischen dem Ansatz des Symbolischen Interaktionismus und dem Habituskonzept von Bourdieu (1979) (vgl. Kap. 2.3) hergestellt. Nach diesem Bezug gehen die habituell geprägten Handlungsroutinen der Lehrpersonen, mit denen diese den Unterricht gestalten, sowie einige Handlungsroutinen, die mit Joas (1996) nicht zweckrationalisiert ablaufen, auf strukturierende Strukturen zurück, wodurch sie einen situationsüberdauernden Charakter erhalten. Durch die Habitualisierung der Routinen bleibt das ‚Wissen' über diese Routinen den Lehrpersonen verborgen und liegt allenfalls implizit vor.[60] Nach Bourdieu (1987) erfordert dies die Handlungsroutinen im Alltag des Unterrichts zu rekonstruieren, d.h. nur in der Praxis selbst, da die Strukturen erst in der Praxis – hier: der Gestaltung des Grundschulmathematikunterrichts durch Handlungsroutinen der Lehrpersonen – entstehen und sich reproduzieren. Sie dienen als Grundlage der Erzeugung und Ordnung der Praktiken und Vorstellungen der Individuen und lassen sich nicht vom Prozess ihrer Hervorbringung trennen (vgl. ebenda, 98 ff.).

Ziel meiner Untersuchung ist es, Veränderbarkeit im nicht zweckrationalisierten und gegebenenfalls habituellen Handeln der Lehrpersonen aufzuzeigen und so Voraussetzungen zu schaffen, die Veränderung von Unterricht nach sich ziehen können. Eine Veränderung dieser habitualisierten impliziten Routinen aus sich selbst heraus wird den Lehrpersonen kaum möglich sein, da die Routinen den Lehrpersonen nur selten gegenwärtig sind. Bourdieu (1985) folgend lässt sich eine solche Veränderung im Bewusstsein oder die Sensibilisierung für ein verändertes Bewusstsein der Lehrpersonen nur erzielen, wenn die verinnerlichten Strukturen, die die Handlungsroutinen der Lehrpersonen regieren, aus dem Unbewussten in das Bewusstsein der Lehrpersonen gelangen (vgl. ebenda, S. 50; Gogolin 1994, 35 f.). Demnach ist die „veränderte Sichtweise der Beteiligten [..] Bedingung für eine von innen heraus veränderte Unterrichtsgestaltung" (Krummheuer/Naujok 1999, S. 24).

---

60 Zum Umgang mit dem Wissensbegriff in dieser Arbeit siehe Fußnote 18.

Eine Veränderung des Bewusstseins vermag nur das Individuum selbst in einem selbstreflexiven Akt zu erreichen.

Aus diesem Grund wird das Ziel meiner Untersuchung ‚Veränderbarkeit von Unterricht aufzuzeigen' darauf begrenzt, durch die Konstruktion von Elementen einer lokalen kontextbezogenen Theorie die Veränderbarkeit der sprachlichen Gestaltung des alltäglichen Grundschulmathematikunterrichts in sprachlich heterogenen Klassen für den kognitiven Stil der Wissenschaft aufzuzeigen. Die Entwicklung dieser Theorieelemente basiert auf der Rekonstruktion der Handlungsroutinen der Lehrpersonen in Szenen der Einführung neuer mathematischer Unterrichtsinhalte durch die Analyse der Aushandlungsprozesse innerhalb dieser Unterrichtsszenen und der daraus resultierenden Gelegenheiten zum Lernen für die Schülerinnen und Schüler in diesen Unterrichtsszenen.

3.1.4.3   Theorieentwicklung durch hypothetisches Schließen

Ziel der Interpretativen Unterrichtsforschung ist es, durch das ‚Verstehen' von Handlungen von Individuen in konkreter Unterrichtspraxis lokale Theoriegenese zu betreiben. Theoriegenese lässt sich nach Kelle (1994) durch die gängigen Schlussweisen der Induktion und Deduktion betreiben sowie durch den von Peirce (1991, 1979, 1974) entwickelten Schlussmodus des hypothetischen Schließens unter den die „qualitative Induktion" und „Abduktion" fallen (ebenda, S. 160 f.). Durch welche dieser Schlusslogiken lässt sich jedoch dem Anspruch an die Interpretative Unterrichtsforschung, methodisch kontrolliert lokale kontextbezogene Theoriegenese zu betreiben, gerecht werden?

Nach Kelle (1994, S. 160) hat sich die Diskussion der Theoriekonstruktion nach der induktiven und deduktiven Schlusslogik in eine erkenntnistheoretische Sackgasse manövriert, denn neues Wissen sowie neue Theorieelemente oder Hypothesen dazu entstehen Kelle folgend nicht durch das Verallgemeinern von Beobachtetem, ohne einen Theoriebezug herzustellen, wie es in der induktiven Schlusslogik vertreten wird. Außerdem ergibt sich bei der induktiven Schlusslogik die Paradoxie, dass diese ohne theoriegeleitetes Vorgehen versucht, allein aus der Beobachtung einer festgelegten Zahl von Fällen auf alle möglichen Fälle zu schließen und so eine Theorie zu entwickeln. Ebenso wenig lässt sich Theoriegewinn im Forschungsprozess auf Hypothesenformulierung, Operationalisierung und anschließende Überprüfung, wie es nach der deduktiven Schlusslogik vertreten wird, reduzieren. Die Deduktion stößt zudem an das erkenntnislogische Problem, dass sie ihrer Schlussweise nach lediglich Theorie falsifizieren und nicht – wie die Induktion – verifizieren kann. Einen Weg aus dieser Sackgasse heraus bietet, so Kelle (1994, S. 160), die Forschungslogik des hypothetischen Schließens, die auf Peirce (1991, 1979, 1974) zurückgeht. Sie wird in der qualitativen Unterrichtsforschung und vor

allem in der Interpretativen Unterrichtsforschung angewendet. Unter die Forschungslogik des hypothetischen Schließens fallen die von Peirce entwickelten
Schlussmodi der qualitativen Induktion und Abduktion. Werden beim hypothetischen Schließen empirische Phänomene als Fälle von bekannten Regeln bzw.
Theorien erklärt, fällt diese Art der Theorieentwicklung in den Bereich der qualitativen Induktion. Hierbei werden keine neuen Erklärungen konstruiert, sondern zur
Erklärung empirischer Phänomene als gesichert geltende Erkenntnisse herangezogen,

> „[...] – unter Kenntnis einer allgemeinen Regel oder Gesetzmäßigkeit werden die in
> dem konkreten Fall vorliegenden Randbedingungen erschlossen, deren Geltung
> hypothetisch postuliert wird. Qualitative Induktionen sind dementsprechend nur vor-
> läufige, *hypothetische Deutungen* des Beobachteten, die durch die empirische Über-
> prüfung der Geltung der Randbedingungen bestätigt oder falsifiziert werden" (Kelle
> 1994, S. 161; Hervorhebung im Original).

Eine solche Schlusslogik wird in der vorliegenden Untersuchung angewendet,
wenn die Ergebnisse der Analysen vor dem Hintergrund bereits bestehender theoretischer Ansätze gedeutet werden, wie z.B. bei der Rekonstruktion von Rahmungsdifferenzen mit Bezug zum Ansatz von Krummheuer (1992).[61]

Diese Art des Schließens ist häufig jedoch nicht möglich, wenn die bestehende
Theorie Phänomene der Empirie nicht zu beschreiben oder erklären vermag oder
mit bestehenden Theorieansätzen widersprüchliche Interpretationen von beobachteten Fällen auftreten, so dass sie geändert oder neu generiert werden muss, damit die
empirischen Phänomene erklärbar werden. In diesem Sinne stellt das ‚Versagen'
der qualitativen Induktion den Beginn von Theorieentwicklung dar. Es bedarf einer
weiteren Schlussform, der Abduktion. Fraglos akzeptierte Annahmen, welche als
Grundlage der qualitativen Induktion dienten, werden zur Disposition gestellt und
die durch das bis dato geltende theoretische Wissen abgesteckten Grenzen über-
schritten (vgl. Kelle 1994, S. 161; Naujok 2000, S. 34 f.). Das Ergebnis des
Schlussvorgangs einer Abduktion stellt die Hypothese dar. Kelle (1994) schreibt
hierzu:

> „Die Formulierung neuer Hypothesen auf der Basis empirischen Materials beruht
> nicht auf dem Induktionsprinzip, sondern auf dem von Charles Peirce formulierten
> Modell des *hypothetischen Schließens*, in welchem der deduktive Schlussmodus, der
> in experimentellen Methodologien Anwendung findet, quasi ‚umgedreht' wird: es
> wird nicht die Existenz eines empirischen Phänomens mit Hilfe einer Hypothese
> postuliert, die aus einer vorhandenen Theorie deduziert wurde, um diese Theorie zu
> überprüfen; vielmehr wird eine Erklärung für ein neu entdecktes empirisches Phä-
> nomen gesucht." (S. 355; Hervorhebung im Original).

---

61 Siehe Kap. 2.5.2.

In der Peirce'schen Terminologie stellen abduktive Schlussformen somit den eigentlichen generativen Aspekt von Theorieentwicklung dar, bei dem Theorie aus dem Gegenstand selbst entwickelt wird. Mit Hilfe des abduktiven Schließens ist Peirce zufolge erst Theoriekonstruktion möglich (vgl. Peirce 1991, 5.172). Durch ein unerwartetes Phänomen kann der Forscher oder die Forscherin angeregt sein, neue Regeln zu konstruieren, die dieses Phänomen zu erklären vermögen:

> „Abduktionen erfordern eine Revision bisheriger Annahmen, Elemente bislang für sicher gehaltener Wissensbestände werden aufgegeben, modifiziert, voneinander getrennt und neu kombiniert" (Kelle 1994, S. 150).

Abduktives Schließen ermöglicht es, vorhandene theoretische Überlegungen in die Konstruktion von Theorieelementen zu integrieren und Theorie selbst zu generieren (vgl. Naujok 2000, S. 37). Ein abduktiver Schluss liegt demnach vor, wenn – wie im Folgenden – die bereits aufgearbeiteten Theorien im theoretischen Rahmen der Arbeit und daraus resultierenden sensibilisierenden Begriffe z.B. von Maier (2006, 2004, 1986), Steinbring (2006, 2000, 1993) und Pimm (1987) in Bezug auf die sprachliche Gestaltung des Unterrichts zur Erklärung vorgefundener Phänomene in den Handlungen der Lehrpersonen nicht ausreichen und mit neuen Theorien kombiniert werden müssen, damit die gefundenen Phänomene erklärbar werden (s. Kap. 5). Es gibt jedoch für die Generierung abduktiv zu gewinnender Regeln kein eindeutiges Rezept:

> „Die Fähigkeit, abduktive Schlussfolgerungen zu formulieren, hängt also einerseits von dem bisherigen Wissen des Untersuchers ab, das ihm erlaubt, eine Anomalie überhaupt als solche wahrzunehmen, und das als Material für die Formulierung neuer Hypothesen dient. Andererseits ist für die Formulierung von abduktiven Schlüssen Offenheit und ein Verzicht auf dogmatisches Beharrungsvermögen erforderlich. Der Untersucher muß in der Lage sein, sein gesamtes bisheriges Wissen zu hinterfragen" (Kelle 1994, S. 150 f.).

Daraus kann geschlossen werden, dass eine abduktive Analyseeinstellung eine „methodische Fremdheitshaltung" (Bohnsack 2006, S. 41) voraussetzt. Krummheuer und Brandt 2001 führen jedoch aus, dass die Abduktion „[...] im Vergleich zur Induktion und Deduktion [...] ein relativ schwacher Schluss" ist (S. 80), denn zu einem überraschenden Phänomen lassen sich immer eine Vielzahl neuer Regeln oder Theorieelemente konstruieren, so dass das Phänomen ein Fall dieser Regeln oder dieser Theorieelemente ist (vgl. Brandt 2004, S. 22). Allerdings ist nach Peirce (1991)

> „[...] jedes einzelne Stück wissenschaftlicher Theorie, das heute festgegründet dasteht, [...] der Abduktion [zu] verdanken" (5.172).

Dies unterstreicht den vorerst hypothetischen Charakter der durch Abduktion gewonnenen neuen Regeln und Theorieelemente, jedoch auch ihre Bedeutung bei der Konstruktion von Theorieelementen. Der Prozess der qualitativen Induktion und der Abduktion erlaubt ein rekonstruktives Vorgehen nah an den Unterrichtssituationen, bei dem Forschende nicht ohne theoretisches Vorwissen einen Untersuchungsgegenstand betrachten und trotzdem empirisch begründete Theoriekonstruktion betreiben können. Die Abduktion stellt die Forscherin oder den Forscher jedoch auch vor das Problem, dass sie kein Prinzip darstellt, das es erlaubt, mit Hilfe methodischer Konzepte oder Regeln in einem Forschungsablauf Schlussfolgerungen zu ziehen. Das Vorgehen der Theoriekonstruktion einer abduktiven Schlusslogik ist letztlich nicht methodisierbar (vgl. Kelle 1994, S. 143 ff.; Naujok 2000, S. 34 f.).

3.1.4.4 Generalisierbarkeit und Gültigkeit von Forschungsergebnissen Interpretativer Unterrichtsforschung

Durch den vorerst hypothetischen Charakter der durch Abduktion gewonnenen Theorieelemente stellt sich die Frage nach der Gültigkeit und Generalisierbarkeit von Forschungsergebnissen der Interpretativen Unterrichtsforschung. Die Kriterien der Gültigkeit und Generalisierbarkeit bedürfen im Vergleich zur deduktiv-nomologischen Forschung einer Modifikation. In deduktiv-nomologischer Forschung stellt die Repräsentativität der erhobenen Stichprobe einen abstrakt-methodologischen Maßstab dar. Außerdem werden über die Objektivität (Beobachterübereinstimmung), Reliabilität (Genauigkeit, Zuverlässigkeit), und Validität (Gültigkeit, Zielgüte) Gütekriterien zur Beurteilung von Vorgehen und Ergebnissen deduktiv-nomologischen Forschung herangezogen.[62] Repräsentativität bedeutet, dass die gewonnenen Ergebnisse deduktiv-nomologischer Forschungen repräsentative Aussagen über eine Grundgesamtheit, d.h. über die Menge aller potenziellen Untersuchungsobjekte, durch eine geeignete Stichprobenauswahl zulassen. Einen solchen Anspruch der Repräsentativität erhebt die Interpretative Unterrichtsforschung für die Ergebnisse ihrer Untersuchungen nicht. Jedoch erschöpft sich das Interpretative Vorgehen nicht in den Ergebnissen von Einzelfallanalysen. Krumm-

---

62 In deduktiv-nomologischer Forschung bezieht sich das Kriterium der Objektivität auf die Unabhängigkeit der Forschungsergebnisse aus Testverfahren von den Personen, die diese Tests auswerten. Reliabilität bezeichnet die formale Genauigkeit über die Reproduzierbarkeit der Testergebnisse deduktiv-nomologischer Forschung. Validität bezeichnet den Grad der Genauigkeit mit dem ein Test misst, was er zu messen vorgibt. Vollkommen valide ist ein Test dann, wenn seine Untersuchungsergebnisse fehlerfreie Rückschlüsse auf den Ausprägungsgrad des zu erfassenden Persönlichkeitsmerkmals zulassen (vgl. Lienert/Raatz 1998, S. 7 ff.).

heuer und Naujok (1999) sprechen insofern in Anlehnung an Strauss und Corbin (1990) von „Repräsentanz"[63] (Krummheuer/Naujok 1999, S. 23) in Bezug auf den Geltungsbereich der Interpretativen Unterrichtsforschung.

Für den Geltungsbereich von Ergebnissen der Interpretativen Unterrichtsforschung stellt sich die Frage, ob die entwickelten Theorieelemente die Situationen in den Unterrichtssequenzen angemessen repräsentieren. Hierbei kommt es vor allem darauf an, dass durch methodisch kontrollierte Interpretation in den Analysen Besonderheiten im Sinne einer qualitativen Typizität gewonnen werden können. Eine Generalisierbarkeit von Ergebnissen der Interpretativen Unterrichtsforschung lässt sich im Gegensatz zur deduktiv-nomologischen Forschung nicht durch den Umfang oder die Auswahl einer Stichprobe erreichen, sondern die Weise, wie spezifische Ereignisse in den Unterrichtssequenzen durch das interpretative Vorgehen mit bestimmten Begriffen beschrieben werden können (vgl. ebenda, S. 23).

Im Vergleich zur deduktiv-nomologischen Forschung besteht bei der Interpretativen Unterrichtsforschung eine untrennbare Verbindung zwischen Repräsentanz und Validität der Ergebnisse. Dieser Zusammenhang lässt sich in deduktiv-nomologischer Forschung differenzieren, so dass sich Repräsentativität auf die Generalisierbarkeit der Ergebnisse aufgrund der Stichprobe beziehen lässt. Validität bezieht sich in erster Linie jedoch darauf, ob die Ergebnisse gültige Aussagen aufgrund ihres argumentativen Gewichts bezüglich des Forschungsgegenstandes erlauben, d.h., ob das Forschungsergebnis eine Übereinstimmung mit dem tatsächlichen Sachverhalt hat. In deduktiv-nomologischer Forschung ist es durchaus möglich, eine Untersuchung durchzuführen, die dem Kriterium der Repräsentativität bezüglich der Stichprobe genügt und dem der Validität nicht.

Diese Trennung gilt für die Interpretative Unterrichtsforschung nicht. Die Kriterien der Repräsentativität und Validität sind nicht trennscharf und bündeln sich im Begriff der Repräsentanz. Der Umfang des Geltungsbereichs der Interpretativen Unterrichtsforschung wird dadurch ausgedrückt, ob die entwickelten Theorieelemente in den Interpretationen angemessen repräsentiert sind, d.h. durch die Repräsentanz. Die Frage nach der Validität oder Gültigkeit von Ergebnissen qualitativer und damit auch der Interpretativen Unterrichtsforschung lässt sich, so Flick (2002, S. 323 f.), dadurch beantworten,

> „inwieweit die Konstruktionen des Forschers in den Konstruktionen derjenigen, die er untersucht hat, begründet sind (vgl. hierzu Schütz 1971) und inwieweit für andere diese Begründetheit nachvollziehbar wird."

---

63 Repräsentanz geht auf den für die qualitativ gegründete Theorieentwicklung erhobenen Anspruch der „representativeness of concept" von Strauss und Corbin (1990, S. 190) zurück. Diesen Anspruch grenzen Strauss und Corbin von dem in quantitativen Untersuchungen erhobenen Anspruch der „representativeness of that sample" (ebenda, S. 190) ab.

Genau diese begründete Nachvollziehbarkeit der Ergebnisse anhand der Analyse des Unterrichts ergibt sich durch die Repräsentanz der Ergebnisse in den untersuchten Unterrichtssituationen. Infolgedessen begründet der Nachweis der Repräsentanz der Begriffe in der Interpretativen Unterrichtsforschung nicht nur die Frage nach der Generalisierbarkeit der Ergebnisse, sondern auch die nach der Gültigkeit der Ergebnisse.

Bezogen auf die Analysen des Grundschulmathematikunterrichts und den Fokus dieser Untersuchung bedeutet Repräsentanz, wie gut z.B. die analysierten Handlungsroutinen und die ihnen zugrunde liegenden Strukturen – als Elemente einer Theorie der sprachlichen Gestaltung des Grundschulmathematikunterrichts – Beziehungen der entwickelten Begriffe mit den Unterrichtssituationen aufzuklären vermögen und den Prozess ihrer Entstehung beschreibbar machen.

Die Gültigkeit von Theorie anhand von Forschungsergebnissen wird nach interpretativer Sichtweise durch einen weiteren Aspekt beeinflusst. Gültigkeit stellt immer auch das Ergebnis eines Aushandlungsprozesses in der scientific community dar. Die entwickelten Theorieelemente sollen Gültigkeit und Generalisierbarkeit im Sinne ihrer Repräsentanz für den kognitiven Stil der Wissenschaft, d.h. für Wissenschaftlerinnen und Wissenschaftler erlangen (vgl. Jungwirth 2003, S. 196; Krummheuer/Naujok 1999, S. 22 ff.). In einigen anderen Arbeiten wird zudem gefordert, dass die Deutungshypothesen als Elemente einer lokalen Theorie auch ihre faktische Allgemeinheit aus der Akzeptanz seitens der Rezipienten des Bereichs, für den sie Geltung besitzen, erhalten sollen. Schütz (1971) fordert in diesem Zusammenhang eine „Konsistenz der Konstruktionen des Sozialwissenschaftlers" (S. 50) mit den Konstruktionen, die von der sozialen Wirklichkeit, d.h. den handelnden Individuen im Alltagsdenken gebildet werden. Die entwickelten Theorieelemente sollen hiernach auch Gültigkeit und Generalisierbarkeit im Sinne ihrer Repräsentanz für den kognitiven Stil der Praxis, d.h. für Lehrerinnen und Lehrern erlangen. Zu diesem Kriterium ist kritisch anzumerken, dass nur wenige Lehrpersonen die Ergebnisse einer solchen Untersuchung zur Kenntnis nehmen werden und so eine Rezipientenrepräsentanz der Erforschten selbst schwer zu erreichen sein wird.

Die beiden weiteren Gütekriterien deduktiv-nomologischer Forschung, Objektivität und Reliabilität, übertragen Beck und Maier (1994) auf Forschungsarbeiten der Interpretativen Unterrichtsforschung wie folgt: Unter Objektivität fassen Beck und Maier die gleiche Handhabung eines Interpretationsverfahrens seitens verschiedener Forschenden, welche durch eine angemessene Systematisierung des Verfahrens zu erreichen ist (vgl. ebenda, S. 57 ff.). Dieses Kriterium entspricht jedoch eher dem Kriterium der Reliabilität von Forschung und somit ihrer formalen Genauigkeit. Das Kriterium der Objektivität, d.h. der Beobachterübereinstimmung, scheint schwer übertragbar auf das Vorgehen der Interpretativen Unterrichtsforschung und

auch in diesem Sinne kaum angebracht. Die Sichtweisen der Forschenden sowie
deren theoretische Sensibilität, die unweigerlich in die Interpretationen mit einfließt, ist nicht auf andere Forscherinnen und Forscher übertragbar. Um verschiedene Sichtweisen und ‚Unterschiedliches‘ in Interpretationen herauszuarbeiten,
werden aus diesem Grunde Analysen vielfach in Gruppen durchgeführt. Ziel sollte
es sein, eine begründete Nachvollziehbarkeit durch eine Repräsentanz des entwickelten Begriffssystems zu erreichen.

Unter der Reliabilität von Untersuchungen der Interpretativen Unterrichtsforschung verstehen Beck und Maier (1994), dass die Interpretationsergebnisse verschiedener Forschenden durch die strenge Orientierung der Interpretation am Text
übereinstimmen (vgl. ebenda, S. 57 ff.). Eine Reproduzierbarkeit der Ergebnisse im
Sinne einer deduktiv-nomologischen Auslegung dieses Gütekriteriums ist für Arbeiten Interpretativer Unterrichtsforschung meines Erachtens nicht angebracht.
Durch die permanente Veränderung von Unterricht und die Entwicklung der kognitiven Deutungsmöglichkeiten der Schülerinnen und Schüler ist eine Reproduzierbarkeit der Ergebnisse lediglich als theoretisches Gedankenspiel vorstellbar und
nicht durch die Wiederholbarkeit des methodischen Vorgehens zu erreichen. Sehr
wohl ist es jedoch möglich, durch eine Systematisierung des methodischen Vorgehens das Vorgehen der Untersuchung, woraus die Ergebnisse resultieren, zu reproduzieren. Diesem Anspruch einer Reliabilität im Sinne der formalen Genauigkeit
und Offenlegung eines systematischen Vorgehens und der Möglichkeit, dieses zu
reproduzieren, wird auch in der vorliegenden Untersuchung Rechnung getragen.

3.1.4.5   Das methodische Prinzip der Komparation

Interpretative Unterrichtsforschung betreibt lokale Theoriegenese, die den Ansprüchen von Repräsentanz – im Sinne einer Gültigkeit eines begründeten Nachvollzie-
hens und eines lokalen Geltungsanspruchs – und Reliabilität – im Sinne der formalen Genauigkeit und Offenlegung des methodischen Vorgehens – genügen soll.

Wie lässt sich der Geltungsbereich von Ergebnissen der Interpretativen Unterrichtsforschung jedoch vom Status reiner Fallanalysen auf eine größere Generalisierbarkeit im Sinne abduktiv gewonnener Hypothesen übertragen, wenn das Vorgehen der Abduktion letztlich nicht methodisierbar ist? Es bedarf bei einem abduktiven Vorgehen der Entwicklung eines „Forschungsstils" (Bohnsack 2007, S. 198),
der Abduktionen begünstigt.[64] Hierzu lässt sich auf ein zentrales Element des For-

---

64 Bei der Unterscheidung von Forschungsstil und Forschungslogik verweist Bohnsack (2007)
    auf eine Differenzierung von Kaplan (1964, S. 7) in „logic in use", der „praktischen Logik"
    und „reconstructed logic", der „rekonstruktiven Logik". „Im Sinne von Kaplan (1964, S. 7)
    handelt es sich bei der praktischen Logik um einen ‚kognitiven Stil, welcher mehr oder weni-
    ger logisch ist'. Dieser implizite oder intuitive Stil kann – zumindest ansatzweise – rekon-
    struktiv expliziert werden (nicht in Form einer Beschreibung, sondern einer Idealisierung der

schungsstils der Grounded Theory, die komparative Analyse – „constant comparative method" (Glaser/Strauss 1969, S. 101 ff.; Strauss/Corbin 1994, S. 273) – verweisen.

Die komparative Analyse ist eine Methode der Vergleichsgruppenbildung, die auf allen Ebenen des Forschungsprozesses anzuwenden ist und Abduktionen begünstigt. Sie bezeichnet nicht nur einen bestimmten Analyseschritt innerhalb des Forschungsprozesses, sondern fungiert als den ganzen Forschungsprozess bestimmender methodischer Ansatz. Anfangs ist es bei der komparativen Analyse das Ziel, das Spezielle an einem Realitätsausschnitt darzustellen, danach wird über eine geeignete theoretische Auswahl die Spezifität der jeweiligen Fälle in ihrer Relation zueinander untersucht. Durch komparatives Analysieren werden Forschungsprodukte generiert, die als Elemente einer lokalen kontextbezogenen Theorie dargestellt werden können. Somit stellt die komparative Analyse ein permanentes Prinzip qualitativer Theorieentwicklung dar:[65]

> „Der Vergleich von Interpretationen verschiedener Episoden orientiert den theoretischen Ausgriff der Abduktion, da Defizite der verwendeten Ausgangstheorien verdeutlicht werden und bestimmte Theoriekonstrukte ausgeschlossen werden können, wenn sie nicht zu den Interpretationen aller herangezogenen Realitätsausschnitte passen. Somit impliziert die Komparation letztendlich eine ‚induktive' Überprüfung der durch Abduktion gewonnenen Regeln; allerdings lässt sich hier im Forschungsprozess die Hypothesengenerierung und -überprüfung nicht voneinander abgrenzen" (Brandt 2004, S. 30).

In der vorliegenden Untersuchung wird der methodische Ansatz der komparativen Analyse einerseits in Bezug auf die Spezifität der jeweiligen ‚Fälle' in ihrer Relation zueinander analysiert.[66] So werden im Rahmen theoretischer Reflexionen die Bezüge der Interpretationsergebnisse der einzelnen Szenen zum theoretischen Rahmen der Untersuchung einer Komparation unterzogen, die in den Charakteristika der Handlungsroutinen münden. Im Weiteren findet die komparative Analyse auf einer höheren theoretischen Ebene Anwendung. Die rekonstruierten Charakteri-

---

forscherischen Praxis) im Sinne einer rekonstruierten Logik. Dies bedeutet aber, dass wir es – wie Bourdieu (1997, S. 780) es formuliert – im Falle wissenschaftlicher Forschung zu tun haben mit der ‚Ausübung einer Praxis, die reflektiert und methodisch sein kann, ohne die Anwendung einer Methode oder die praktische Umsetzung einer theoretischen Reflexion zu sein'. Es handelt sich um ‚eine reflexartige Reflexivität, die auf dem soziologischen _Beruf_, dem soziologischen _Auge_ beruht.' Wobei Bourdieu sich hier terminologisch der Chicagoer Schule annähert, indem er nämlich den Begriff des sociological eye von Everett C. Hughes (1971) verwendet." (Bohnsack 2007, S. 198 f.; Hervorhebungen im Original)

65 Vergleiche Glaser/Strauss 1969, S. 101 ff.; Bohnsack 2007, S. 198 ff.; Brandt 2004, 29 f.; Naujok 2000, S. 37 f.

66 Das konkrete Vorgehen der komparativen Analyse, die Komparationseinheiten und -dimensionen, wird in Kapitel 3.2.3.1.2 dargestellt.

stika der Handlungsroutinen werden im Hinblick auf die sprachliche Gestaltung der Lehrperson im Unterricht dahingehend verglichen, inwieweit und wie sie sich mit den im theoretischen Rahmen der Untersuchung dargestellten theoretischen Ansätzen erklären lassen. Durch diese Vergleiche auf der Ebene der Handlungsroutinen lassen sich zum einen zugrunde liegende Strukturen in den Routinen konstruieren, die als Theorieelemente der sprachlichen Gestaltung des Grundschulmathematikunterrichts über die Einzelfälle der beobachteten Klassen hinausweisen. Zum anderen können so im Sinne einer abduktiven Forschungslogik (s. Kap. 3.1.4.3) gegebenenfalls Defizite im theoretischen Rahmen der Untersuchung identifiziert und neue Theorieelemente entworfen oder neue Theorieverbindungen aufgestellt werden. Infolgedessen kann die komparative Analyse als eine Art Heuristik verstanden werden, mit deren Hilfe eine empirisch begründete und theoretisch kontrollierte Auswahl zwischen alternativen Hypothesen ermöglicht werden kann. Da die komparative Analyse von mir als ein den ganzen Forschungsprozess konstituierender Ansatz verstanden wird, findet sie jedoch zusätzlich Anwendung auf der Ebene der Vergleiche von auftretenden Rahmungsdifferenzen und zuvor auf der Ebene der Vergleiche der Interpretationszusammenfassungen der einzelnen Sequenzen einer Szene:

> „Eine derart verstandene komparative Analyse markiert einen Weg qualitativer Forschung, der von Anfang an ,oberhalb' der einzelnen Fälle mit ihrer je spezifischen Besonderheit operiert, d.h. auf der Ebene des Sampling, und auf diese Weise von Anfang an unter dem Primat der Theorie- bzw. Typengenerierung steht" (Bohnsack 2007, S. 199).

Durch Komparationen lässt sich die Kritik aus der quantitativen Forschungsrichtung, dass die erzielten Ergebnisse qualitativer Arbeiten nur für einzelne Fälle Gültigkeit und somit kaum Relevanz besäßen, entkräften. Komparationen heben die Analysen der Untersuchung über einen Status von Fallanalysen hinaus. Der Vergleich der Fälle untereinander bringt Dimensionen hervor, die bei reiner Betrachtung der Fälle nicht zur Geltung kommen würden. So ergibt sich durch Komparationen ein erweiterter ,Denkraum', in dem man nach Lösungen suchen oder mögliche Theorieelemente generieren kann. Hierdurch werden die Repräsentanz und Plausibilität der Forschungsergebnisse maßgeblich erhöht (vgl. Naujok 2000, S. 37). Bohnsack (2007) sieht die entscheidende Bedeutung der komparativen Analyse darin, dass sie eine „[...] Generierung und Spezifizierung (genereller) Typen zugleich mit der methodischen Kontrolle des Vorwissens ermöglicht" (S. 200).

3.1.4.6   Videoaufzeichnungen und Transkripte

Interpretative Unterrichtsforschung versucht, die Interaktionen der beteiligten Akteure, die diese bereits im Interaktionsprozess selbst interpretiert haben, durch In-

terpretationen zu rekonstruieren. Der zu untersuchende Gegenstand stellt sich jedoch als schwer greifbar dar. Diesem Umstand wird in Forschungen der Interpretativen Unterrichtsforschung meist versucht, durch teilnehmende Beobachtung oder
durch audiovisuelle Aufzeichnung entgegenzuwirken. Die teilnehmende Beobachtung steht allerdings vor dem Problem, durch die beschränkte Geschwindigkeit und
Auffassungsgabe sowie durch die Subjektivität der Protokollantinnen und Protokol-
lanten potenziell viele Details und Informationen zu verlieren oder diese stark subjektiv zu beeinflussen. Tonband- und Videoaufzeichnungen stellen zwar ebenfalls
„perspektivische Fixierungen" oder „interpretierende Repräsentationen" (Naujok,
2000, S. 39) der Realität dar, indes enthalten sie einen stärkeren ereignisnahen In-
formationsgehalt.

Die Analyse von Ton- und Videoaufzeichnungen geschieht in interpretativen
Arbeiten meist in Textform, da die Aufzeichnungen selbst zu umfangreiche Informationen offenbaren. Um diese Fülle von Informationen zu reduzieren und die
Aufzeichnungen besser analysieren zu können, werden sie linearisiert, d.h. transkribiert. Die Transkripte von Ton- und Videoaufzeichnungen sind ein weiterer interpretativer Akt, weshalb sie nicht mit der Realität gleichzusetzen sind, sondern
nur schriftliche Repräsentationen von Interaktionen darstellen. Die Transkripte der
Videoaufzeichnungen sind demnach keine Daten, im Sinne etwas Gegebenen, sie
stellen bereits die erste Stufe der Interpretation der vorliegenden ,Daten' dar.
Transkripte von Videoaufzeichnungen als Daten im Sinne von etwas Gegebenem
zu verstehen, lässt sich nicht vereinen mit der dargestellten theoretischen und methodologischen Ausrichtung der Arbeit (s. Kap. 2.1; 3.1.3; 3.1.4), wonach Unterrichtswirklichkeit erst in wechselseitigen Aushandlungsprozessen der Individuen in
Unterrichtsinteraktionen konstruiert wird und diese Konstruktionen von den Forschenden interpretiert werden. Nach Naujok fungieren in einer Studie wie der vorliegenden die schriftlichen Repräsentationen ausgewählter Interaktionen in Form
der Transkripte als ,Datenmaterial'. Analysiert „werden also streng gesehen diese
Repräsentationen und nicht die Daten selbst" (Naujok 2000, S. 40). Man sollte sich
nach Knoblauch (2006, S. 159) darüber im Klaren sein, dass die Transkription der
Videoaufzeichnung diese nicht abbildet, sondern reduziert, wodurch einige Aspekte
hervorgehoben werden, wie z.B. die genaue Wortwahl, und einige vernachlässigt,
wie z.B. die Mimik. Die vorliegend hervorgehobenen Aspekte, die sprachliche Gestaltung des Unterrichts durch die Lehrperson, können somit mit Hilfe von
Transkripten jedoch sehr genau analysiert werden.

Die Ausführlichkeit der Transkription sollte mit dem jeweiligen Forschungsinteresse abgeglichen werden. Durch die Transkription der Tonband- oder Videoaufzeichnungen wird es den Rezipienten der vorliegenden Untersuchung ermöglicht,
die Interpretationen direkt an den Transkripten zu verfolgen, wodurch sich die Ergebnisse der Untersuchungen besser nachvollziehen lassen. In der vorliegenden

Untersuchung findet eine Interpretation des Unterrichts am Video zum einen zur Auswahl der zu analysierenden Szenen statt. Die Auswahl dieser Szenen wird über das Verfahren der Erstellung von Inhaltsverzeichnissen vorgenommen.[67] Zum anderen wird am Video selbst durch die Erstellung der Transkripte interpretiert (vgl. Naujok 2000, S. 38–41).

3.2 Das methodische Vorgehen

Im folgenden Kapitel wird das methodische Vorgehen der Untersuchung dargestellt. Hierzu wird nach den Methoden der Datenerhebung und den Methoden der Datenanalyse getrennt.

3.2.1 Methoden der Datenerhebung

Als empirische Grundlage der Studie dienen Videoaufnahmen alltäglichen Grundschulmathematikunterrichts. Die Aufnahmen erfolgten in Unterrichtssituationen, die als alltäglich für die Lerngruppe und ihre Lehrperson eingestuft wurden, um möglichst gängigen Unterricht in den Klassen zu videografieren, der so ähnlich auch ohne die Beobachtung hätte stattfinden können. Die Lehrpersonen der Untersuchung waren frei in der Wahl der Unterrichtsthematik, der Materialien und des didaktisch-methodischen Vorgehens, mit dessen Hilfe sie die Thematik gestalteten. Der Einfluss des Forschenden auf den Unterricht wurde versucht, so gering wie möglich zu halten, und die Lehrpersonen wurden dazu angeregt, den Unterricht während der Beobachtung so normal wie möglich zu gestalten und den Forschenden nicht in das Unterrichtsgeschehen einzubinden, um die Alltäglichkeit des Unterrichts wenig zu verändern. Im Fall von Fragen an den Forschenden seitens Lehrperson oder der Schülerinnen und Schüler während der Videoaufzeichnungen wurde versucht, diese an Mitschülerinnen und Mitschüler weiterzuleiten oder die Reaktion seitens des Forschenden so kurz wie möglich zu gestalten. Dennoch ergibt es sich, dass durch das benötigte Equipment und die Anwesenheit des Forschenden ein Einfluss auf das Unterrichtsgeschehen ausgeübt wurde, der unvermeidbar ist.

Die Videoaufzeichnungen fanden in drei Klassen der Jahrgangsstufe 4 zweier Hamburger Grundschulen mit einem Migrationsanteil von ca. 80 % unter den Schülerinnen und Schülern der Klassen statt. Die untersuchten Klassen wurden von drei verschiedenen Lehrerinnen unterrichtet. Es wurden für die Analyse der sprachlichen Gestaltung des Grundschulmathematikunterrichts unter den Bedingungen sprachlich-kultureller Pluralität bewusst Klassen ausgesucht, bei denen die sprachliche Gestaltung des Unterrichts oder der Unterricht an sich anscheinend zu positi-

---

67 Zum Verfahren der Erstellung von Inhaltsverzeichnissen für die Auswahl zu transkribierender Szenen siehe Kapitel 3.2.2.

ven Leistungsresultaten, gemessen an den eigenen Kategorien des Schulsystems – den Gymnasialempfehlungen – bei den Schülerinnen und Schülern führte: Die ausgewählten Klassen zeichneten sich durch eine außergewöhnlich hohe Anzahl von Schülerinnen und Schülern mit Gymnasialempfehlung im Vergleich zu anderen Hamburger Grundschulklassen mit ähnlichem sprachlich-kulturellen Hintergrund aus. Hiermit wurde eine Abkehr eines Forschungsblicks auf Defizite von Schülerinnen und Schülern mit Migrationshintergrund im deutschen Schulsystem verfolgt.[68]

Der Zeitraum der Videoaufzeichnungen erstreckte sich über ca. 4 Monate von März 2003 bis Juli 2003. In dieser Zeit wurden regelmäßig einige Stunden Mathematikunterricht pro Woche in den Klassen aufgezeichnet. Dabei wurde versucht, zusammenhängende Unterrichtsstunden aufzuzeichnen. Dies war teilweise jedoch nicht immer gewährleistet, da die Aufzeichnungen nur durch mich, den Forschenden selbst, durchgeführt wurden und es so bei den drei Klassen zu Überschneidungen der Unterrichtsstunden im Fach Mathematik kam. Die eine Kamera wurde auf den Tisch einer Tischgruppe gerichtet, die andere nahm das Gesamtbild der Klasse mit Hilfe eines Weitwinkelobjektivs auf. Die Kamera, die auf die einzelne Tischgruppe gerichtet war, wurde durch ein externes Mikrofon ergänzt, um den Tischgesprächen später besser folgen zu können. So entstanden von 43 Unterrichtsstunden jeweils zwei Videoaufzeichnungen aus unterschiedlichen Kameraeinstellungen, wobei die Tischperspektive vorwiegend zur Klärung von Unregelmäßigkeiten bei der Totalperspektive genutzt wurde. Zusätzlich zu den Videoaufzeichnungen wurden Feldnotizen angefertigt, um gegebenenfalls Besonderheiten, die bei der Videoaufzeichnung nicht aufgenommen worden sein könnten, zu notieren und um den Unterrichtsverlauf zu skizzieren. Außerdem wurden Unterrichtsmaterialien – sofern möglich –, die von den Schülerinnen und Schülern im Unterricht verwendet oder erstellt wurden, gesammelt. Im Anschluss an den Untersuchungszeitraum im Feld wurden die digitalen Datenträger auf DVDs überspielt, um sie gegebenenfalls zu einem späteren Zeitpunkt mit Hilfe computergestützter qualitativer Datenanalyseprogramme auswerten zu können oder sie gegebenenfalls für Korrespondenzen auf dem Weg via E-Mail verwenden zu können.

3.2.2 Das Transkriptionsverfahren

Die Transkripte der vorliegenden Untersuchung sind relativ detailliert, um den Ansprüchen einer mikrosoziologischen Analyse, wie der Interaktionsanalyse, zu ge-

---

68 Ein außergewöhnlich großer Anteil von Schülerinnen und Schülern mit Gymnasialempfehlungen lag vor, wenn in den Klassen überhaupt eine Gymnasialempfehlung ausgesprochen wurde. So wurden in einer Klasse eine, in der anderen zwei und in der dritten Klasse sieben Gymnasialempfehlungen ausgesprochen.

nügen. Es werden in dem Transkriptionsverfahren deshalb neben den verbalen Handlungen auch paraverbale Informationen transkribiert, wie z.b. Betonung und Dehnung des Gesagten, der Stimmhöhenverlauf am Ende der Äußerungen und die Lautstärke der Äußerungen.[69] Außerdem werden nicht nur verbale Handlungen transkribiert, sondern in Ansätzen auch nonverbale Handlungen, wie z.b. Gesten, die diese verbalen Handlungen begleiten. Ziel des Transkriptes ist es, einen Text als Analysegrundlage zu erhalten, der möglichst interpretationsoffen ist. In diesem Sinne wird bei den Beschreibungen der nonverbalen Handlungen versucht, Beschreibungen mit intentionaler Konnotation zu vermeiden. Die Transkripte sind sprachlich nicht ‚geglättet' und orientieren sich so bewusst teilweise nicht an der deutschen Orthografie und Grammatik, sondern an der Lautsprache. Auf Satzzeichen wird in ihrer gängigen Bedeutung verzichtet.

Bei der Erstellung der Transkripte wurden die Videoaufzeichnungen mehrfach angeschaut und das Transkript fortlaufend verfeinert. Trotzdem entstanden beim Analysieren Ungereimtheiten, die sich nicht in der Analyse klären ließen, sodass erneut in das Videoband geschaut wurde. Dies führt teilweise dazu, dass das Transkript überarbeitet wurde. Wurden aus diesem Grund neue Transkriptzeilen eingeführt, wurden diese im Transkript kenntlich gemacht. Durch die Transkription wird so zum einen eine Reduktion der auf den Videoaufzeichnungen festgehaltenen Informationen erreicht. Zum anderen wird „eine Form statischer Beständigkeit des Geschehens erreicht, die sich deutlich von der dynamischen Präsentation einer Videowiedergabe unterscheide[t]." (Brandt 2004, S. 46). Die eigentliche Grundlage meiner Analysen stellen somit nicht die Videoaufzeichnungen, sondern die Transkripte der Videoaufzeichnungen dar. Die Videoaufzeichnungen dienten vor allem zur Erstellung der Transkripte. Die Transkripte werden folglich nicht als erster Teil der Interpretation der Videoaufzeichnungen behandelt. Sie werden als Grundlage für mögliche theoriegeleitete Interpretationen der Videos angesehen. Trotzdem hat eine Aufzeichnung durch Videos im Vergleich zu einer rein audiovisuellen Aufzeichnung einen deutlichen Vorteil, da es die Sprechendenzuweisungen erleichtert und z.B. Veränderungen der Personen im Raum sowie deren nonverbale Handlungen sichtbar und nachvollziehbar macht.

Transkriptionskonventionen

1	Zeilennummerierung
1.1	zusätzliche, nachträglich eingefügte Zeile
fett	betont gesprochen

---

69 Die Transkriptionskonventionen finden sich im Anschluss an dieses Kapitel.

kleiner	leise gesprochen, Flüstern
aaalso	langsam und gedehnt gesprochen
[Anmerkung]	Anmerkung, kommentierte erläuternde Bemerkung
[Handlung]	Handlung, die zwischen zwei zeitlich getrennten Transkriptabschnitten passiert
(Wort)	nicht zweifelsfrei verständliches Wort oder Satz
(..)	Unverständliches, Anzahl der Punkte je nach Dauer in Sekunden
/	Stimmhebung
-	Stimme in der Schwebe
\	Stimmsenkung
. .. ...	Sprechpausen in Sekunden
(x Sek.)	Pause mit Angaben der Dauer
#	es entsteht keine Sprechpause. Die zweite Sprecherin oder der zweite Sprecher fällt der oder dem ersten ins Wort.
<L: Das Haus ist kleiner\ <S: ist kleiner >M: >L:	Partiturschreibweise: Die Sprecherin oder der Sprecher reden (teilweise) gleichzeitig. Der Wechsel der Pfeilrichtung zeigt einen neuen unmittelbar anschließenden Partiturblock an.
S1:	unbekanntes, nicht namentlich zu identifizierendes Kind. Dieselbe Ziffer steht für dasselbe Kind. Eine andere Ziffer schließt nicht aus, dass es sich um dasselbe Kind handelt. Sie sagt nur aus, dass dieses Kind erneut nicht namentlich zu identifizieren ist.
Sm:	mehrere Schülerinnen und Schüler
L:	Lehrperson
Hans:	namentlich identifiziertes Kind; die Namen der beteiligten Personen in den Transkripten sind anonymisiert.
Hans ?:	vermutlich namentlich identifizierter Schüler

3.2.3 Methoden der Datenanalyse

Nach Abschluss der Datenerhebung und -aufarbeitung standen der Untersuchung für Analysezwecke vorwiegend Transkripte von ausgewählten Unterrichtssituationen zur Verfügung.[70] Um sich gegebenenfalls beim Auftreten von ‚Ungereimtheiten' in den Transkripten zu vergewissern, wurden teilweise auch die Videoaufzeichnungen der Stunden (auf DVDs) hinzugezogen, um entsprechende Transkriptstellen zu überarbeiten. Außerdem stehen zur Untersuchung für Analysezwecke von einigen Schülerinnen und Schülern eigenständig angefertigte Originale in Text- und Bildform, wie z.b. Schulhefte, Schulmappen, Klassenarbeiten oder Ähnliches zur Verfügung. Neben diesen schriftlichen Daten wurden zudem während der Felduntersuchung eigene Feldnotizen angefertigt, die einen kurzen systematischen Ablauf der Unterrichtstunde mit Zeiteinheit und Thema sowie Besonderheiten, wie Krankheitsvertretung der Lehrkraft, atmosphärische Beschreibung, Hinweise auf Situationen, die für das Forschungsinteresse als besonders interessant erscheinen, festhalten.

3.2.3.1   Das Analyseverfahren der Komparationseinheiten anhand der Beispielszene kgV

Die Analyse der Transkripte der Videoaufzeichnungen erfolgt nach dem Verfahren der Komparationseinheiten. Komparationen tragen auf verschiedenen Ebenen der Theoretisierung. Sie beziehen sich auf Interpretationen von Unterrichtsausschnitten aus methodisch kontrolliert hervorgegangenen Analysen. Die methodisch kontrollierten Analysen dieser Arbeit basieren auf dem Verfahren der Interaktionsanalyse, die im Weiteren (s. Kap. 3.2.3.1.1) ausführlich dargestellt wird. Mit Hilfe der Interaktionsanalyse werden erste theoretische Überlegungen hinsichtlich der Einzelfalldeutungen der Szenen ermöglicht. Diese vorläufigen theoretischen Überlegungen werden Komparationen unterzogen. Das Ergebnis dieser Komparation führt zu Theoretisierungen, die über die Einzelfalldeutungen hinausweisen. Durch erneute Vergleiche auf der Ebene der Handlungsroutinen lassen sich weitere zugrunde liegende Strukturen in den Routinen rekonstruieren, die sich als Theorieelemente der sprachlichen Gestaltung des Grundschulmathematikunterrichts bei der Einführung neuer mathematischer Begriffe fassen lassen. Außerdem lassen sich durch Komparationen der Rahmungsdifferenzen auf der Interaktionsebene der Untersuchung Interaktionsstrukturen herausarbeiten, die in den Situationen der rekonstruierten Handlungsroutinen emergieren.

Im Folgenden wird anhand einer ausgewählten Unterrichtsszene – der Szene kgV – das Analysevorgehen der Untersuchung exemplarisch illustriert. Zum Analysever-

---

70   Zur Auswahl der zu transkribierenden Unterrichtssituationen siehe Kapitel 3.2.3.1.1.

fahren zählen das Auswahl- und das Analyseverfahren der zu transkribierenden und analysierenden Szenen. Die Ergebnisse der Beispielszene kgV fließen in den Ergebnisteil der Untersuchung in Kap. 5 ein. Komparationen lassen sich bei dieser exemplarischen Darstellung jedoch noch nicht darstellen, da es zur Komparation einer Vergleichsszene bedarf. Das Vorgehen der Komparation zeigt sich demnach im weiteren empirischen Teil der Arbeit bei der Herausarbeitung von Theorieelementen in Kapitel 4 und 5.

3.2.3.1.1 Inhaltverzeichnisse zur Auswahl der zu analysierenden Szenen

Um Unterrichtsszenen zu analysieren, in denen möglichst viele Gelegenheiten zum Lernen emergieren, wurde für die Analysen in der vorliegenden Studie der Unterricht in vergleichbaren Unterrichtsphasen untersucht. Dabei handelt es sich um Instruktionsphasen innerhalb des Klassengespräches, in denen durch die Lehrperson ein neuer mathematischer Begriff eingeführt wird. Durch die Fokussierung auf Instruktionsphasen des Unterrichts nimmt die sprachliche Gestaltung anhand der Handlungsroutinen der Lehrpersonen im Unterricht in ihrer Bedeutung noch zu, da in diesen Phasen Lernprozesse ablaufen, in denen es um den erstmaligen Aufbau subjektiv neuer situationsüberdauernder Bedeutungszuschreibungen bei den Lernenden geht. Das Vorgehen zur Auswahl von als evident einzustufenden Szenen bleibt in vielen Arbeiten der Interpretativen Unterrichtsforschung im Verborgenen. Es werden zwar meist die Kategorien genannt, nach denen ausgesucht wurde, jedoch wird häufig das ‚Wie' des systematischen Aussuchens nicht thematisiert. Im Weiteren soll die systematische Auswahl solcher Szenen dargestellt werden.

Zur Auswahl für den Forschungsfokus evidenter Szenen wurden Inhaltsverzeichnisse der Unterrichtsstunden erstellt, welche den weiteren Analysen vorgelagert waren. Sie wurden in Anlehnung an die Vorgehensweise im Projekt „Bilinguale Kinder in monolingualen Schulen" (vgl. Dirim 1998, S. 49 f.; Gogolin und Neumann 1997, S. 120 f.) für die vorliegende Untersuchung modifiziert und tragen den umfangreichen Videoaufzeichnungen Rechnung. Ziel ist es, durch sie eine systematische Vorauswahl zu erlangen, um so leichter ‚dichte' oder für die Forschungsfrage evidente Szenen für die weitere Auswertung zu finden. Die Auswahl von Szenen anhand von Inhaltsverzeichnissen stellt einen ersten interpretativen Akt vor der Erstellung der Transkripte dar. Die Inhaltsverzeichnisse gliedern die Videoaufzeichnungen nach folgenden Gesichtspunkten:

1. nach einer variablen Zeitachse zur späteren Lokalisierung der Szene,
2. nach dem vorkommenden Ereignis bzw. zu identifizierenden Thema der Unterrichtsstunde,
3. nach der Arbeitsform (Klassengespräch/Plenum, Gruppenarbeit, Einzelarbeit ...),

4. nach dem Fachbezug (Mathematik, Deutsch, Englisch, Organisatorisches/Klasseninternes …),[71]

5. nach der Kategorie ‚ereignisreich' im Sinne einer Instruktionsphase, bei der ein neuer (mathematischer) Begriff eingeführt wurde (Wert 0 steht für gar nicht ereignisreich, Wert 3 für sehr ereignisreich),

6. nach Auffälligkeiten, die sich dem ersten Eindruck nach auf die Handlungsroutinen der Lehrpersonen beziehen könnten und

7. nach einem Vermerk zur Klärung von Widersprüchen durch Ansicht der jeweils anderen Kameraperspektive.

Auf Basis dieser Inhaltsverzeichnisse wurden Szenen ausgewählt und analysiert, die dem Forschungsinteresse zu entsprechen schienen. Von diesen Szenen wurden drei längere ausgewählt, die sich teilweise über 2 bis 3 Unterrichtsstunden erstrecken. Aus diesen Szenen wurden wiederum Sequenzen, anhand derer sich der Theoretisierungsprozess und die Untersuchungsergebnisse nachzeichnen lassen, ausgewählt. Die drei ausgewählten Szenen habe ich wie folgt benannt: kgV, Die besonderen Ausdrücke und Pantomime.

Szene	Lehrperson[72]	Thema
kgV	Frau Teichmann	Das kleinste gemeinsame Vielfache
Die besonderen Ausdrücke	Frau Ilgner	Fachtermini bzw. Begriffe der vier Grundrechenarten
Pantomime	Frau Ilgner	Spiegelung/Symmetrie

3.2.3.1.2 Die Komparationsdimensionen und -variationen bei den ausgewählten Szenen

Zum Zwecke der gezielten Theoriegenese werden bei den Komparationen unterschiedliche Dimensionen konstant und variabel gehalten. Die Dimensionen Fach (Mathematik), Jahrgangsstufe (vier), Organisationsform (Klassengespräch) und Thema (Einführung neuer mathematischer Begriffe) wurden in allen Komparationseinheiten konstant gehalten. Die Komparationsdimensionen Lehrperson und Thema wurden teilweise variabel und teilweise konstant gehalten.[73] Hierdurch er-

---

71 Dieser Unterpunkt mag verwundern, da lediglich Mathematikunterricht aufgenommen wurde. Im Unterrichtsalltag ergab es sich jedoch, dass in einigen Stunden, die als Mathematikunterricht ausgewiesen wurden, für gewisse Phasen eine andere Unterrichtsthematik behandelt wurde.

72 Die Namen der Lehrpersonen sind Pseudonyme.

73 Durch das Variabelhalten der Dimension Lehrperson wurde auch jeweils die Dimension Klasse variiert, da die untersuchten Lehrpersonen jeweils nur eine Klasse unterrichteten. Eine

geben sich drei Komparationsvariationen, die unterschiedliche Theorieausgriffe ermöglichen:

Komparation *über beides*

Bei der Komparation *über beides* werden die Dimensionen Lehrperson und Thema variabel gehalten. Diese Komparationsvariation wurde vorwiegend verwendet. So wurden zur Rekonstruktion der Handlungsroutinen Unterrichtsszenen von verschiedenen Lehrpersonen, die verschiedene Unterrichtsthemen einführten, ausgewählt und verglichen.

Komparation *über das Thema*

Bei der Komparation *über das Thema* wird die Dimension Lehrperson konstant gehalten. So wurden zur Theoriegenese teilweise Szenen derselben Lehrperson miteinander verglichen oder innerhalb einer Szene Vergleiche zwischen den einzelnen Sequenzen einer Szene durchgeführt, um erste empirisch begründete Theorieelemente zu konstruieren.

Komparation *über die Lehrpersonen*

Bei der dritten Komparationsvariation *über die Lehrpersonen* wird die Dimension Thema konstant gehalten und Szenen mit unterschiedlichen Lehrpersonen, die gleiche Themen einführten, verglichen. Eine solche Komparation ließ sich jedoch nur mit zwei Szenen des Datenmaterials durchführen. Durch die Freiheit der Lehrpersonen, den Unterricht nach ihren Vorstellungen zu gestalten, wurde trotz gleicher Klassenstufe und ähnlichem Zeitraum ein gleiches Thema wider Erwarten nicht häufiger ausgemacht. Die beiden Szenen wurden jedoch anhand der Auswahl durch Inhaltsverzeichnisse als nicht besonders evident für die Untersuchung eingestuft. Sie unterliegen nicht dem Forschungsinteresse, weswegen diese Komparationsvariation nicht empirisch ‚gefüllt' wurde.

3.2.3.2 Die Interaktionsanalyse

Bei der Analyse transkribierter Videoaufzeichnungen, orientieren sich eine Vielzahl von Arbeiten des interpretativen Paradigmas an konversationsanalytischen Arbeiten. Die Grundlage der Auswertungsmethoden bildet meist die Interaktionsanalyse. Auch ich werde methodisch auf die Handlungsroutinen der Lehrpersonen zur sprachlichen Gestaltung des Unterrichts mithilfe der Interaktionsanalyse zugreifen.

Komparation über die Zusammensetzung der Klasse wurde demnach nicht vorgenommen, da diese einhergeht mit der Komparation über die Lehrpersonen.

Durch die Interaktionsanalyse kann rekonstruiert werden, wie sich Bedeutungsaushandlungen von Individuen in der Interaktion konstituieren und so zu geteilt geltenden Deutungen werden. Die Interaktionsanalyse dient dazu, Musterhaftes und Strukturen in den Handlungsroutinen der Lehrpersonen zu rekonstruieren, denn zur Rekonstruktion der verborgenen Strukturmerkmale bzw. Habitusformen bedarf es, wie bereits in Kapitel 2.3 dargestellt, auch der Analyse der Interaktionen, in denen sie ständig hervorgebracht, reproduziert und verändert werden. Durch die Interaktionsanalyse wird es ermöglicht, der Sequentialität dieser Hervorbringung sowie der Reproduktion und Veränderung von Strukturen in den jeweiligen Interaktionsprozessen Rechnung zu tragen. Ursprünglich geht die Interaktionsanalyse auf konversationsanalytische Arbeiten aus dem Bereich der Ethnomethodologie zurück (vgl. Ten Have 1999; Eberle 1997; Sacks 1996, S. 3–11). Ihren Einzug in den Bereich der Interpretativen Unterrichtsforschung der Mathematikdidaktik hielt die Interaktionsanalyse über Arbeiten von Bauersfeld et al. (1986) und Voigt (1984). Diese ersten Ansätze der Interaktionsanalyse im Bereich der Interpretativen Unterrichtsforschung wurden im Laufe der letzten Jahre für spezielle Fragestellungen durch verschiedene Forscherinnen und Forscher mehrfach modifiziert (vgl. Fetzer 2007, S. 27 ff.; Brandt 2004, S. 49 ff.; Krummheuer und Brandt 2001, S. 90; Krummheuer und Naujok 1999, S. 68). Die Modifikation der Interaktionsanalyse, die ich für die von mir fokussierten Fragestellungen vorgenommen habe, wird im Weiteren dargestellt.

Nach Bauersfeld et al. (1986) und Voigt (1984) beinhaltet eine Interaktionsanalyse folgende fünf Analyseschritte:

1. Gliederung,
2. allgemeine Beschreibung nach dem ersten Eindruck,
3. Erzeugung alternativer Interpretationen zu den Einzeläußerungen,
4. Turn-by-turn-Analyse und
5. Zusammenfassung der Interpretation.

Dieses Vorgehen der Interaktionsanalyse wird für die hier vorliegende Untersuchung wie folgt an einigen Stellen modifiziert:

Vor der Gliederung wird eine kurze Beschreibung des Kontextes der Szene bzw. des Rahmens, in den die Szene eingebettet ist, angegeben. Im Anschluss an die Gliederung werden die Transkripte ausgewählter Sequenzen der Szene abgebildet und um einen Fließtext nicht abgebildeter Sequenzen ergänzt. Diese Darstellung stellt jedoch keinen Aspekt der Analyse dar, sondern lediglich einen Aspekt der Präsentation dieser Analysen, denn die Auswahl der Transkriptsequenzen erfolgte erst nach den ausführlichen Analysen. An dieser Stelle vermischen sich Präsentation und Analysevorgehen der Untersuchung. Hiernach folgt der Kern der Analysen.

Die ausgewählten Transkriptsequenzen werden nacheinander anhand einer allgemeinen Beschreibung, einer extensiven sequenziellen Analyse von Einzeläußerungen und der Turn-by-turn-Analyse analysiert. Die Analysen jeder dieser Sequenzen münden in einer Zusammenfassung der Deutungen, worin der ‚rote Faden' des Interaktionsverlaufs der Sequenz aufgezeichnet wird. Die Analyseergebnisse dieses Interpretationsvorgangs münden abschließend in die Charakteristika der Handlungsroutine der in dieser Szene unterrichtenden Lehrperson. Diese Charakteristika werden zum Zwecke der ‚Ausschärfung', indem Gemeinsamkeiten und Unterschiede verschiedener Handlungsroutinen herausgearbeitet werden, im Sinne der komparativen Analyse verglichen.

Somit ergeben sich sieben Analyseschritte der Interaktionsanalyse, die im Anschluss anhand der Szene kgV illustriert werden:

1. äußerer Rahmen der Unterrichtsszene/Einbettung der Szene in den Unterricht,
2. Gliederung der Unterrichtsszene,
3. Darstellung ausgewählter Transkriptsequenzen mit Fließtext zwischen den Sequenzen,
4. allgemeine Beschreibung der einzelnen Sequenzen nach dem ersten Eindruck,
5. Erzeugung alternativer Interpretationen zu den Einzeläußerungen,
6. Turn-by-turn-Analyse und
7. Zusammenfassung der Interpretation.

Die einzelnen Analyseschritte der Interaktionsanalyse sind gleichwohl nicht als feste, lineare Abfolge von Interpretationsschritten zu betrachten. Vielmehr stellen sie einen Grundsatz eines ‚lebendigen' Interpretationsprozesses dar, bei dem es durchaus möglich und sinnvoll ist, einige Interpretationsschritte oder eine ganze Abfolge zu wiederholen (Naujok 2000, S. 43; Brandt 2001, S. 50). So werden die nachfolgenden Analyseschritte der ausführlichen sequenziellen Analyse von Einzeläußerungen und der Turn-by-turn-Analyse theoretisch einzeln beschrieben. Bei den Interpretation der Sequenzen der Szene kgV werden sie jedoch zusammengeführt dargestellt, wodurch ein Interpretationstext aus beiden Teilschritten entsteht. Dies gilt vor allem deshalb, weil diese Schritte beim Vorgehen der Interpretation auch jeweils in einem kontinuierlichen Wechsel ausgeführt worden sind.

3.2.3.2.1 Äußerer Rahmen

Zu Beginn der Analyse wird der äußere Rahmen, in dem sich die Stunde ereignet, beschrieben, um den Interpretationen besser folgen zu können. Der äußere Rahmen der Szene ist bestimmt durch das Fach, die Unterrichtsstunde, die Anzahl der Schülerinnen und Schüler, durch die Unterrichtsorganisation und andere Besonderheiten zu Beginn einer Unterrichtsszene. Im Anschluss an die Beschreibung des äußeren

Rahmens wird eine Gliederung des zu analysierenden Transkripts der Szene angegeben.

Äußerer Rahmen der Szene

Zu Beginn der Szene befinden sich Frau Teichmann, die sowohl Mathematik- als auch Klassenlehrerin ist, sowie 25 Schülerinnen und Schüler im Klassenraum – 9 Mädchen und 16 Jungen, davon insgesamt 17 mit Migrationshintergrund. Frau Teichmann ist ausgebildete Gymnasiallehrerin und hat früher bereits in den neuen Bundesländern unterrichtet. Sie hat keinen Migrationshintergrund. In der vorangegangenen Mathematikstunde wurde von Frau Teichmann im Unterricht die Grundrechenart Multiplikation vertieft. In dieser Stunde soll die Einführung eines neuen mathematischen Begriffs stattfinden: das kgV – das kleinste gemeinsame Vielfache.

Es ist Mittwochmorgen kurz nach Beginn der ersten Unterrichtsstunde. Frau Teichmann sitzt vorne am Pult und sortiert einige Unterlagen. Die Schülerinnen und Schüler nehmen gerade ihre Plätze ein. Dieser organisatorische Teil der Unterrichtsstunde erstreckt sich über einen Zeitraum von etwas mehr als fünf Minuten. Hiernach beginnt der eigentliche Mathematikunterricht.

3.2.3.2.2 Gliederung der Interaktionseinheiten

Die Gliederung einer Interaktionseinheit richtet sich nach dem jeweiligen Forschungsinteresse. Sie kann sowohl nach interaktionstheoretischen Gesichtspunkten, z.B. durch Beginn und Ende einer bestimmten Interaktionsform, als auch durch fachspezifische und fachdidaktische Aspekte, z.B. Beginn und Ende einer mathematischen Aufgabenlösungssequenz, bestimmt werden. Verschiedene Kriterien zur Gliederung von Interaktionseinheiten können zu unterschiedlichen Blickwinkeln auf das Material führen.

Für die vorliegende Untersuchung werden interaktionstheoretische Kriterien, mit der Spezifizierung auf die thematische Entwicklung eines neuen mathematischen Begriffs, für die Gliederung der Interaktionseinheiten herangezogen (vgl. Naujok 2000, S. 44). Hierbei ist anzumerken, dass ich die endgültige Gliederung der jeweiligen Szenen erst nach der ausführlichen Interpretation der Interaktionseinheiten vornehmen werde und kann, da es hierfür ausführlicher Analysen bedarf. Die Gliederung fungiert somit hauptsächlich zum Überblick und zur Strukturierung der Episoden für die Leserinnen und Leser. Die fett markierten Bereiche der Gliederung stellen jeweils die ausgewählten Sequenzen für die ausführlichen Interpretationen (s.a. Kap. 4) dar.

Gliederung der Szene in Sequenzen

Nr.	Zeilen	Thema	Sequenzgeschehen
1	1–30	kgV	**Benennung des Fachterminus kgV**
2	30–69	Vielfache[74]	**Schülerinnen und Schüler berechnen Vielfache**
3	69–85	Unterrichtsorganisation	Begründung für das Lernen des kgV/Organisatorisches
4	86–107.1	kgV	Erstellung des Tafelbildes durch Frau Teichmann
5	108–156	kgV	**Schülerinnen und Schüler entwickeln eine Aufgabe mit Hilfe einer zeichnerischen Veranschaulichung an der Tafel.**
6	157–172	kgV	**Erste Antwortversuche zur Beispielaufgabe**
7	172–186	kgV	Die Lehrerin unterteilt Kreise in jeweils 12 Segmente
8	187–240.1	kgV/Bruchrechnung	**Lösung der Beispielaufgabe anhand der zeichnerischen Veranschaulichung an der Tafel**
9	241–258	kgV	**Entwicklung einer allgemeinen Rechenregel für die Addition von Brüchen**
10	259–270	Unterrichtsorganisation	Die Lehrerin klärt, wer noch ein Aufgabenblatt zu erhalten hat und teilt diese aus
11	271–276	kgV	Verallgemeinerung der Addition von Brüchen
12	277–310	Unterrichtsorganisation und Stillarbeit	Die Lehrperson teilt Aufgabenblätter an einige Schülerinnen und Schüler aus. Die Schülerinnen und Schüler beginnen, die Aufgaben zu lösen.
13	311–357.1	kgV	Berechnung des kgV von 4 und 11
14	358–381	kgV	Berechnung des kgV von 4 und 6
15	382–394	kgV	Berechnung des kgV von 7 und 11

3.2.3.2.3 Ausgewählte Transkriptsequenzen

Die ausgewählten Sequenzen der Szene werden in Form eines Transkripts dargestellt. Die übrigen Sequenzen werden als kurzer Fließtext zwischen den Transkripten zusammengefasst, um dem thematischen Verlauf der gesamten Szene besser folgen zu können. Die gesamten Transkripte aller Szenen finden sich im Anhang 2 der Arbeit.

---

74 Werden wie hier, bei den ersten beiden ausgewählten Sequenzen <1–30> und <31–69>, zwei aufeinander folgende Sequenzen zur ausführlichen Analyse ausgewählt, so erfolgt die Interpretation und Darstellung zusammenhängend.

Ausgewählte Transkriptsequenzen der Szene

Sequenzen <1–30>[75] und <31–69>

Znr.	Zeit	Person	Aktivität
1	6:25	<L	[Frau Teichmann steht auf und geht zur Tafel] so Herrschaften
2			warum machen wir das mit diesem . . k g V\
3		<L:	[schreibt „kgV" an die Tafel]
4		L:	hab ich so genau noch gar nicht erklärt was das **ist** hab nur gesagt
5			wie das **geht** .
5.1		<L:	[hebt den rechten Arm mit erhobenen Zeigefinger]
6		<L:	äh hat jemand das gelesen auf dem Zettel was es
7			bedeutet/
8	6:42	>Sm:	ja (.ja.. vergessen) #
9		>Sm:	[Sm murmeln durcheinander]
10		# <L:	schschschscht. ja\
10.1		<L:	[wirbelt mit den Armen und hebt dabei den rechten Arm
10.2			mehrfach ruckartig hoch]
11		Vahit:	kleiner gemeinsamer ver #
12		# L:	du weißt nicht was es ist aber
13		<Vahit:	Vergrößerung Verkleinerung
14	6:56	< L:	das kleine kleinste
15		Nurkan:	Alphabet
16		Sm:	hä/
17		<L:	[L bückt sich, hebt etwas auf und zeigt es Nurkan
18			und legt es dann wieder weg.]
19		<Sm:	[Die Schüler sind ruhig.]
20		Nurkan:	was ist das/
21	7:01	L:	du weißt ganz genau was ist.. das kleinste [dreht
22			sich zu Nunzio] vielleicht hast du das noch nicht gehabt
23		<L:	[L. dreht sich zur Tafel und beginnt „Kleinste Gemeinsame" .]
24		<S:	geteilbare/
25		<L:	kleinste.. gemeinsame [hört auf zu schreiben]
26	7:15	S:	(ei)
26.1		Sm:	[weitere Schüler murmeln]
27		<L:	[schreibt weiter]
28		<L:	ja ja.. ich hab was anderes überlegt.
28.1		>L:	[L. schreibt über Kleinste Gemeinsame „Das" an die Tafel]
28.2		>L:	man müsste hier noch **Das** hinschreiben sonst wird das nichts.
29		<L:	[schreibt weiter]
30	7:34	<L:	**Vielfache** [dreht sich dann zur Klasse um] ..ein Vielfaches
31			von zwei ist zum Beispiel sechs\ [L. dreht
31.1			zu Nunzio] ein Vielfaches
32			von zwei ist zum Beispiel **zwölf**. ne/ sechs mal
33			zwei viel äh äh also ganz viel mal zwei ist zwölf
34			ne/
35	7:46	Larissa:	und auch (fünfzig)

---

75 Die Zahlen in den spitzen Klammern geben die jeweiligen Zeilennummern der betreffenden
   Aussagen oder Sequenzen wieder.

Znr.	Zeit	Person	Aktivität
36		L:	und auch hundertzwanzig ja/ das sind Vielfache
37			was ist ein Vielfaches von . ööh pfff fünf/ [hebt den
38			rechten Arm mit erhobenen Zeigefinger]
39	7:56	Sm:	[einige Schüler melden sich, darunter Niklas]
39.1		<L:	[nickt mit dem Kopf zu Niklas]
39.2		<L:	ja/
40		Niklas:	Dreißig
41		L:	jo\ was ist noch ein Vielfaches von fünf/ ..
41.1		<Sm:	[einige Schüler melden sich, darunter Faruk]
41.2		<L:	Faruk\
42	8:04	Faruk:	Fünfundvierzig
43		L:	was ist noch ein Vielfaches von fünf/ kannst du
44			noch ein größeres Vielfaches sagen/
45		<Sm:	[mehrere Schüler melden sich]
45.1		<L:	.. ähm Nesrin/
46	8:10	Nesrin:	Hundertfünfzig
47		L:	ja\ und hundertfünfundfünfzig auch ne/
48		Urim:	hundertfünfundneunzig wollt ich sagen
49		L:	(Urim) will noch eins sagen
50		Urim:	Hundertfünfundneunzig
51	8:20	L:	jawohl\ was ist ein Vielfaches von . **elf**/
52		Larissa:	[meldet sich]
53		L:	[deutet auf Larissa] ja/
54		Larissa:	Dreiunddreißig
55		L:	jo noch eins/
55.1		Sm:	[einige Schüler melden sich]
55.2		L:	[zeigt auf Nunzio]
56	8:30	Nunzio:	neunundneunzig\
57		L:	ja\ ist hundertzehn auch ein Vielfaches von elf/
58		Sm:	ja
59		L:	wer schüttelt hier mit dem Kopf/
60		Nunzio:	Larissa
61		Larissa:	ich eben\
61.1		Vahit:	äh. Larissa und (...)
62	8:40	<L:	[L. dreht sich zu Niklas Tisch] **zehn mal** elf sind
62.1			nicht hundertelf sondern Vahit/
63		<L:	[zeigt auf Vahit]
64		Vahit:	das sind hundertzehn
65		L:	jo\ also\
66		<L:	[wendet sich zu einem Jungen am Einzeltisch nach links]
67		<L:	was ist/ noch eins/
68		S:	zweiundzwanzig\
69		L:	Ja\

Frau Teichmann ermahnt Faruk kurz zur Ruhe und äußert gegenüber der gesamten Klasse, dass diese in der nächsten Schule in der Jahrgangsstufe 5 und 6 mit solchen Rechnungen gequält werden würde und sie deshalb schon solche Aufgaben im jetzigen Unterricht mache, damit ihr das später leichter falle <70–76>. Nachdem Frau

Teichmann in <86–89> mit *„wozu braucht man das/ das is ne gute Frage ne/.. warum quälen die zwei Jahre lang Kinder mit dem kgV und ggT gibt's auch noch\ größter gemeinsamer Teiler.."* nach der Anwendung bzw. dem Nutzen des kgV fragt, entwickelt sich gleichzeitig ein Argumentationsstrang über Unterrichtsmaterialien und die folgenden Jahrgangsstufen. Am Ende dieses Argumentationsstrangs beginnt Frau Teichmann, an der Tafel zwei gleich große Kreise mit Mittelpunkt zu zeichnen, diese durch ein Additionszeichen zu verbinden, den linken Kreis in drei und den rechten in vier Segmente zu unterteilen und jeweils ein Segment des Kreises zu schraffieren <100–118>. Diese Handlungen kommentiert sie anfangs durch Äußerungen wie „das kann man auch mit nem Zirkel wenn man einen hätte\" <105–106> oder wie *„da ist der Mittelpunkt"* <107>. Die Schülerinnen und Schüler machen zu dem entstehenden Tafelbild unaufgefordert Einwürfe wie *„ein Kreis (soll das werden) [:]"* <103>. Frau Teichmann sagt daraufhin Folgendes:

Sequenzen <108–156> und <157–172>

Znr.	Zeit	Person	Aktivität
108		<L:	.. du sollst\
109		<L:	[macht ein Additionszeichen zwischen die Kreise]
110		S:	plus\
111		S:	hä/ ein Kreis plus ein Kreis\
112		<L:	[L teilt den linken Kreis in drei, den rechten in vier Segmente auf]
113		<Sm:	[zahlreiche undefinierbare Zwischenrufe aus der
114			Klasse]
115		<S:	vier plus drei sieben\
116	11:12	<S:	ah Mercedes\
117		>Sm:	Mercedes Mercedes Benz
118		>L:	[L schraffiert je einen Teil der Kreise rosa]
119		>S1:	achsoo\
120		>S:	Jetzt hast dus kapiert\
121		S:	Mercedes Benz Cabriolet\
122		S1:	achso\
123	11:29	S:	ein Drittel plus ein Viertel\
124	11:38	<L:	so\ [schreibt ein Gleichheitszeichen neben den
125			rechten Kreis] lies mal die Aufgabe vor\
126		<L:	[hebt den rechten Arm wie zur Meldung /
127		Sm:	[einige Kinder melden sich]
128		<L:	.. da steht ne Aufgabe\ Pelin da wie heißt die Aufgabe\
128.1		<Pelin	[meldet sich nicht]
129		Pelin:	eins plus eins\
130	11:55	L:	Nesrin\ wie heißt die Aufgabe/..
131		<L:	was ist das hier was ich angemalt habe/
132		<L:	[deutet auf einen der Kreise an der Tafel]
133		Nesrin:	zwei\
134		L:	was/
135		Nesrin:	eins\

Znr.	Zeit	Person	Aktivität
136		L:	nee eins ist das Ganze
137		Nesrin:	zwei\
138		L:	nee auch nicht\ zwei sind zu viel\
138.1		<L:	das sind zwei\
139		<L:	[deutet auf die beiden Kreise an der Tafel]
140		>Sm:	[Unruhe in der Klasse]
140.1		>L:	scht Mund zu\
141		> <L:	[hebt den rechten Arm mit ausgestrecktem Zeigefinger]
142		<Sm:	[einige Kinder melden sich]
142.1		<Otto:	[meldet sich]
142.2		L:	Otto\
143		Otto:	ein Drittel\
144	12:15	<L:	ja [zeigt auf den linken Kreis]
145		<L:	(das) ist der dritte Teil von diesem ganzen Kreis\
146		>L:	**ein** Kreis ne/
147		>L:	[hebt die Hand mit dem Daumen nach oben]
148		L:	eine Torte geteilt in große Stücke oder drei Pizzastücke\ so\
149		<L:	**ein** Drittel
150		<L:	[schreibt „⅓" in das schraffierte Drittel des linken Kreises]
150.1		L:	. plus/ [zeigt auf das schraffierte Viertel des rechten Kreises
151		<Sm:	ein Viertel
152		<Sm:	[viele Schüler melden sich]
152.1		<Larissa:	[meldet sich]
152.2		L:	scht\
153			Larissa\
154		Larissa:	ein Viertel\
155	12:42	L:	[schreibt „¼" in das schraffierte Viertel des rechten
156			Kreises] so\ ja was kommt denn da raus/
157		Sm:	zwei Siebtel\
158		L:	[schüttelt den Kopf] nee nee das darfst du nicht\
159		Niklas:	das ist bei minus sieben\
160		L:	das äh darfst du nicht\ das wär schön wenn man
161			das dürfte dann hätte man das Problem nich\..
162			noch ne andere Idee/
163		Sm:	Neun
164		L:	was hat- wieso neun/
164.1		<Sm:	[Unruhe / Gemurmel]
165		<S:	hä/ ein Achtel\
166	13:06	L:	so\ nun sach mir mal- Vahit\ nun sach mir mal
167			was ist denn das gemeinsame Vielfache das
168			kleinste von drei und vier\ ich muss eine Zahl
169			suchen wo die Drei reinpasst und die Vier auch\
170		Sm:	[Gemurmel]
170.1		L:	scht\
171		Sm:	Zwölf
172	13:24	<L:	ja\

Frau Teichmann bittet die Schülerinnen und Schüler um Aufmerksamkeit und unterteilt den linken Kreis an der Tafel in zwölf gleich große Segmente. Dieses Einzeichnen begleitet sie durch lautes Mitzählen in Dreier-Schritten. Eine Schülerin oder ein Schüler wirft „elf\" <179> ein, woraufhin Frau Teichmann erneut die Segmente des linken Kreises durch Tippen auf die jeweiligen Segmente nachzählt, jedoch zum Ergebnis „zwölf" <181> gelangt. Dann widmet sich Frau Teichmann dem rechten Kreis und teilt diesen ebenfalls in zwölf gleich große Segmente. Sie beginnt mit „eins, zwei..das kann ich schneller\" <185> nachzuzählen, was die Schülerinnen und Schüler mit „fünf sechs sieben acht neun zehn" <186> weiterführen. Daraufhin ereignet sich Folgendes:

Sequenzen <187–240.1> und <241–258>

Znr.	Zeit	Person	Aktivität
187	14:38	<L:	[hebt den rechten Arm wie zur Meldung]
188		<L:	wie viele/ wie viele rosa Tortenscheiben sind da jetzt
189			in den Kreisen/
189.1		>L:	[zeigt auf die Kreise]
189.2		>L:	hier und da
190		< S:	zwölf\
191		< S3:	die sind doch beide gleich\
192		>L:	ja/ was denn/
193		>L:	[zeigt auf S3]
194		S3:	beide sind gleich\
195		S:	beide sind gleich\
196	14:51	L:	die beiden sind gleich und wie viele/
197		Sm:	Zwölf
198		L:	also\
199		S:	vierundzwanzig\
200		L:	nein\
201		Zeki:	zwei Viertel\
202		L:	nun sei mal nicht voreilig\
202.1		<L:	[schreibt an der Tafel]
203		<L:	ich sag ich teil jetzt Torte in zwölf Stücke\ ne/ hab
204			ich gemacht [schreibt einen Bruchstrich mit einer
205			zwölf im Nenner neben den linken Kreis]
205.1		>L:	Zähler
205.2		>L:	[zeigt auf den Zähler oberhalb des Bruchstrichs]
206		<L:	Nenner
206.1		<L:	[zeigt auf den Nenner]
206.2		<L:	Nenner sagt wie viel Stücke die Torte hat\
207		>L:	und hier mach ich das auch\
208		>L:	[schreibt das gleiche neben den rechten Kreis]..
209		<L:	auch zwölf Stücke nich/
209.1		<L:	[zeigt auf den rechten Kreis]
209.2		>L:	ähm... [geht zum linken Kreis und wischt darin]
210	15:23	>L:	wie viele Stücke sind

Znr.	Zeit	Person	Aktivität
211			denn in diesem großen Pizzastück oder
212			Tortenstück hier in dem Drittel/ wie viele sind da
213			drin/
214		S:	vier\
215		S:	zwei\
216		Sm:	vier\
217	15:37	<L:	vier\
217.1		<L:	[schreibt neben dem linken Kreis eine vier in den Zähler]
217.2		>L:	und wie viele sind hier drin/
218		>L:	[zeigt auf den rechten Kreis]
219		Sm:	drei\
219.1		L:	[schreibt neben dem rechten Kreis eine drei in den Zähler]
220		<L:	so\ also wenn ich jetzt die vier-
220.1		<L:	[zeigt auf den linken Kreis]
220.2		>L:	hier rüber tu
220.3		>L:	[zeigt auf den rechten Kreis]
221		L:	kann ich ja machen- ich machs mal in ner anderen
222		<L:	Farbe ne/.. ich schneid die aus
223		<L:	[zeigt auf den linken Kreis]
223.1		>L:	und setz die hier rüber\
223.2		>L:	[macht eine Armbewegung zum rechten Kreis]
224		L:	dann muss ich
225			hier wie viel reintun/ drei nich/ nee\
226	16:01	S:	nee vier
227		<L:	[L schraffiert vier Tortenstücke im rechten Kreis]
228		<S4:	sieben\
229		<S:	eins zwei drei vier\
230		<S4:	Sieben\
231		L:	so\
232		S:	sechs\
233		Sm:	sieben\
234	16:17	L:	ne/ jetzt kannst du hinschreiben das sind/
235		<L:	[schreibt rechts neben das Gleichheitszeichen
236			einen Bruchstrich mit einer Zwölf im Nenner]
237		<S:	sieben\
238		<L:	zwölftel\ und davon eins zwei drei vier fünf
239			Sechs
240		Sm:	sieben\
240.1		L:	[L schreibt eine Sieben in den Zähler]
241	16:30	<L:	ne/ du darfst nicht- ein großes Stück Pizza
242		<L:	[zeigt auf den linken Kreis]
242.1		>L:	und ein kleines ein kleineres-. zusammenrechnen\
243		>L:	[zeigt auf den rechten Kreis]
244		L:	das ist ja ungleich ne/
244.1		<L:	du musst sie praktisch in
245			solche Stücke hacken dass sie alle gleich sind\
246		<L:	[macht mit der Hand Hackbewegungen]
247		>L:	.. ne/ diese Stücke sind gleich\

Znr.	Zeit	Person	Aktivität
248		>L:	[zeigt auf den linken Kreis]
248.1		<L:	[zeigt auf den rechten Kreis]
248.2		<L:	diese Stücke auch\
249			nur hier ist ein weniger\ ne/ hier sind nur drei-
250		>L:	und da sind vier Stücke\
250.1		>L:	[zeigt auf den linken Kreis]
251		S:	ah jetzt kapier ich das\
252	16:57	L:	und dazu braucht man das\. wenn du überhaupt
253			Brüche- damit du solche Tortenstücke
254			zusammenrechnen kannst\ ne/ man darf nicht
255			einfach sagen drei und vier ist sieben und oben
256			nehmen wir zwei dann hab ich zwei Siebtel\
257	17:11		zwei Siebtel ist was ganz anderes\ ne/ das geht
258			nicht\

Nun fragt Frau Teichmann, wer von den Schülerinnen und Schülern schon das Aufgabenblatt mit dem Thema kgV bekommen hat. Sie stellt fest, dass die meisten den Zettel noch gar nicht bekommen haben <259–269>. Es entsteht eine kurze Nebenkommunikation, in der Frau Teichmann einige Schülerinnen und Schüler außerhalb des offiziellen Interaktionsstrangs darauf aufmerksam macht, dass sie nur gleich große Pizzastücke zusammenrechnen dürfen und die Stücke, welche die Schülerinnen und Schüler gerade zusammenrechnen wollten, nicht gleich groß seien. Sie ergänzt „...da schneidet man so lange an der Pizza rum bis die Stücke alle gleich sind\ und in diesem Fall sind das zwölf Stück" <274–276>. Frau Teichmann teilt an diejenigen Schülerinnen und Schüler, die das Aufgabenblatt noch nicht haben, das Blatt aus und die Klasse beginnt, unter lautem Gemurmel zu arbeiten <277–296>. Sie wiederholt noch einmal die Aufgabenstellung: „du sollst eine Zahl suchen in die die beiden Zahlen reinpassen die da stehn\" <298–299>. Nachdem die Schülerinnen und Schüler ca. drei Minuten das Aufgabenblatt bearbeitet haben, sagt Frau Teichmann „so. nenn mir eine Zahl in die elf reinpasst und ve eh äh und vier auch" <311–312>. Zuerst antwortet eine Schülerin oder ein Schüler mit „zweiundzwanzig" <313.2>, was Frau Teichmann als fehlerhafte Äußerung bewertet. Dann sagt eine Schülerin oder ein Schüler „vierundvierzig" <317>, was kurz darauf von einem anderen Kind wiederholt wird. Frau Teichmann lässt die Lösung durch die Schülerinnen und Schüler überprüfen, indem sie nach dem Quotienten von 44 und elf sowie 44 und vier fragt. Die Schülerinnen und Schüler beantworten diese beiden Fragen korrekt und Frau Teichmann schließt mit „solche Zahlen musst du suchen . und davon die kleinste möglichst . kannst auch achtundachtzig nehmen . aber die is die ist zu groß ne/" <331–334> und ergänzt „ein Trick ist mit drei und vier du nimmst drei . mal vier" <336>. Es entsteht kurz Uneinigkeit, was die Schülerinnen und Schüler in die Kästchen auf dem Zettel schreiben sollen, ob vierundvierzig oder 11, was jedoch von Frau Teichmann sofort mit

„vierundvierzig" beantwort wird <337–346>. Sie gibt einen weiteren Hinweis zur Berechnung *„notfalls nimmst dus mal"* <353> und fragt nach der gemeinsamen Zahl von vier und sechs, während sie diese beiden Zahlen an die Tafel schreibt. Zwei Kinder antworten *„vierundzwanzig"* <360 und 362>. Frau Teichmann sagt, dass sie eine kleinere kenne und ein Kind ruft *„zwölf zwölf"* <365>. Frau Teichmann wiederholt ihre Aussage, dass sie eine kleinere Zahl kenne. Zeki sagt erst leise und dann nach Bestätigung durch Frau Teichmann lauter *„zwölf"* <376>. Die Lösung wird wie zuvor der ‚Divisionsprobe' unterzogen und von Frau Teichmann bestätigt. Nach der anschließenden Frage eines Kindes *„und sieben (und vierzehn was ist das äh wie geht das)/"* <382–383> entsteht kurz Uneinigkeit darüber, ob die Ausgangszahlen einmal oder zweimal in das kgV passen müssen. Frau Teichmann fasst zusammen *„ja\ ne/ also **einmal** mindestens in sich selber muss die Zahl reinpassen .. fang an wir gucken ob denn noch Schwierigkeiten sind-"* <392–394>.

3.2.3.2.4 Allgemeine Beschreibung der Interaktionseinheiten

Nach der Darstellung der Transkripte wird von den Handlungen in den ausgewählten Sequenzen eine allgemeine Beschreibung angegeben. Bei der allgemeinen Beschreibung handelt es sich um eine ‚gröbere' Wiedergabe, bei der es darum geht, innerhalb einer Erstzuschreibung den immanenten Sinngehalt deskriptiv darzulegen und den Text durch eine Art Übersicht zu überblicken. Sie richtet sich an eine an schulischen Belangen interessierte Allgemeinheit, die gegebenenfalls nicht weiter interessiert ist an der detaillierten Auswertung der Interaktionseinheiten (vgl. z.B. Bohnsack 1993, S. 132 f.; Naujok 2000, S. 44; Brandt 2004, S. 50).

Allgemeine Beschreibung der Sequenzen <1–30> und <30–69>

Frau Teichmann beginnt den mathematikspezifischen Teil der Unterrichtsszene mit der Aussage, dass die Klasse zwar schon mit dem kgV gerechnet habe, aber noch nicht wisse, was das kgV sei. Zeitgleich zu ihrer Aussage schreibt sie die Abkürzung kgV an die Tafel <1–5>. Einige der Schülerinnen und Schüler versuchen, die Abkürzung auszuformulieren, was ihnen aber nur ansatzweise gelingt. Frau Teichmann schreibt „Das kleinste gemeinsame Vielfache" an die Tafel und spricht den Fachterminus dabei laut vor <23–30>. Anschließend stellt sie einen Bezug zum Begriff des Vielfachen her und gibt als Beispiel für diesen an, dass ein Vielfaches von zwei sowohl sechs als auch zwölf sei <31–33>. Im Weiteren fragt Frau Teichmann Vielfache zu von ihr vorgegebenen Zahlen ab.

3.2.3.2.5 Ausführliche sequentielle Analyse von Einzeläußerungen

Nach der allgemeinen Beschreibung des Geschehens in den ausgewählten Sequenzen wird eine ausführliche sequenzielle Analyse von Einzeläußerungen vorgenommen, um der sequenziellen Organisation von Gesprächen Rechnung zu tragen. Die sequenzielle Analyse hat nach Naujok (2000) folgenden Grundsätzen zu folgen:

„1. Die Äußerungen werden eine nach der anderen in der Reihenfolge ihres Vorkommens, gegebenenfalls auch in kleineren Einheiten, interpretiert. Das erlaubt, die Entwicklung der Interaktion zu rekonstruieren, weil so im analytischen Deutungsprozess ausschließlich auf Ereignisse Bezug genommen wird, auf die auch die Beteiligten im jeweiligen Interaktionsmoment Zugriff hatten.

2. Plausibilisierungen dürfen (und können bei Berücksichtigung des ersten Punktes auch) nur rückwärts gewandt erfolgen.

3. Interpretationen müssen sich im Verlauf der Interaktion bewähren" (S. 44 f.).

Um zu alternativen Interpretationen von Einzeläußerungen zu gelangen, mag es teilweise sinnvoll sein, in Anlehnung an die objektive Hermeneutik (vgl. Oevermann et al. 1979) gedankliche Kontextvariationen vorzunehmen, um in anderen Zusammenhängen zusätzliche Deutungsmöglichkeiten zu generieren. Der anlehnend an Oevermann et al. (1979) angestrebte Anspruch einer möglichst erschöpfenden Generierung von Lesarten erscheint jedoch wenig sinnvoll, da er nicht zwingend zu neuen Ergebnissen, jedoch zwingend zu einer unüberschaubar werdenden Fülle von Interpretationen führen würde. Er wird deswegen in der vorliegenden Arbeit der Maxime einer „[...] dem Untersuchungsinteresse angepassten Präzision" (vgl. Krummheuer/ Brandt 2001, S. 90) weichen.

Naujok (2000) schlägt vor, an besonders schwer zu durchdringenden Stellen, für entworfene Deutungen Folgehandlungen zu entwerfen. Dieses Vorgehen habe ich bei den Interpretationen angewendet. Durch Eintreten dieser Folgehandlung erlangt eine vorherige Deutung eine Stützung und wird somit zu einer schlüssigen Interpretation (vgl. Naujok 2000, S. 44 f.). Vorwiegend wurden diese ausführlichen Interpretationen in Interpretationsgruppen durchgeführt, um eine Deutungsvielfalt zu erreichen und besser Folgehandlungen entwerfen zu können.

3.2.3.2.6 Turn-by-turn-Analyse

Der Ausdruck Turn stammt aus konversationsanalytischen Arbeiten und lässt sich mit „Gesprächsschritt" (vg. Naujok 2000, S. 45) übersetzen. Er steht für einen Teil eines Gesprächs, der zwischen zwei Sprecherwechseln stattfindet (vgl. z.B. Sacks et al. 1978; Streeck 1983; Goffman 1981). Im Schulunterricht ist eine solch klare Aufteilung eines Gesprächs selten vorzufinden, vielmehr wird eine Vielzahl von

Gesprächsüberschneidungen vorzufinden sein. Durch die Turn-by-turn-Analyse werden in Anlehnung an konversationsanalytische Arbeiten und auf Grundlage der sequenziellen Organisation von Gesprächen die vielfältigen Deutungsalternativen des vorherigen sequenziellen Analyseschrittes eingeschränkt, um so zu schlüssigen Interpretationen von Folgehandlungen zu gelangen (vgl. Naujok 2000, S. 45 f.):

> „Die Frage der Turn-by-turn-Analyse lautet also gewissermaßen: Wie reagieren andere Interaktionsteilnehmer auf eine Äußerung, wie scheinen sie die Äußerung zu interpretieren, wie wird sie gemeinsam weiterentwickelt, was wird gemeinsam aus der Situation gemacht?" (Naujok 2000, S. 46)

Die beiden Schritte der sequenziellen Analyse von Einzeläußerungen und der Turn-by-turn-Analyse wurden bei den Analysen wechselseitig d.h. ‚verzahnt' angewendet und werden in den folgenden Darstellungen in einem zusammenhängenden Text präsentiert.

Ausführliche sequentielle Analyse von Einzeläußerungen und Turn-by-turn-Analyse der Sequenzen <1–30> und <30–69>

Zunächst signalisiert Frau Teichmann den eigentlichen Unterrichtsbeginn durch ihr Aufstehen und Vor-die-Klasse-Treten <1>. Sie sagt „*so Herrschaften warum machen wir das mit diesem . . k g V*" <1–2> und schreibt die Abkürzung kgV an die Tafel. Durch „*so Herrschaften*" <1> versucht Frau Teichmann anscheinend, die Aufmerksamkeit der Schülerinnen und Schüler zu erreichen. Durch diese Wortwahl erreicht sie zudem eine Distanz zwischen sich als ‚Autorität im Unterricht' und den Schülerinnen und Schülern, die ihren Anweisungen Folge zu leisten haben. Das Pronomen „*wir*" <1> in der Frage „*warum machen wir das mit dem kgV*" <1–2> kann sich auf die Klasse oder weiter gefasst auf die Gemeinschaft der Mathematiker oder Mathematiktreibenden beziehen. In beiden Fällen relativiert Frau Teichmann die Distanzierung zu den Schülerinnen und Schülern durch die Verwendung des Personalpronomens „*wir*" <1>. Dieser Turn beinhaltet eventuell in zweierlei Hinsicht Unklarheiten. Zum einen stellt „*machen ... das*" <1> keine klare mathematische Handlung dar. Vielmehr ist „*machen*" <1> hier ein Platzhalter für Verben aus dem Bereich der Mathematik, wie rechnen oder bestimmen. Zum anderen kann die Abkürzung kgV bei den Schülerinnen und Schülern Unklarheit darüber entstehen lassen, was sie bedeutet, denn die Abkürzung kgV steht für einen Begriff, der normalerweise erst in der weiterführenden Schule behandelt wird. Dies würde zumindest auf den ersten Blick im Widerspruch dazu stehen, dass die Klasse, wie es aus der Frage von Frau Teichmann hervorgeht, schon mit dem kgV gearbeitet hat. Frau Teichmann schließt somit – eventuell unbewusst – hier zunächst diejenigen aus, die die Abkürzung nicht einordnen können oder nicht wissen, wie sie das „*machen*" <1> einzuordnen haben. Das kurze Stocken vor der Abkürzung kgV in ihrer

Formulierung könnte aus einer Unsicherheit von Frau Teichmann herrühren, ob sie den Begriff in seiner Gänze verwenden soll. Es stellt u. U. auch einen Hinweis darauf dar, dass die Nutzung der Abkürzung kgV statt der Ausformulierung des Begriffs von Frau Teichmann beabsichtigt sein könnte und nicht unbedacht von ihr in die Frage integriert wurde. Durch die Verwendung der Abkürzung kgV könnten die Schülerinnen und Schüler auf unterschiedlichen Ebenen auf die Einführung seitens Frau Teichmann reagieren. Sie könnten versuchen, den Fachterminus zu nennen oder aber die Frage nach dem Warum und dem Bedeutungsinhalt des Begriffs einbringen. Die Verwendung der Abkürzung könnte hieraus resultierend einen Spannungsanstieg in der Interaktion zur Folge haben, da für einige Schülerinnen und Schüler erst einmal zu klären wäre, was die Abkürzung bedeutet.

Mit dem Notieren der Abkürzung auf die Tafel <3>, die in der Regel den Ort eines gesicherten Datums darstellt, wird die Überschrift des Unterrichtsinhalts der aktuellen Stunde gekennzeichnet. Außerdem werden hierdurch eventuell auch Schülerinnen und Schüler mit einbezogen, die den rein medial phonischen Ausführungen von Frau Teichmann bislang nicht folgen konnten oder wollten. Die nächste Aussage von Frau Teichmann, *„hab ich so genau noch gar nicht erklärt was das **ist** hab nur gesagt wie das **geht**"* <4–5>, zeigt, dass die Schülerinnen und Schüler anscheinend schon mit dem kgV gerechnet haben und daher wissen, wie Rechnungen mit dem kgV auszuführen sind. Es kann weiter davon ausgegangen werden, dass auch die Abkürzung schon Inhalt des Unterrichts war, aber dass die Abkürzung kgV auf der formalen Ebene, der Bezeichnung des kgV als kleinstes gemeinsames Vielfaches, noch nicht Lerngegenstand des Unterrichts war. Ebenso scheint auf der inhaltlichen Ebene der Begriff kleinstes gemeinsames Vielfaches noch nicht hinreichend erschlossen, da Frau Teichmann selbst einräumt, sie habe *„noch gar nicht erklärt was das ist"* <4–5>. Die Abschwächung ihrer Aussage durch *„so genau"* <4> könnte ein Hinweis darauf sein, dass zumindest Ansätze einer Erklärung zum kgV schon Unterrichtsgegenstand waren. Denkbar ist auch, dass *„so genau"* <4> eine Entschuldigung vor allem vor sich selbst darstellt, da Frau Teichmann die Bedeutung des aktuellen Unterrichtsinhalts kgV den Schülerinnen und Schülern noch nicht hinreichend erklärt hat. Dies würde weiter die Interpretation stützen, dass Frau Teichmann bis jetzt ausschließlich Rechenoperationen zum kgV von den Schülerinnen und Schülern hat ausführen lassen, ohne zu klären, in welchem Zusammenhang diese stehen. Immer ungefähr nach so einem Absatz?

Während sie nun einen Arm hebt, sagt Frau Teichmann *„äh hat jemand das gelesen auf dem Zettel was es bedeutet/"* <5.1–7>. Das Heben des Arms der Lehrperson stellt eine gängige Routine in vielen Grundschulklassen dar, wodurch Lehrpersonen die Schülerinnen und Schüler zur Ruhe ermahnen und sie gleichzeitig zum Melden auffordern. In dieser Weise lässt sich das Heben des Arms auch bei Frau Teichmann deuten. Die Frage von Frau Teichmann lässt sich nicht ohne weiteres auf den Tafelanschrieb und das bis jetzt Geschehene beziehen. Da es sich um den Stundenbeginn handelt und bis dahin keine Zettel verteilt wurden, wurde der Zettel wohl in der letzten Mathematikstunde verteilt. Frau Teichmann nutzt, wie es scheint, das Pronomen „es" <6> als eine Art Platzhalter für kgV, dessen Bedeutung dem vorliegenden Zettel zu entnehmen sei. Der Ausdruck „jemand" <5.1> signalisiert, dass Frau Teichmann nicht davon auszugehen scheint, dass alle den Zettel gelesen haben. Nicht zu rekonstruieren ist bis zu diesem Zeitpunkt, ob es eine Aufgabe von Frau Teichmann für die Schülerinnen und Schüler gab, den Zettel zu Hause verstehend zu „lesen" <5.1> oder ob sie von einer Interessiertheit und Neugier der Schülerinnen und Schüler ausgeht, dies von sich aus zu tun. Im ersten Fall könnte ihre Frage ein Indiz dafür sein, dass generell nicht viele Schülerinnen und Schüler ihre Hausaufgaben erledigen. Im ersten Fall läge demnach eine negative Einstellung von Frau Teichmann gegenüber dem Arbeitsverhalten der Schülerinnen und Schüler, im zweiten eine eher positive vor. Durch „ja (.ja..vergessen)#" <8–9> scheinen einige Schülerinnen und Schüler darzustellen, dass sie den Text auf dem Zettel zwar gelesen haben, jedoch nicht behalten konnten. Denkbar ist auch, dass dies eine Art strategische Antwort von einigen Schülerinnen und Schüler darstellt, die den Inhalt des Textes nicht verstanden haben oder vergessen haben, die Hausaufgabe zu bearbeiten. So erscheint es ihnen eventuell sinnvoller, Frau Teichmann zu sagen, dass sie vergessen haben, was auf dem Zettel stand. Das „vergessen" <9> könnte sich ferner darauf beziehen, dass einige oder mehrere Schülerinnen und Schüler die Hausaufgabe vergessen haben und den Text auf dem Zettel deswegen nicht gelesen haben.

Frau Teichmann unterbricht die Schülerinnen und Schüler zunächst gestikulierend mit der Äußerung „schschschscht." <10> und sorgt so für Ruhe. Sie ermöglicht Vahit dann jedoch sofort durch ein „Ja\" <10> zu sprechen. Vahit antwortet mit „kleinster gemeinsamer ver#" <11> anscheinend auf die Frage von Frau Teichmann aus <4–7> und beginnt mit der Ausformulierung der Abkürzung. Da Frau Teichmann Vahit erneut mit „du weißt nicht was es ist aber" <12> unterbricht, ist nicht nachzuvollziehen, ob Vahit etwas von dem Zettel versucht wiederzugeben, ausschließlich versucht, den Fachterminus, der hinter der Abkürzung kgV steht, zu nennen, oder sogar zu einer Begriffserklärung beitragen möchte. Frau Teichmann unterstellt Vahit dem Anschein nach, dass dieser nicht wisse, wovon er rede, d.h. allenfalls die Bezeichnung des mathematischen Begriffes, den Fachterminus, kenne. Ihre Aussage ließe sich dieser Interpretation entsprechend weiterführen: „du weißt nicht was es ist. du weißt aber schon wie es heißt". Dies würde zu der Aussage aus <4–5> von Frau Teichmann passen, in der diese gesagt hat, dass sie bis jetzt nur erklärt habe, wie man mit dem kgV rechne, aber nicht, was dessen Bedeutung ist. Durch die Aussage von Frau Teichmann lässt sich demnach die Vermutung stützen, dass sie in <2> bewusst die Abkürzung gewählt hat und von den Schülerinnen und Schülern zumindest den korrekten Fachterminus hören will, denn mit dem Fachterminus wurde bereits gerechnet und er scheint bereits bekannt zu sein. Da Vahit in seinen begonnenen Ausführungen die falsche Steigerung der Adjektive nutzt, ließe sich auch vermuten, dass Frau Teichmann ihn unterbricht, weil sie auf einer präzisen Verwendung des Fachterminus besteht. Vahit versucht, trotz dieser Unterbrechung seine Ausführungen durch *„Vergrößerung Verkleinerung"* fortzusetzen <13>. An dieser Stelle lässt sich ausschließen, dass der Schüler etwas von dem Zettel wiedergibt, da davon ausgegangen werden kann, dass diesem die von Vahit genannten Ausdrücke *„Vergrößerung"* und *„Verkleinerung"* <13> nicht zu entnehmen sind. Dass Vahit den Begriff kgV erklären möchte, scheint ebenfalls eher auszuschließen zu sein, da er für eine erklärende Formulierung nicht nur Adjektive und Substantive benötigen würde. Anzunehmen ist deswegen, dass Vahit versucht, die Abkürzung kgV anhand der Buchstaben zu bestimmen und dass er so zwei Vermutungen für das V in kgV aufstellt. Seine Wortwahl in <11> stützt zudem die Annahme, dass ihm der Fachterminus kleinstes gemeinsames Vielfaches nicht gänzlich unbekannt ist, er sich aber anscheinend nicht mehr an Vielfaches erinnern kann.

Als Erinnerungshilfe in Bezug auf <11–12> versucht Frau Teichmann, wie es scheint, in <14> mit *„das kleine kleinste"* <14> Vahit oder alle Schülerinnen und Schüler zu motivieren, die begonnenen Versuche weiter zu präzisieren und auszuformulieren. Dabei könnte *„das kleine"* entweder einen Versprecher von Frau Teichmann darstellen oder aber einen Versuch, durch die Steigerung des Adjektivs auf die Bedeutung des kleinsten verstärkt hinzudeuten und Vahits Lösungsversuch zu präzisieren. Eventuell wurde der Fachterminus zuvor in ähnlicher Form von Frau Teichmann eingeführt, indem sie darauf hingewiesen hat, dass es sich nicht um ein kleines gemeinsames Vielfaches handelt, sondern um das kleinste. Hierauf reagiert Nurkan mit der schwer nachvollziehbaren Äußerung *„Alphabet"* <15>, die einen Rateversuch darstellen könnte, der sowohl ernst als auch provozierend oder als Scherz gemeint sein könnte. Es ist denkbar, dass Nurkan die drei Buchstaben der Abkürzung kgV als Buchstabensammlung ansieht und diese mit der ‚inhaltslosen' Buchstabensammlung des Alphabets assoziiert. Nach diesen Deutungen bezieht sich Nurkan anscheinend auf den Tafelanschrieb aus <3> oder auf die Aussage von Frau Teichmann in <12> und nicht auf den direkt vorangegangenen Turn. Mehrere Schülerinnen und Schüler reagieren auf diese Äußerung mit einem erstaunten Nachfragen *„hä"* <16>. Ausgehend davon, dass sich diese Schülerreaktion auf die Äußerung von Nurkan bezieht, kann dieses hä als ernst gemeintes Unverständnis der fragenden Schülerinnen und Schüler gedeutet werden, das verbunden ist mit einer gewissen Abwertung der Aussage von Nurkan.

Während mehrere Schülerinnen und Schüler unruhig werden, bückt sich Frau Teichmann, hebt etwas auf und zeigt es Nurkan, bevor sie es wieder weg legt <17–19>. Da der Gegenstand in der Auswertung nicht identifiziert werden konnte, kann vermutet werden, dass es sich um ein Mittel zum Disziplinieren handelt, wie zum Beispiel ein Ruhe- oder Ermahnungszeichen oder etwas, was Nurkan eventuell in die Klasse geworfen hat. Die Nachfrage von Nurkan „*was ist das/*" <20> kann sich sowohl auf die vorangegangene Handlung von Frau Teichmann beziehen und würde die Deutung stützen, dass es sich nicht um einen Gegenstand handelt, den Nurkan in die Klasse geworfen hat. Möglich ist jedoch auch, dass sich die leise Frage von Nurkan auf das kgV bezieht und dieser mitbekommen hat, dass seine Antwort unter den restlichen Schülerinnen und Schülern zu Verwunderung und Unverständnis geführt hat, und sich leise bei einer Mitschülerin oder einem Mitschüler vergewissern will, was das kgV sei. Denkbar ist zudem, dass er dies im Sinne ‚lauten Denkens' zu sich selbst spricht, da sein Lösungsversuch zuvor von vielen Schülerinnen und Schülern als unpassend evaluiert wurde. Dies kann als Distanzierung von seiner eigenen Äußerung dienen oder tatsächliches Unverständnis für die jeweilige Aktion zeigen. Aufgrund der anschließenden Äußerung von Frau Teichmann „*du weißt ganz genau was ist..*" <21> könnte zum einen davon ausgegangen werden, dass zumindest Frau Teichmann die Äußerung von Nurkan auf ihre Handlung des Aufhebens des Gegenstandes bezieht. Frau Teichmann unterstellt Nurkan eventuell mit „*du*" <21>, dass dieser wisse, was sie mit dem Zeigen des Gegenstandes andeuten wolle. Denkbar ist jedoch auch, dass sich die Äußerung von Frau Teichmann darauf bezieht, dass Nurkan oder zuvor Vahit ganz genau wüssten, was die Abkürzung kgV bedeutet. Bei dieser Deutung könnte das „*du*" auch kollektiv verstanden werden in dem Sinne, dass Frau Teichmann der ganzen Klasse unterstellt, sie wisse, was die Abkürzung kgV bedeute.

Der neu entstandene Argumentationsstrang, der gegebenenfalls von einem in die Klasse geworfenen Gegenstand handelt, wird spätestens durch Frau Teichmann in <21> mit „*das kleinste*" beendet und der ursprüngliche Argumentationsstrang, über das kgV, wird so wieder aufgegriffen. Die Tatsache, dass Frau Teichmann vor ihrer Äußerung „*das kleinste*" eine kurze Pause einlegt, könnte ein Indiz dafür sein, dass sich ihre Äußerungen zuvor auf den von ihr aufgehobenen Gegenstand bezogen hatten und sie durch die Pause signalisiert, dass sie nun wieder von dem kgV spreche. Frau Teichmann scheint bei ihrer Äußerung in <14> erneut anzusetzen und verwendet sofort den Superlativ des Adjektivs klein. Sie räumt durch ihre Äußerung in <22>, „*vielleicht hast du das noch nicht gehabt*" ein, dass Nunzio, der sie sich kurz zuwendet, diesen Begriff eventuell noch nicht als Thema im Unterricht hatte. Möglich ist, dass Nunzio im Laufe des letzten Schuljahres neu in die Klasse gekommen ist, so dass Frau Teichmann nicht vollständig über Nunzios Lernstand informiert ist, oder aber, dass das kgV erst kürzlich eingeführt und noch nicht lange im Unterricht behandelt wurde und Nunzio in diesen Stunden eventuell gefehlt haben könnte. Nicht zu rekonstruieren ist, warum sich Frau Teichmann für diesen Moment auf nur eine Schülerin konzentriert. Eventuell hat Nunzio zuvor durch etwas nicht mehr Nachvollziehbares auf sich aufmerksam gemacht. Möglich ist auch, dass sich das „du" <22> von Frau Teichmann erneut auf die gesamte Klasse bezieht. In diesem Falle würde Frau Teichmann jedoch vielen oder allen Schülerinnen und Schülern zugestehen, dass sie die Abkürzung kgV nicht kennen. Dies würde nicht erklären, warum Vahit mit seinem Lösungsversuch in <11> schon so nah an der richtigen Lösung ist und warum Frau Teichmann an dieser Stelle ‚das Rätsel' nicht bereits aufgelöst hat, wenn sie davon ausgehen würde, dass kaum jemand in der Klasse wüsste, wofür die Abkürzung kgV stünde. Außerdem würde es in einem gewissen Widerspruch zur Äußerung von Frau Teichmann in <2> stehen, in der sie in ihrer Frage an die Schülerinnen und Schüler die Abkürzung kgV einbindet, als sei sie bekannt. Es ist folglich zu vermuten, dass sie Nunzio direkt anspricht.

Durch das Anschreiben des ersten ausformulierten Teils des Fachterminus „Kleinste" <23> signalisiert Frau Teichmann, dass jetzt der Fachterminus vollständig benannt und angeschrieben werden wird. Die Äußerung einer Schülerin oder eines Schülers in <24> „Geteilbare/" kann einen Versuch, den bereits entstehenden Tafelanschrieb zu lesen darstellen oder sich auf <21> beziehen und ein weiterer Versuch sein, den Fachterminus der Abkürzung kgV zu ermitteln. Es ist nicht sicher zu rekonstruieren, ob dieser Lösungsversuch vor, nach oder bei dem Anschreiben des Wortes „Gemeinsame" <23> von Frau Teichmann erfolgt. Denkbar ist, dass die Schülerfrage in dem Moment gestellt wird, wo Frau Teichmann das „ge" von gemeinsame angeschrieben hat und es eine Art Rätselraten der Schülerin oder des Schülers darstellt. Frau Teichmann sagt in <25> „kleinste..gemeinsame" und hört dabei auf zu schreiben. Ihr Stocken nach „gemeinsame" <25> kann durch die Äußerung in <24> hervorgerufen worden sein. Das Stocken des Schreibvorgangs gibt Raum für die Schüleräußerung in <26> „ei", die sich nicht nachvollziehbar deuten lässt und sich eventuell auf eine Nebenhandlung im Unterrichtsgeschehen bezieht. Frau Teichmann fühlt sich möglicherweise durch das „ei" <26> und das Gemurmel einiger Schülerinnen und Schüler angesprochen, da sie mit „ja ja.. ich hab was anderes überlegt" <27> eine Erklärung für ihren Abbruch der Handlung angibt.

Anschließend führt sie aus <28.2>: „man müsste hier noch **Das** hinschreiben sonst wird das nichts". Mit „**Das**" ist anscheinend der Artikel vor dem Fachterminus gemeint, den sie sogleich vor kleinste an die Tafel schreibt. Ohne diesen wäre kleinste grammatikalisch nicht korrekt und es müsste kleinstes gemeinsames Vielfaches heißen. Vermuten lässt sich zudem, dass Frau Teichmann hiermit auf die verschiedenen Lösungsversuche reagiert, in denen teilweise falsche Steigerungsformen der Adjektive vorkommen, und dass sie davon ausgeht, dass sie durch die Angabe des richtigen Artikels für mehr Klarheit sorgt, wie die Ausformulierung von kgV lautet. Jedoch grenzt der Artikel nur das folgende Substantiv Vielfache weiter ein, welches bis zum jetzigen Zeitpunkt nicht genannt wurde. In Bezug auf die falschen Steigerungen der Adjektive seitens der Schülerinnen und Schüler stellt der Artikel zumindest keine Hilfestellung dar. Trotzdem kann man Frau Teichmann hierdurch eine gewisse Sensibilität für die Zusammensetzung ihrer Klasse unterstellen. Gerade bei der großen Anzahl von Schülerinnen und Schülern in ihrer Klasse, die in mehreren Sprachen leben und lernen, stellt die Verwendung der richtigen Artikel im Deutschen häufig ein Problem dar. Es ist folglich vorstellbar, dass Frau Teichmann dieser zusätzlichen Problematik bei der Einführung eines neuen Begriffes entgegenwirken will und den richtigen Artikel angibt. Mit „*man*" <28.2> distanziert sie sich von der vorzunehmenden Verbesserung, stellt aber gleichzeitig die Allgemeingültigkeit der Verwendung des Artikels in den Vordergrund. Durch die Äußerung „*sonst wird das nichts*" <28.2>, von Frau Teichmann lässt sich stützen, dass sie von zusätzlich nicht lösbaren Problemen bei den Schülerinnen und Schülern ausgeht, wenn sie den Artikel nicht selber angeben würde. Aus mathematischer Sicht ist jedoch nicht ohne Weiteres zu erkennen, wieso die Nichtbestimmung des Artikels im Weiteren zu so umfangreichen Problemen führen könnte, dass die Schülerinnen und Schüler nicht weiter arbeiten könnten.

In <30> schließt sich der Spannungsbogen mit der betonten Begriffsnennung „*Vielfache*" von Frau Teichmann und dem gleichzeitigen Anschreiben des Fachterminus. In <30–32> nennt Frau Teichmann mit „*ein Vielfaches von zwei ist zum Beispiel sechs\ ein Vielfaches von zwei ist zum Beispiel zwölf. ne/ sechs mal zwei äh äh also ganz viel mal zwei ist zwölf ne/*" Beispiele für Vielfache von Zwei. Durch das Benutzen des unbestimmten Artikels verdeutlicht Frau Teichmann gegenüber den Schülerinnen und Schülern, dass es prinzipiell mehrere Vielfache von Zwei gibt und verstärkt somit die Bedeutung von „*zum Beispiel*" <31>. Mit dem ersten Beispiel wendet sie sich durch ihre Haltung an die Klasse, bei dem zweiten Beispiel jedoch dreht sie sich gezielt zu Nunzio, bei der sie eventuell schon in <22> davon ausgegangen ist, dass ihr das Thema noch unbekannt sein könnte. Frau Teichmann versucht sich anscheinend durch die rhetorische Frage „*ne/*" <32> bei Nunzio abzusichern, ob diese ihr folgen kann. Jedoch ist fraglich, ob Nunzio oder jemand anderes auf diese rhetorische Frage reagieren würde, wenn ihr oder ihm die Zusammenhänge noch nicht klar wären. Durch die Angabe mehrerer Beispiele versucht Frau Teichmann möglicherweise, das allgemeine Prinzip des Vielfachen zu verdeutlichen und darzustellen, dass es nicht nur ein Vielfaches von Zwei gibt. Hierauf ließe sich aufbauen, dass das kgV ein spezielles, nämlich das kleinste gemeinsame Vielfache zweier Zahlen ist. Das *„äh äh also ganz viel ma zwei ist zwölf ne/"* in <33> von Frau Teichmann zeigt jedoch die Schwierigkeit, ein allgemeines Prinzip allein mit Beispielen zu erklären und gleichzeitig die Allgemeingültigkeit zu verdeutlichen. Frau Teichmann scheint hiermit auf die Bedeutung der Silbe „viel" in Vielfachen genauer einzugehen und diese mit *„viel mal zwei"* <33> in Verbindung zu setzen. Hierbei verwendet sie eine eher alltagssprachliche Erklärung. Dies könnte einerseits daherrühren, dass ihr zum Erklären des allgemeinen Prinzips des Vielfachen der Variablenbegriff noch nicht zur Verfügung steht, da ihn die Schülerinnen und Schüler noch nicht kennen. Andererseits verwendet Frau Teichmann eventuell zusätzlich keine Fachtermini aus dem Bereich der Grundrechenart der Multiplikation oder Division, weil sie die Schülerinnen und Schüler nicht mit weiteren Begriffen überlasten will.

Auch in <34> beendet Frau Teichmann ihre Äußerung dadurch, dass sie sich bei den Schülerinnen und Schülern durch *„ne/"* rückversichert, worauf jedoch erneut kein Widerspruch der Schülerinnen und Schüler zu erwarten ist. Larissa nennt ohne Aufforderung mit *„und auch (fünfzig)"* <35> ein weiteres Beispiel für ein Vielfaches von Zwei. Eventuell hat sie sich als Gegenübersitzende von Nunzio mit angesprochen gefühlt und die Gelegenheit genutzt, ihr Verständnis der Zusammenhänge zu demonstrieren. Frau Teichmann nennt in <36–37> durch *„und auch hundertzwanzig ja/ das sind Vielfache\ was ist ein Vielfaches von . ööh pfff fünf/"* ein weiteres Vielfaches und bestätigt durch *„und auch hundertzwanzig ja"* <36> den Lösungsvorschlag *„fünfzig"* <35> von Larissa. Durch *„das sind Vielfache\"* <36> verdeutlicht Frau Teichmann noch einmal die Allgemeingültigkeit der bisherigen Lösungen, dass alle genannten Zahlen Vielfache darstellen und zwar Vielfache von Zwei. Sie scheint damit Larissa den richtigen Lösungsweg zur Bestimmung von fünfzig zu unterstellen, denn *„das sind Vielfache\"* <36> lässt sich in dem Sinne deuten, dass „die Zahlen die so berechnet wurden Vielfache von zwei darstellen". Mit *„was ist ein Vielfaches von.ööh pfff fünf/"* <37> fragt Frau Teichmann nach Entsprechungen für die Zahl Fünf. Ihr stocken lässt sich so deuten, dass sie eine weitere sinnvolle Zahl zur Bestimmung von Vielfachen sucht. Da mit der Zwei schon etliche Vielfache bestimmt wurden, bietet sich die Zahl Fünf an, da die Schülerinnen und Schüler in der Klassestufe 4 mit dieser Zahl leicht Vielfache berechnen können sollten. Sie formuliert diese Frage nicht aus, sondern nennt lediglich die Zahl Fünf und hebt dabei die Stimme sowie den rechten Arm und Zeigefinger. Dies scheint die schon mehrfach rekonstruierte Routine zu sein, mit der die Schülerinnen und Schüler vertraut sind, da einige mit Meldungen auf diese Aktion Frau Teichmanns reagieren <39>.

Frau Teichmann deutet durch ein Kopfnicken und „*ja*" auf Niklas <39>, der mit „*dreißig*" <40> ein richtiges Vielfaches von Fünf nennt. Frau Teichmann bestätigt dies durch ein „*Jo*" und fordert die Schülerinnen und Schüler mit „*was ist noch ein Vielfaches von fünf*" <41> auf, weitere Beispiele zu nennen. Durch ihre Frage erscheint es unstrittig, dass es weitere Vielfache von Fünf gibt. Frau Teichmann spricht Faruk, der sich meldet, in <41.2> mit seinem Namen „*Faruk/*" an. Auch dieser nennt eine korrekte Antwort mit „*fünfundvierzig*" <42>. Hieraufhin sagt Frau Teichmann „*was ist noch ein Vielfaches von fünf/ kannst du noch ein größeres Vielfaches sagen/*" <43–44>. Sie bewertet hierdurch die Antwort von Faruk als richtig und fordert sogleich weitere Beispiele ein. Dabei lässt sich „*du*" <43> sowohl auf Faruk beziehen als auch als kollektives du auf die gesamte Klasse. Frau Teichmann ergänzt die Aufforderung diesmal jedoch durch die als Frage formulierte Anweisung, ein „*größeres Vielfaches*" <44> zu nennen. Größer könnte hier schwieriger bedeuten wie z.B., dass eine Zahl außerhalb des kleinen Einmaleins genannt werden soll. Der Zusammenhang mit dem kgV bezieht sich an dieser Stelle anscheinend hauptsächlich auf den Teilbegriff des Vielfachen, denn auf gemeinsam und kleinste wird bis zum jetzigen Zeitpunkt nicht weiter eingegangen. Es werden hingegen größere Vielfache gesucht, was dem Vorgehen bei der Bestimmung eines kgV zuwider läuft, bei dem man versucht, das kleinste Vielfache zu bestimmen.

Einige Schülerinnen und Schüler zeigen durch Meldungen in <45> an, dass sie bereit sind, ein solches Vielfaches zu benennen. Da Faruk nicht erneut antwortet und sich mehrere Kinder melden, scheint die Klasse das „*du*" aus <43> als ein kollektives du gedeutet zu haben. Frau Teichmann spricht Nesrin mit „*...ähm Nesrin/*" in <45.1> an, die als Vielfaches „*hundertfünfzig*" <46> angibt. Diese Antwort wird von Frau Teichmann mit „*ja\ und hundertfünfundfünfzig auch ne/*" in <47> bestätigt und durch eine weitere Lösung ergänzt, welche als Repräsentantin für ungerade Vielfache gedacht sein könnte. Auch hier holt sich Frau Teichmann durch ein „*ne/*" <47> bei den Schülerinnen und Schülern eine Bestätigung ein. Urim räumt in <48> leise „*hundertfünfundneunzig wollt ich sagen*" ein und zeigt, dass auch er eine Antwort auf die Frage geben kann. Da es sich ebenfalls um eine Zahl handelt, die eine Fünf in der ‚Einerstelle' beinhaltet, liegt die Vermutung nahe, dass er seine Lösung in Beziehung zu der Zahl „*hundertfünfundfünfzig*" in <47> von Frau Teichmann setzt. Vielleicht erkennt Urim die Besonderheit der von Frau Teichmann genannten ungeraden Zahl und will damit zeigen, dass auch seine Zahl das Kriterium, ein großes ungerades Vielfaches von fünf zu sein, erfüllt. Sein leises Sprechen im Imperfekt kann darauf hindeuten, dass er sich nicht ganz sicher ist, ob seine Zahl die gesuchten Bedingungen erfüllt. Möglich ist auch, dass er sich nicht sicher ist, ob es jetzt noch sinnvoll ist, diese Zahl einzubringen, da Frau Teichmann bereits eine Zahl mit ähnlichen Eigenschaften genannt hat. Trotzdem stellt er vorsichtig klar, dass auch er die Fertigkeit besitzt, eine solche Zahl zu bestimmen, und fordert hierdurch eine Reaktion von Frau Teichmann ein. Dies gelingt ihm auch, da Frau Teichmann der Klasse mit „*(Urim) will noch eins sagen*" in <49> mitteilt, dass auch er eine Zahl nennen will, was dieser mit „*hundertfünfundneunzig*" <50> tut. Anscheinend hat Frau Teichmann den leisen Lösungsversuch von Urim wahrgenommen, denn durch „*noch eines*" <49> scheint sie vorwegzunehmen, dass es sich um eine neue richtige Lösung von Urim handelt. Mit „*Jawohl*" in <51> erhält diese Lösung von Urim auch noch nachträglich eine sehr eindeutige positive Bewertung von Frau Teichmann. Gleichzeitig drückt die deutliche Bestätigung zusammen mit dem Senken der Stimme eventuell aus, dass Frau Teichmann zu einer neuen Aufgabe übergehen wird.

In <51> eröffnet Frau Teichmann mit den Worten „*was ist ein Vielfaches von . elf*" eine neue Sequenz und fordert Beispiele für Vielfache von Elf ein. Die Auswahl der Zahl Elf lässt sich als weitere Steigerung des Schwierigkeitsgrades auffassen, wobei diese sich vorwiegend auf die Fähigkeit zur Multiplikation der Schülerinnen und Schüler begrenzt. Es ist jedoch eigentlich davon auszugehen, dass die Klasse in der vierten Jahrgangsstufe von Zwei, Fünf und auch der Elf relativ problemlos Vielfache berechnen können müsste. Das kurze Zögern von Frau Teichmann stützt die Vermutung, dass die Zahl Elf bewusst gewählt wurde, da sie außerhalb des kleinen Einmaleins liegt und als Primzahl selbst keine Teiler hat. Larissa scheint durch ihr Melden in <52> anzudeuten, ein Vielfaches von Elf nennen zu können, woraufhin ihr Frau Teichmann durch „*ja*" die Möglichkeit dazu gibt <53>. Larissa nennt mit „*dreiunddreißig*" in <54> ein richtiges Vielfaches von Elf. Diese Antwort bewertet Frau Teichmann durch „*jo noch eins/*" <55> positiv und fordert sogleich mit „*noch eins/*" <55> eine weitere Lösung ein. Es melden sich einige Schülerinnen und Schüler in <55.1>. Frau Teichmann zeigt auf Nunzio, die sich anscheinend angesprochen fühlt und „*neunundneunzig*" als richtiges Vielfaches in <56> angibt. Dieses wird durch „*ja*" von Frau Teichmann als richtig bewertet <57>, worauf sie mit „*ist hundertzehn auch ein Vielfaches von elf*" <57> anschließt und selbst ein Beispiel für ein Vielfaches von Elf angibt. Die Aufgabe für die Schülerinnen und Schüler scheint an dieser Stelle zu wechseln. Sollten sie zuvor selbst Vielfache bestimmen, besteht ihre Aufgabe jetzt im Bewerten einer möglichen Lösung von Frau Teichmann. Dies erfordert eine Transferleistung der Schülerinnen und Schüler.

Mehrere von ihnen erkennen „*hundertzehn*" <57> durch „*ja*" <58> als Vielfaches von Elf an. Dennoch fragt Frau Teichmann in <59> mit „*wer schüttelt hier mit dem Kopf/*" nach Schülerinnen und Schülern, die anderer Meinung sein könnten. Vermutlich hat sie einige Schülerinnen und Schüler wahrgenommen, die ihre Köpfe geschüttelt haben und deutet deren Kopfschütteln so, als wenn diese 110 nicht als ein Vielfaches von Elf einordnen würden. Ist dies der Fall, ließe sich das so erklären, dass die Schülerinnen und Schüler entweder Rechenfehler beim Teilen von 110 durch Elf begangen oder aber das Prinzip des Vielfachen noch nicht verstanden haben. Nunzio wirft den Namen „*Larissa*" in <60> ein. Bezieht man die Reaktion von Nunzio auf die Frage von Frau Teichmann, so könnte dies ein Verpflichtungsgefühl von Nunzio gegenüber Frau Teichmann ausdrücken, eine Schülerin oder einen Schüler zu nennen, die oder der mit dem Kopf geschüttelt hat. Denkbar ist auch, dass Nunzio sich von Larissa distanziert, um zu verdeutlichen, dass sie die Zusammenhänge verstanden hat, da sie zuvor eine richtige Lösung angegeben hat. Vielleicht hat aber sogar Nunzio selbst sich gemeldet und versucht so, von sich abzulenken. Die Aussage von Larissa „*ich eben*" <61> kann so gedeutet werden, dass sie selbst bestätigt, dass sie mit dem Kopf geschüttelt hat und so entweder zu ihrem Unverständnis der Aufgabe steht oder aber nicht der Meinung ist, dass 110 ein Vielfaches von Elf ist. Frau Teichmann fordert Vahit mit den Worten „*zehn mal elf sind nicht hundertelf sondern Vahit/*" auf das richtige Ergebnis der Multiplikation, die den notwendigen Rechenweg darstellt, anzugeben. Hierbei dreht sie sich zu dem Tisch, an dem Niklas (s. <39–40>) und mehrere andere Schülerinnen und Schüler sitzen, da an diesem eventuell mehrere der kopfschüttelnden Kinder sitzen. Es scheint, als ginge sie davon aus, dass Larissa und die anderen Kopf schüttelnden Schülerinnen und Schüler einen Rechenfehler begangen haben und das falsche Produkt, nämlich z.B. 111, bestimmt haben. Sie vergewissert sich dessen bei den Schülerinnen und Schülern aber nicht, wodurch unklar bleibt, worauf sich das Kopfschütteln der Schülerinnen und Schüler bezog. Frau Teichmann fokussiert damit weiter auf Rechenroutinen, wie die der Multiplikation, und nicht auf das Konzept des kgV oder den Zusammenhang zwischen Vielfachen und dem kgV. Vahit nennt in <64> das richtige Ergebnis der Rechnung mit „*das sind hundertzehn*", das durch Frau Teichmann in <65> abschließend mit „*jo\ also*" bestätigt wird. Das „*also*" lässt sich in folgendem Sinne deuten: „also ist 110 ein Vielfaches von elf, da zehn mal elf hundertzehn ergeben". Eine Erklärung, wie das Ergebnis zustande kommt, gibt Frau Teichmann ungeachtet der Tatsache, dass sie davon auszugehen scheint, dass einige Schülerinnen und Schüler eine andere Lösung hatten, nicht an. Frau Teichmann wendet sich nun an einen Jungen an einem Einzeltisch und sagt zu diesem „*was ist/ noch eins/*" <66–67>. Sie scheint somit noch ein weiteres Vielfaches von Elf einzufordern. Der Schüler antwortet mit „*zweiundzwanzig*" <68>, was Frau Teichmann mit „*ja*" positiv bewertet <69>.

3.2.3.2.7 Zusammenfassung der Interpretation

Im letzten Analyseschritt der Interaktionsanalyse wird die Deutungsvielfalt der sequentiellen Analyse reduziert. Es werden die am besten zu begründenden Interpretationen der Sequenzen zusammengefasst. Diese Zusammenfassung dient als Grundlage für die Theoriegenese. Sie stellt den Übergang zwischen den ausführlichen Interpretationen der Interaktionsanalyse und den ersten Theoretisierungen anhand dieser Interpretationen dar. In Publikationen werden häufig nur die Zusammenfassungen der Interpretationen angegeben, da die ausführlichen Interpretationen sehr umfangreich und durch die Deutungsvielfalt teilweise schwer lesbar sind. In der vorliegenden Arbeit wird nur für die erste Sequenz der Szene kgV die in Kapitel 3.2.3.2.5 dargestellte ausführliche Interpretation der Interaktionsanalyse exemplarisch dargestellt. Im Weiteren werden die Zusammenfassungen der Interpretationen als Grundlage zur weiteren Theoriegenese hinzugezogen.

Zusammenfassung der Interpretation der Sequenzen <1–30> und <30–69>

Die Schülerinnen und Schüler haben anscheinend bereits in einer Stunde zuvor Rechnungen, die das kgV oder Vielfache betreffen, ausgeführt. Dies lässt sich durch Frau Teichmanns Äußerung *„hab nur gesagt wie das geht"* in <4–5> stützen. Außerdem scheint der Begriff kleinstes gemeinsames Vielfaches bereits im Unterricht genannt worden und so zumindest einigen Kindern bekannt zu sein, da der Versuch von Vahit, die Abkürzung kgV auszuformulieren, in <11> dem korrekten Fachterminus des mathematischen Begriffs mit *„kleiner gemeinsamer ver"* sehr nahe kommt. Mit der Bedeutung des kgV scheinen die Schülerinnen und Schüler jedoch noch nicht vertraut, denn Frau Teichmann sagt zu Beginn in <2–4> *„warum machen wir das mit diesem..kgV\ hab ich so genau noch gar nicht erklärt was das ist"*. Diese Deutung lässt sich zudem dadurch stützen, dass der Lösungsversuch von Vahit, den Fachterminus zu bilden, falsche Steigerungen der Adjektive klein und gemeinsam beinhaltet und ihm demnach möglicherweise nur eine Vokabel in Erinnerung geblieben ist, zu der er keinen inhaltlichen Bezug herstellen kann. Das ließe auch die Aussage *„Alphabet"* <15> von Nurkan erklären, der, wie es scheint, keinerlei mathematische Bezüge zu der Abkürzung kgV entdecken kann und so nur auf eine Teildarstellung des Alphabets durch drei Buchstaben verweist. Es wäre somit zu erwarten, dass im Folgenden inhaltliche Konzepte des Begriffs und seiner Bedeutung im Unterricht thematisiert werden.

Nurkan fragt in <20> mit *„was ist das/"* leise, aber explizit nach der Bedeutung des kgV. Hierauf geht Frau Teichmann jedoch nicht ein, sondern scheint kurz darauf ihre ursprünglich geplante Vorgehensweise zu verändern, was sich in <28> *„jaja.. ich hab was anderes überlegt"* zeigt. Eventuell möchte sie die Rateversuche der Schülerinnen und Schüler unterbinden, schreibt deswegen „Das kleinste gemeinsame Vielfache" als eine Art Überschrift bzw. Lösung an die Tafel und geht somit auf die Ebene der Benennung des Fachterminus (s. <11> Vahit) ein. Sie betont das Wort *„Vielfache"* <30> und gibt hierfür sogleich ein Beispiel an. Frau Teichmann unternimmt somit einen inhaltlichen Wechsel und scheint jetzt nicht mehr das kgV, sondern erst einmal nur Vielfache an sich thematisieren zu wollen. Der Bezug zum kleinsten gemeinsamen Vielfachen könnte an dieser Stelle für viele Schülerinnen und Schüler verloren gehen, sofern er zuvor überhaupt aufgebaut worden war, denn wenn auf der inhaltlichen Ebene nicht geklärt wurde, welche Funktion kleinste und gemeinsame haben, so wird das Weglassen dieser Teile des Begriffs eher nicht dazu führen, dass ersichtlich wird, dass das kleinste gemeinsame Vielfache eine Teilmenge aller gemeinsamen Vielfachen von zwei Zahlen darstellt. Insbesondere dürfte das Weglassen dieser Teile des Begriffs nicht zu einer Vereinfachung des Verständnisses für die Schülerinnen und Schüler führen. Bei dieser Entwicklung kommt es dazu, dass Frau Teichmann die Schülerinnen und Schüler auffordert, größere Vielfache zu nennen. Der Anspruch der Unterrichtssituation verschiebt sich demnach weiter hin zu der Anwendung einfacher Rechenroutinen – der Multiplikation im großen Einmaleins – und der Anspruch von Frau Teichmann, nicht nur mit dem kgV zu rechnen, sondern auch aufzuzeigen, warum man mit dem kgV rechnet, scheint verloren zu gehen.

In einigen Situationen lässt sich nicht abschließend klären, woher ‚fehlerhafte' Äußerungen der Schülerinnen und Schüler, wie z.B. die von Vahit in <11>, Nurkan in <15>, einem anderen Kind in <24>, oder Gesten von Unverständnis, wie das Kopfschütteln in <58–59>, herrühren. Frau Teichmann vergewissert sich in diesen Situationen nicht bei den Schülerinnen und Schülern, sondern scheint diese Äußerungen zu ignorieren. Auch die Geste des Kopfschüttelns deutet sie anscheinend auf der Grundlage fehlerhaft ausgeführter Rechenoperationen der Schülerinnen und Schüler und thematisiert diese Geste nicht weiter. Hierdurch gelangt, entgegen ihrem ursprünglichen Einstieg in das Thema, das Rechnen mit Vielfachen ebenfalls verstärkt in den Fokus des Unterrichts.

Innerhalb der gesamten Sequenz geht Frau Teichmann fragend-entwickelnd vor. Dies scheint zunehmend zu funktionieren, da Frau Teichmann den inhaltlichen Anspruch während der Sequenz deutlich reduziert. Der fragend-entwickelnde Unterrichtsstil lässt sich so als äußerst effizient betrachten, da die Schülerinnen und Schüler nur noch die Regeln der Multiplikation beherrschen müssen und diese Fertigkeiten jetzt kleinschrittig im Unterricht durch Frau Teichmann abgeprüft werden.

Allgemeine Beschreibung der Sequenzen <108–156> und <157–172>

Frau Teichmann hat zwei gleich große Kreise an die Tafel gezeichnet, zwischen die sie ein Additionszeichen schreibt. Sie unterteilt den einen Kreis in drei, den anderen in vier Abschnitte und schraffiert jeweils einen Abschnitt der Kreise rosa. Währenddessen werfen einige Schülerinnen und Schüler unaufgefordert ihre Assoziationen zu der Zeichnung, wie z.B. ein leises „*ein Drittel plus ein Viertel*" <123> ein. Frau

Teichmann – davon anscheinend unbeeindruckt – schreibt ein Gleichheitszeichen neben den rechten Kreis und fordert die Schülerinnen und Schüler auf, die dazugehörige Aufgabe zu nennen. Den Schülerinnen und Schülern gelingt es nicht auf Anhieb, die von Frau Teichmann gewünschte Antwort zu geben. Nach einigen ‚Fehlversuchen', wie z.B. „*eins plus eins*" in <129> gibt Otto mit „*ein Drittel*" <143> jedoch eine Teillösung als Antwort an, die Frau Teichmann als gültige Antwort bewertet und sodann „⅓" in das schraffierte Segment des linken Kreises schreibt. Daraufhin geben mehrere Schülerinnen und Schüler „*ein Viertel*" <151> als weitere Teillösung an. Frau Teichmann schreibt nun auch „¼" in das schraffierte Segment des rechten Kreises. Sie fragt erneut nach dem Ergebnis der an der Tafel stehenden Aufgabe und erhält „*zwei Siebtel*" <157> als Antwort. Hierauf teilt sie den Schülerinnen und Schülern mit, dass man so Brüche nicht addieren dürfe und fordert weitere Lösungen ein.[76] Eine Schülerin oder ein Schüler gibt leise „*ein Achtel*" <165> als Antwort, worauf Frau Teichmann jedoch nicht weiter eingeht. Sie fragt die Schülerinnen und Schüler, was das kleinste gemeinsame Vielfache von drei und vier sei, was mehrere Schüler mit zwölf beantworten und Frau Teichmann als richtige Antwort bejaht.

Zusammenfassung der Sequenzen <108–156> und <156–172>

Frau Teichmann vollzieht während der gesamten Sequenz mehrere Wechsel der Betrachtungsebene der Aufgabe. Sie wechselt zwischen der Betrachtung der Verbalisierung der Aufgabe und dem Lösen der Aufgabe. Hierbei erklärt sie nicht, auf welcher Ebene sie aktuell argumentiert und deutet aus ihrer Sicht fehlerhafte Antworten der Schülerinnen und Schüler anscheinend meist vor dem Hintergrund von Rechenfehlern, ohne sich dessen zu vergewissern. So lassen sich eine Vielzahl der Antworten der Schülerinnen und Schüler als aus deren Sicht sinnvoll und demnach nicht als fehlerhafte Anwendung von bereits bekannten Rechenroutinen deuten. Dass die Schülerinnen und Schüler lediglich Rechenfehler begangen haben, erscheint zudem fragwürdig, da ihnen kaum bekannt sein wird, welche Zusammenhänge zwischen Brüchen und den Berechnungen von Vielfachen liegen. Sie kennen bzw. beherrschen die Regeln zur Berechnung von Brüchen noch nicht, da diese nicht zum Inhalt des Schulstoffs der Jahrgangstufe 4 gehören. Insofern scheinen ihre fehlerhaften Antworten eher in weitergehenden Missverständnissen begründet als in einfachen Fehlern bei der Anwendung bekannter Rechenroutinen. Zum Wechsel der Betrachtungsebenen:

---

76 Anzumerken ist, dass die Bruchrechnung sowie der Begriff des kgV nicht Unterrichtsstoff der vierten Jahrgangsstufe in Hamburger Grundschulen ist und die Schülerinnen und Schüler zumindest mit der Berechnung von Brüchen überfordert sein dürften (vgl. Hamburger Rahmenplan Mathematik für die Grundschule 2004).

In der Sequenz <108–172> fragt die Lehrperson zu Beginn ihre Schülerinnen und Schüler nach der Aufgabe, die sich aus der Zeichnung entnehmen lässt. Sie fordert folglich das Verbalisieren der Aufgabe ein. Nach einigen Antwortversuchen, mit denen sie anscheinend nicht zufrieden ist, stellt die Lehrperson eine vermeintlich präzisere Frage mit „*was ist das hier was ich angemalt habe/*" <131>. Hierbei vollzieht sich ein impliziter Wechsel der Betrachtungsebene der Aufgabe, denn ab diesem Moment diskutieren Schülerinnen und Schüler mit der Lehrerin nicht mehr über die Verbalisierung der Aufgabenstellung, sondern über die Lösung der Aufgabe, ohne dass zuvor jedoch die Aufgabe verbalisiert oder klar festgehalten worden ist.

Weiter lässt sich in dieser Sequenz ein Wechsel der Betrachtungsebenen zwischen der Zeichnung – d.h. der Betrachtung von Kreisen – und der aus dieser zu entnehmenden Arithmetikaufgabe der Addition rekonstruieren. Schien der Einwurf einer Schülerin oder eines Schüler „*hä/ ein Kreis plus ein Kreis*" <111> die Zeichnung zu paraphrasieren, so stellt die kurz darauf folgende Aussage einer Schülerin oder eines Schüler „*vier plus drei sieben*" <115> einen Versuch dar, die Additionsaufgabe arithmetisch zu bestimmen. Diese Betrachtungen auf unterschiedlichen Ebenen werden von der Lehrperson jedoch nie in der Form explizit aufgegriffen, dass diese den Übergang zwischen beiden Betrachtungsebenen deutlich im Interaktionsgeschehen markieren oder thematisieren würde.

In der Sequenz <108–172> lässt sich zudem ein Wechsel der Betrachtungsebene von Kreisen als Ganzes sowie der Betrachtung der schraffierten Kreissegmente erkennen. Die Lehrperson zeichnet zuerst zwei Kreise verbunden durch ein Additionszeichen an, woraufhin eine Schülerin oder ein Schüler mit „*hä/ ein Kreis plus ein Kreis*" <111> reagiert. Die Schülerin oder der Schüler betrachtet die Zeichnung auf der Ebene von zwei ganzen Kreisen. Die Lehrperson zeichnet dann in den linken Kreis drei gleich große und in den rechten Kreis vier gleich große Segmente und markiert jeweils ein Segment in jedem Kreis rosa <112–118>. Danach fordert sie die Schülerinnen und Schüler auf, die Aufgabe zu lesen bzw. zu verbalisieren. An dieser Stelle scheint Pelin mit der Aussage „*eins plus eins* *" <129> auf der Ebene der Betrachtung der Zeichnung der ganzen Kreise zu antworten und auf dieser Betrachtungsebene der Aufgabe eine sinnvolle Antwort zu geben. Die Lehrperson wirkt unzufrieden, fragt weiter und erwartet anscheinend als Aufgabenformulierung „⅓ + ¼ =" Die Schülerinnen und Schüler antworten jedoch weiter auf der Ebene der gesamten Kreise, was die Lehrperson weiter als fehlerhaft darstellt, dann jedoch selbst auf diese Ebene wechselt, indem sie mit „*das sind zwei*" <138.1> die Anzahl der beiden Kreise bestimmt. Es lässt sich hier ebenfalls an vielen Stellen ein Wechsel dieser beiden Betrachtungsebenen rekonstruieren, der dazu führt, dass viele Aussagen der Schülerinnen und Schüler wegen ihrer Betrachtung der Aufgabe als sinnvoll einzuschätzen sind, aufgrund der Betrachtung der Aufgabe durch die

Lehrperson von dieser hingegen als fehlerhaft gewertet werden. Die Lehrperson vergewissert sich nicht, worin das Problem der Schülerinnen und Schüler bestehen könnte, die Aufgabe richtig zu verbalisieren, sondern geht anscheinend stillschweigend von Rechenfehlern seitens der Schülerinnen und Schüler aus.

Das implizite Wechseln der Betrachtungsebenen wird teilweise dadurch verstärkt, dass Frau Teichmann in den Zeilen <146> und <149> von *„ein Kreis ne/*" und *„ein Drittel*" spricht und so die Antwort von Otto *„ein Drittel*" in <143> aufgreift. Da sie in der Sequenz zuvor auf den bestimmten Artikel das des kgV eingegangen ist, bleibt hier jedoch fraglich, ob sie mit *„ein*" <149> auf das Zahlwort oder den unbestimmten Artikel verweist. An dieser Stelle lässt sich zudem anmerken, dass Frau Teichmann davon auszugehen scheint, dass der Ausdruck *„ein Drittel*" <145> nicht allen Schülerinnen und Schülern der Klasse geläufig ist, und sie versucht, ihn durch das Synonym *„der dritte Teil*" <145> genauer zu erklären. Aber auch der Ausdruck *„der dritte Teil*" <145> ist keineswegs selbsterklärend. Er beinhaltet die Differenzierung zwischen einem Ganzen und Teilen dieses Ganzen. Diese Differenzierung wird von der Lehrperson jedoch ebenfalls nicht explizit vollzogen und weiter vertieft, was dazu führen könnte, dass für viele Schülerinnen und Schüler ein vielleicht bis jetzt unbekannter Ausdruck mittels eines weiteren unbekannten synonymen Ausdrucks erklärt wird.

Außerdem wird das implizite Wechseln der Betrachtungsebenen noch dadurch verstärkt, dass Frau Teichmann in <160–161> bei ihrer Darstellung der allgemeinen Regel zur Addition von Brüchen vermehrt mit ‚Platzhaltern' arbeitet. Sie sagt *„das äh darfst du nicht\ das wäre schön wenn man das dürfte dann hätte man das Problem nich\..*". Dieses Vorgehen könnte das Verständnis bei den Schülerinnen und Schülern mangels der Möglichkeit, Bezüge zu erkennen und herzustellen, erschweren.

Was das kgV ist (vgl. <4>) und wie man Brüche addiert, bleibt, wie es scheint, durch dieses Vorgehen den Schülerinnen und Schülern weiterhin verborgen. Nur an einer Stelle, in <168–169>, lässt sich ein versteckter Hinweis auf die Bedeutung des Begriffs kgV finden. Frau Teichmann sagt:*„ich muss eine Zahl suchen wo die Drei reinpasst und die Vier auch*" und erklärt so den Teil gemeinsames des Begriffes kgV etwas genauer. Dass diese Aussage den Teil gemeinsam des kgV erklären soll, wird jedoch ebenfalls nicht thematisiert.

Der Unterricht läuft in dieser Sequenz anscheinend nur deshalb so reibungslos ab, weil Frau Teichmann sehr stark handlungsverengend fragt und die Schülerinnen und Schüler so in der Lage sind, korrekte Antworten auf Fragen zu geben, von denen sie wohl kaum erklären könnten, in welchem Zusammenhang diese miteinander stehen.

Allgemeine Beschreibung der Sequenzen <187–240.1> und <241–258>

Frau Teichmann hat zuvor beide Kreise in zwölf gleich große Segmente unterteilt, was zu folgendem Tafelbild geführt hat.

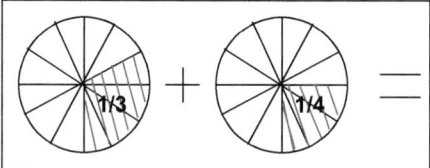

Die Bruchstrichschreibweise stimmt nicht mit dem Tafelbild überein.

Sie fragt die Schülerinnen und Schüler nach der Anzahl der rosa Tortenscheiben in beiden Kreisen. Die Schülerinnen und Schüler geben eine Vielzahl von Antworten, wie z.b. beide seien doch gleich oder zwölf <190–191>. Frau Teichmann bricht die Rateversuche der Schülerinnen und Schüler jedoch ab und sagt, dass sie die Torte in zwölf Stücke unterteilt habe. Währenddessen schreibt sie einen Bruchstrich mit einer zwölf im Nenner neben den linken Kreis. Hiernach benennt sie kurz „Zähler" <205.1> und „Nenner" <206> und zeigt dabei auf Stellen ober- bzw. unterhalb des Bruchstrichs. Frau Teichmann erklärt, dass der Nenner sagt, wie viele Stücke die Torte hat, und schreibt auch neben den rechten Kreis einen Bruchstrich mit einer Zwölf im Nenner. Weiter fragt sie nach der Anzahl der Stücke im schraffierten Kreissegment. Die meisten Schülerinnen und Schüler antworten mit „vier" <214, 216>, was Frau Teichmann bestätigend wiederholt und „vier" <217> neben den linken Kreis in den Zähler des Bruches schreibt. Diese Prozedur läuft hiernach nahezu identisch für den rechten Kreis ab. Anschließend fragt Frau Teichmann „wie viel" <225> sie hier „reintun" muss, wenn sie die vier in einer anderen Farbe hier rüber tue. Frau Teichmann antwortet selbst mit „drei nich/ nee\" <225>, woraufhin ihr ein Kind mit „nee vier" <226> widerspricht. Nun schraffiert Frau Teichmann im rechten Kreis vier Tortenstücke, was mehrere Schülerinnen und Schüler dazu anzuregen scheint, „sieben\" <233> als Lösung einzuwerfen. Frau Teichmann schreibt schließlich einen Bruchstrich mit einer Zwölf im Nenner und einer Sieben im Zähler neben das Gleichheitszeichen und ergänzt, dass man nicht ein kleines und ein großes Pizzastück zusammenrechnen dürfe, da die ja ungleich seien. Man müsse sie in solche Stücke hacken, dass sie alle gleich seien. Zum Abschluss sagt Frau Teichmann, dass man das bräuchte, um Torten- oder Pizzastücke zusammenrechnen zu können, und sie endet mit „man darf nicht einfach sagen drei und vier ist sieben und oben nehmen wir zwei dann hab ich zwei Siebtel\ zwei Siebtel ist was ganz anderes\ ne/ das geht nicht\" <254–258>.

Zusammenfassung der Sequenzen <187–240.1> und <241–258>

In der Sequenz <188–258> ist die Aufgabe bereits bestimmt worden und es steht die Bearbeitung der Aufgabe an. Frau Teichmann fragt zu Beginn der Sequenz nach der Anzahl der rosa schraffierten Segmente in den beiden Kreisen. Zwei Kinder antworten zeitlich leicht versetzt „*beide sind gleich*" <194–195>. Frau Teichmann bestätigt dies beiläufig und fragt weiter „*wie viele/*" <196>. Die Schülerinnen und Schüler scheinen unterschiedlicher Meinung zu sein und geben Antworten wie „*zwölf*", „*vierundzwanzig*" und „*zwei Viertel/*" <197–201>. Die von Frau Teichmann gesuchte Antwort ist anscheinend bei diesen Lösungsvorschlägen nicht dabei. Sie geht jedoch nicht weiter auf die Antworten der Schülerinnen und Schüler ein und vergewissert sich auch nicht, wie diese zustande gekommen sein könnten. Es lässt sich jedoch rekonstruieren, dass die unterschiedlichen Lösungsvorschläge allesamt auf unterschiedliche Betrachtungsebenen der Aufgabe zurückzuführen sind und demnach die ‚fehlerhaften' Lösungen keine einfachen Rechenfehler der Schülerinnen und Schüler darstellen. Frau Teichmann rekurriert erneut auf das Alltagsbeispiel der Torten- bzw. Pizzateilung, um vermutlich einen Alltagsbezug für die Schülerinnen und Schüler zum besseren Verständnis der Aufgabe herzustellen. Mithilfe dieses Alltagsbezugs paraphrasiert sie den Vorgang der Teilung der Kreise in jeweils 12 Segmente. Hierdurch wechselt sie von der visuellen Anschauung an der Tafel zur Verbalisierung der Anschauung. Anschließend schreibt sie neben beide Kreise einen Bruchstrich mit einer Zwölf im Nenner und benennt kurz Nenner und Zähler <203–209.1>.

Die mathematischen Begriffe Nenner und Zähler werden bei dieser Vorgehensweise von ihr nicht verbal inhaltlich geklärt, sondern müssen von den Schülerinnen und Schüler der Veranschaulichung an der Tafel entnommen werden. Dass die Schülerinnen und Schüler hierzu in der Lage sind, ohne dass sie zuvor mit Brüchen gearbeitet haben, erscheint fragwürdig. Andere Fachtermini, wie z.B. der Bruchstrich werden ebenfalls nicht weiter von Frau Teichmann erklärt, obwohl es am Anfang der Szene Deutungsalternativen gab, in denen die Schülerinnen und Schüler den Bruchstrich eventuell als Subtraktionszeichen gedeutet haben könnten. Dieser kann somit nicht als bekannt vorausgesetzt werden.

Am Ende der Sequenz versucht Frau Teichmann, von der Veranschaulichung anhand des Alltagsbezugs ausgehend, Verallgemeinerungen bei der Addition von Brüchen zu verdeutlichen. Diesen impliziten Wechsel der Betrachtungsebenen von einem Alltagsbezug zur Veranschaulichung zur Verallgemeinerung von Regeln bei der Bruchrechnung thematisiert Frau Teichmann ebenfalls nicht. Die beiden Ebenen verschwimmen zu einer Ebene, was sich in der Aussage von Frau Teichmann „*und dazu braucht man das\ wenn du überhaupt Brüche- damit du solche Tortenstücke zusammenrechnen kannst\ ne/ man darf nicht einfach sagen drei und vier ist* *sieben und oben nehmen wir zwei dann hab ich zwei Siebtel\ zwei Siebtel ist was ganz anderes\ ne/ das geht nicht\"* <252–258> zeigt. Der Bezug zum kgV scheint vollends verloren gegangen zu sein bzw. implizit zu bleiben. Allein das *„und dazu braucht man das\"* in <252> von Frau Teichmann lässt noch einen Bezug zum kgV erahnen, denn man benötigt das kgV, um den kleinsten gemeinsamen Nenner für die Addition zweier Brüche zu finden. Durch die erneute Verwendung von Platzhaltern für die Fachtermini, wie *„dazu"* und *„das"* <252>, ist dieser Bezug nur zu erkennen, wenn man bereits weiß, welcher Zusammenhang zwischen dem kgV und Brüchen besteht. So wird dieser Zusammenhang nicht weiter von Frau Teichmann erklärt. Die Lehrperson verwendet also selbst bei der abschließenden Verallgemeinerung des mathematischen Konzeptes vielfach indexikalische Ausdrücke, die auf die personellen, temporalen oder lokalen Charakteristika der aktuellen Sprechsituation verweisen, wie z.B. ich – du, jetzt – dann, hier – da. So wird der der Anspruch der Verallgemeinerung, dass ihre Erklärungen über die aktuelle Sprechsituation hinaus gelten sollen, nicht deutlich. Auch die abschließende Verallgemeinerung anhand des Tortenbeispiels kann kaum zu einer weiteren Klärung des Vorgehens beitragen, denn Frau Teichmann sagt, dass man nicht einfach drei und vier addieren dürfe und bezieht sich damit anscheinend auf die Nenner von ein Drittel und ein Viertel. Durch das gewählte Beispiel haben die Schülerinnen und Schüler aber sehr wohl drei und vier zur Lösung der Aufgabe addieren müssen – jedoch auf der Ebene der Zähler. Zudem stellt die Addition der Zahlen Drei und Vier in der Grundrechenart der Addition eine alltägliche Aufgabe für Grundschülerinnen und Grundschüler dar. Warum man diese Rechnung nicht mehr ausführen darf, bleibt unerklärt. Da nicht davon auszugehen ist, dass die Schülerinnen und Schüler bereits in der Lage sind, Zähler und Nenner richtig zu unterscheiden, kann die Aussage der Lehrperson als widersprüchlich eingestuft werden. Somit haben die Schülerinnen und Schüler am Ende dieser Sequenz lediglich eine Additionsaufgabe gelöst, die zu lösen sie zuvor auch in der Lage gewesen wären und deren Richtigkeit abschließend in Frage gestellt wird.

Dadurch, dass der Handlungsspielraum für die Schülerinnen und Schüler von Anfang an so gering war und Frau Teichmann sehr schnell mit dem Thema voranschritt, ohne sich zu vergewissern, ob die Schülerinnen und Schüler ihr inhaltlich folgen konnten, scheint der eigentliche, wenn auch nicht vordergründige Schwierigkeitsgrad der Fragen immens gestiegen zu sein. Der Unterricht scheint an den Schülerinnen und Schüler ‚vollends vorbeizulaufen'. Er kann anscheinend nur deshalb nahezu störungsfrei ablaufen, weil Frau Teichmann ihre Fragen weiterhin handlungsverengend stellt, dass selbst Antworten, die unter Umständen andere Sachverhalte beschreiben, von Frau Teichmann in richtige Antworten ‚transferiert' werden können, wie z.B. bei der Bestimmung der Zähler *„drei"* <219> und *„vier"* <217>.

Zum Ende der Sequenz versucht die Lehrperson eine Verallgemeinerung für die Addition von Brüchen anzugeben. Sie sagt „*ne/ du darfst nicht- ein großes Stück Pizza und ein kleines ein kleineres- zusammenrechnen*" <241–242>. Hierbei benutzt sie eine Steigerungsform des Adjektivs „klein", geht auf die Bezüge zum kleinsten gemeinsamen Vielfachen jedoch nicht weiter explizit ein. Es ist jedoch nicht ohne Weiteres davon auszugehen, dass allen Schülerinnen und Schülern – und gerade denen, die mehrsprachig aufwachsen – die Steigerungsformen von Adjektiven im Deutschen geläufig sind und sie so eine Differenzierung zwischen kleines gemeinsames Vielfaches und kleinstes gemeinsames Vielfaches ohne Weiteres nachvollziehen könnten. Durch <11> lässt sich diese Aussage stützen. Vahit unternimmt einen ersten Versuch, das kgV auszuformulieren, und scheitert mit „*kleiner gemeinsamer ver#*" <11> anscheinend gerade an der richtigen Bildung der Adjektive.

3.2.3.2.8 Theoriereflexion zu den Deutungen einer Szene und Komparation

Durch die Interaktionsanalyse sind in den Interaktionseinheiten Disfunktionalitäten bei der thematischen Entwicklung des Unterrichtsstoffs rekonstruiert worden, die dem Lernen neuer mathematischer Begriffe im Wege stehen könnten. Diese Disfunktionalitäten werden in einem weiteren Theoretisierungsschritt auf Regelhaftigkeiten in den Handlungen der Lehrperson zurückgeführt. An die Interaktionsanalysen der einzelnen Szenen schließt sich somit jeweils ein kurzer Abschnitt mit Theoretisierungen der Deutungen der Szene an. Diese werden ab der zweiten Szene durch Komparationen mit den Theoretisierungen der bereits analysierten Szenen verglichen. Die Theoretisierungen münden jeweils in die Darstellung von Charakteristika von Handlungsroutinen der Lehrpersonen im Grundschulmathematikunterricht.

Theoriereflexion zu den Deutungen der Szene kgV

Im Folgenden werden drei Aspekte aufgegriffen, um erste theoretische Überlegungen mit Bezug zu den im Theorierahmen dargestellten Ansätzen zu ermöglichen. Hierbei handelt es sich um die Einführung neuer mathematischer Begriffe durch eine Zeichnung zur Visualisierung an der Tafel sowie die impliziten Betrachtungsebenenwechsel und den Einsatz von Fachsprache zur Einführung der neu zu erlernenden mathematischen Begriffe in der betrachteten Szene.

Durch den Einsatz einer Zeichnung zur Visualisierung der Aufgabe ergibt sich bei Erklärungsversuchen der Lehrperson unvermeidlich ein ständiger Wechsel der Betrachtungsebene zwischen der Zeichnung und den mit der Zeichnung zu veranschaulichenden Inhalten bzw. dem was die Zeichnung bezeichnen soll. Hieraus ergibt sich eine Problematik, die sich nach Steinbring (2000, S. 48) folgendermaßen beschreiben lässt: Bei der Konstruktion und Begründung neuen mathematischen Wissens – hier von Begriffen bzw. Fachtermini – enthalten weder die Referenzkontexte, in denen versucht wird, die Begriffe darzustellen – hier die Zeichnung – noch die Zeichen- oder Symbolsysteme – hier das kgV – den mathematischen Begriff unmittelbar. Durch die Zeichen und Referenzkontexte lassen sich lediglich Grundlagen zur Konstruktion neuen mathematischen Wissens schaffen. Die Zeichen und Referenzkontexte stellen ikonische Träger des Wissens dar, die in Form von Hinweisen auf andere strukturelle Beziehungen der Begriffe Verwendung finden können. Die Schülerinnen und Schüler müssen sich somit zum Verständnis des jeweiligen neuen Wissens vom konkreten Referenzkontext lösen, um darin eine allgemeine Struktur erkennen zu können, denn die Bedeutung und Funktion der mathematischen Begriffe zeigen sich erst in den Wechselbeziehungen von Referenzkontext, Zeichen und Begriff (vgl. ebenda S. 48).

Ein ständiges implizites Wechseln zwischen den Betrachtungsebenen des Zeichens selbst oder seinem Referenzkontext durch die Lehrperson erschwert das Lösen vom Referenzkontext durch die Schülerinnen und Schüler, da die Unterschiede zwischen beiden, Referenzkontext und Zeichen, verschwimmen. Ohne Kenntlichmachung dieses Unterschieds scheint der Aufbau eines neuen mathematischen Begriffsverständnisses in Form von Bedeutung und Funktion des Begriffs schwer möglich. Die Lehrperson vollzieht die Wechsel der Betrachtungsebenen jedoch fast ausschließlich implizit. Untersucht man diese impliziten Wechsel der Betrachtungsebenen anhand des theoretischen Fokus von Steinbring (2000), so fällt auf, dass in den vorliegenden Unterrichtssequenzen jeweils implizite Wechsel der Referenzkontexte von der Lehrperson vollzogen werden, wie z.B. beim Wechsel der Betrachtungsebene von Kreisen als Ganzes sowie der Betrachtung der schraffierten Kreissegmente <111–129>. Durch diese impliziten Wechsel der Referenzkontexte wechselt jedoch meist auch auf impliziter Ebene die Aufgabenstellung und das Zeichen- bzw. Symbolsystem. Dies hat zur Folge, wie in dem angegebenen Beispiel mit Pelin und Nesrin <128–141>, dass die Schülerinnen und Schüler Antworten auf der Grundlage anderer Referenzkontexte geben, die sich auf andere Zeichen beziehen und in jenem Zusammenhang als durchaus sinnvoll zu betrachten sind. Bezogen auf den Referenzkontext, den die Lehrperson nach ihrem impliziten Wechsel des Referenzkontextes zu Grunde legt, wirkt es jedoch so, als wenn die Antworten teilweise auf fehlerhaften Rechnungen basierten. Den Beteiligten, sowohl der Lehrperson als auch den Schülerinnen und Schülern werden diese Missverständnisse jedoch eventuell verborgen bleiben, da die Lehrperson sich nie vergewissert, auf welchen Referenzkontext sich die Antworten der Schülerinnen und Schüler beziehen.

Auffällig ist, dass die Schülerinnen und Schüler anscheinend selbst an einigen Stellen von diesem impliziten Vorgehen der Lehrperson zu einer besseren Explizierung des Vorgehens zu wechseln versuchen und Begründungen bzw. Bedeutungs-erklärungen einfordern. Hierauf geht die Lehrperson jedoch nicht weiter ein. Sie greift die Fragen und Anmerkungen der Schülerinnen und Schüler, die eine größere Explikation des Vorgehens und ein daraus resultierendes größeres Verständnis nach sich ziehen könnten, nicht auf.

Die impliziten Betrachtungswechsel bei den Belehrungsversuchen der Lehrper-son lassen sich auch auf der Ebene der Struktur der Sprache analysieren. Zu Beginn der Szene <1–69> schreibt die Lehrperson die Abkürzung „kgV" <3> an und kurz darauf „kleinste gemeinsame". Beim Anschreiben des Fachterminus scheint ihr aufzufallen, dass es sich bei diesem um ein Substantiv handelt und sie setzt mit der Begründung, *„sonst wird das nichts"* den Artikel „Das" vor den Fachterminus <28.1–28.2>. Der Lehrperson scheint somit bewusst zu sein, dass ihre Klasse einen großen Anteil mehrsprachiger Schülerinnen und Schüler hat und diese erfahrungs-gemäß Probleme mit der Verwendung von Artikeln im Deutschen haben. Die Lehrperson wechselt demnach auch hier die Betrachtungsebene des Fachterminus. War zuvor die Bestimmung des kleinsten gemeinsamen Vielfachen das Thema, so wird durch das Anschreiben des Artikels zunächst einmal auf die grammatischen Eigenschaften des Fachterminus eingegangen und dies lässt eine begriffliche Klä-rung der Eindeutigkeit des kgV erwarten. Dieser Wechsel des Referenzkontexts, in dem das Zeichen – die Buchstabenreihenfolge des Fachterminus – betrachtet wird, wird von der Lehrperson jedoch ebenfalls implizit vollzogen. Gerade die Schüle-rinnen und Schüler, die einer solchen sprachlichen Hilfeleistung bedürfen, da sich die richtige Verwendung der Artikel aus ihrem alltäglichen Sprachgebrauch nicht intuitiv ergibt, erhalten hierdurch jedoch keine weiteren Hilfestellungen, wieso der Artikel an dieser Stelle von Relevanz ist und warum es *„Das"* <28.2> heißt. Für sie tritt somit eine weitere Schwierigkeit hinzu.

Betrachtet man die Verwendung von Begriffen oder Fachtermini zur Einführung des kgV, fällt auf, dass die Lehrperson von Beginn bis hin zur Mitte der Szene mit Ausnahme des mathematischen Begriffs Vielfaches nahezu ausschließlich alltags-sprachliche Begrifflichkeiten verwendet. Zum Ende der Szene hin werden von ihr zusätzlich die Begriffe Nenner, Zähler und Bruch verwendet. Den Begriff Vielfa-ches versucht sie hierbei durch Beispiele einzuführen. Die mathematischen Begrif-fe Nenner, Zähler und Bruch werden von ihr nahezu gar nicht inhaltlich geklärt. So verwundert es nicht, dass die Schülerinnen und Schüler diese Fachtermini selbst nicht verwenden, sondern vorwiegend auf der Ebene der Alltagsprache Antworten geben und sonst lediglich Zahlen nennen.

3.2.3.2.9 Charakteristika der Handlungsroutine – Visualisieren als Mittel zum Verstehen

Die Lehrperson arbeitet in der Szene kgV zur Einführung des neuen mathematischen Begriffs vorwiegend mit einer Zeichnung zur Visualisierung an der Tafel. Hierbei lässt sich ihre Handlungsroutine folgendermaßen charakterisieren:

1. Die Lehrperson nimmt bei ihrer Einführung des neuen mathematischen Begriffs mithilfe einer Zeichnung eine Vielzahl von Wechseln der Betrachtungsebene und somit der Referenzkontexte, in deren Zusammenhang die Aufgabe zu deuten ist, vor. Diese Wechsel der Betrachtungsebene und Referenzkontexte werden von der Lehrperson fast nie explizit thematisiert.

2. Die neuen Fachtermini werden fast ausschließlich von der Lehrperson verwendet.

3. Der Fachterminus kgV, Teile dieses Fachterminus sowie weitere neue Fachtermini, die die Lehrperson zur Einführung des mathematischen Begriffs des kleinsten gemeinsamen Vielfachen hinzuzieht, werden lediglich benannt und umgehend verwendet ohne ihre Funktion weiter zu thematisieren. Die neuen mathematischen Begriffe werden somit unreflektiert in altbekannte Rechenroutinen eingefügt, in denen sie jedoch neue bzw. assoziative nicht thematisierte Bedeutungen anderer Betrachtungsebenen für die Schülerinnen und Schüler erhalten.

4 Analysen ausgewählter Szenen

Im Folgenden werden die Analysen zweier weiterer Szenen dargestellt, die jeweils in Charakteristika der Handlungsroutinen zur sprachlichen Gestaltung des Unterrichts durch die Lehrpersonen münden.

4.1 Die Szene Die besonderen Ausdrücke[77]

4.1.1 Äußerer Rahmen der Szene

Es befinden sich die Mathematiklehrerin, Frau Ilgner, sowie 23 Schülerinnen und Schüler im Klassenraum. Bei den Schülerinnen und Schülern handelt es sich um zwölf Mädchen und elf Jungen, davon insgesamt 20 mit Migrationshintergrund. Frau Ilgner hat keinen Migrationshintergrund. Die dritte Unterrichtsstunde des Tages beginnt. Frau Ilgner organisiert erst einige Angelegenheiten in ihrer Funktion als Klassenlehrerin. Nach ca. zehn Minuten beginnt der inhaltliche Teil des Mathematikunterrichts mit der Einführung neuer mathematischer Begriffe. Bei diesen Begriffen handelt es sich um die Begriffe der vier Grundrechenarten. Die Szene lässt sich folgendermaßen gliedern:

4.1.2 Gliederung der Szene in Sequenzen

Nr.	Zeilen	Thema	Sequenzgeschehen
1	1–17	Addition	**Benennung der Begriffe Addition und addieren durch die Lehrerin**
2	18–36	Addition	**Zuweisung der Begriffe Summe und Summand zu den Zahlen einer Beispielaufgabe durch die Lehrerin**
3	37–61	Addition	Übungsphase 1: Die Lehrperson fragt mit Hilfe der neuen Begriffe der Addition nach Lösungen von Beispielaufgaben
4	62–97	Addition	Übungsphase 2: Die Schülerinnen und Schüler ordnen mündlich innerhalb des Klassengesprächs die neuen Begriffe der Addition Zahlen in Beispielaufgaben zu
5	98–111	Subtraktion	Benennung der Begriffe Subtraktion und subtrahieren
6	112–161	Subtraktion	**Zuweisung der Begriffe Differenz, Minuend und Subtrahend zu Zahlen einer Beispielaufgabe durch die Lehrerin**
7	161–190	Subtraktion	Übungsphase zur Begriffsbenennung bei der Subtraktion (entsprechend Nr. 3 + 4)

---

77 Eine ausführliche Analyse der Szene Die besonderen Ausdrücke findet sich auch in: Schütte (2006).

8	191–231	Subtraktion	Wiederholung der Begriffe der Subtraktion
9	231–272	Addition/Subtraktion	Lesen/Wiederholung der Begriffe der Addition und Subtraktion durch alle Schülerinnen und Schüler im Chor
10	273–334	Multiplikation	Begriffsbenennung: Multiplikation, Multiplikand und Multiplikator
11	335–352	Multiplikation	Lesen/Wiederholen der Fachtermini der Multiplikation in Form eines Merksatzes durch alle Schülerinnen und Schüler im Chor
12	353–398	Multiplikation	Lesen/Wiederholen der Fachtermini der Multiplikation in Form eines Merksatzes durch einzelne Schülerinnen und Schüler
13	399–417	Division	Begriffsbenennung: Division und dividieren
14	418–440	Division	Zuweisung der Begriffe der Division anhand einer Beispielaufgabe
15	441–462	Division	Lesen/Wiederholen der Fachtermini der Division in Form eines Merksatzes durch alle Schülerinnen und Schüler im Chor
16	463–505	Division	Lesen/Wiederholung der Begriffe der Division in Form eines Merksatzes durch einzelne Schülerinnen und Schüler
17	506–515	Alle Grundrechenarten	Schülerinnen und Schüler benennen ‚Ergebnis-Begriffe'
18	516–537	Alle Grundrechenarten	Anschreiben von Beispielaufgaben durch die Lehrerin
19	538–567	Alle Grundrechenarten	Einüben der ‚Ergebnis-Begriffe' aller vier Grundrechenarten anhand der Beispielaufgaben
20	568–578	Alle Grundrechenarten	Einüben der ‚Ergebnis-Begriffe' aller vier Grundrechenarten anhand der Beispielaufgaben durch alle Schülerinnen und Schüler im Chor
21	579–659	Alle Grundrechenarten	Einüben der übrigen Begriffe aller vier Grundrechenarten
22	659–668	Subtraktion	inhaltliche Verbindung zwischen Benennung und Erklärung des Begriffs Differenz
23	669–689	Division	Einüben der Divisionsbegriffe anhand einer Beispielaufgabe

4.1.3 Ausgewählte Transkriptsequenzen der Szene

Sequenzen <1–17> und <18–36>

Znr.	Zeit	Person	Aktivität
1	11:16	L:	so\ wir müssen was neues noch lernen und zwar die besonderen
2			Ausdrücke\ wenn ich **plus** rechne- wie nenn ich diese Rechenart/
3		<S:	minus\
4		<Sm:	[Sm murmeln unverständlich und melden sich]
5		<Ado:	[Ado meldet sich]

Znr.	Zeit	Person	Aktivität
6		L:	[L zeigt auf Ado]
7		Ado:	addieren\
8		L:	addieren\
9		L:	[L dreht sich zur Tafel und beginnt etwas anzuschreiben]
10		S:	minus heißt (.)
11		S:	substantieren\
12		S:	wird addieren groß geschrieben/
13		<L:	[L dreht sich zur Klasse] ich addiere drei plus sieben\ und die
14			Sache diese wie man was das ist das heißt Addition\
15		< >L:	[L dreht sich zur Tafel und schreibt
16			Begonnenes zu Ende]
17		>S:	und dann schreib noch dahinter plus\
18	11:42	<L:	so\ das ist plus\ [L dreht sich zur Klasse] so\ wenn ich jetzt zum
19			Beispiel habe- drei plus sieben\
20		<L:	[L schreibt „3 + 7 =" an die Tafel]
21		>L:	dann heißt ich addiere drei zur sieben oder sieben zur drei
22		>L:	[L deutet auf die jeweilige Zahl]
23		S:	zwölf\
24		Sm:	[Sm stöhnen] zehn\
25		<L:	diese Zahlen\ haben auch einen Namen\ bei der Addition ist das
26			ganz leicht denn sie heißen beide gleich\ sie heißen der erste
27			Summand-
28		< >L:	[L schreibt unter die 3 „Summand"]
29		< >S:	Summand/
30		<L:	und der zweite Summand\
31		<L:	[L schreibt unter die 7 „Summand"]
32	12:20	>L:	und das was da rauskommt das Ergebnis der Addition- das heißt
33		>L:	[L schreibt „10" hinter „3+7="]
34		<L:	die Summe\
35		<L:	[L schreibt „Summe" hinter das „="]
36		S:	Summe\

Frau Ilgner fragt anhand von Beispielaufgaben, wie z.B. „*wenn ich also sage\ bilde die Summe von fünf und acht dann ist das/*" <37–38> die Fachtermini Summe, Addition sowie erster und zweiter Summand ab. Am Ende dieser Einführung der Fachtermini der Addition rahmt Frau Ilgner an der Tafel den Bereich mit den Fachtermini und der angeschriebenen Beispielaufgabe ein. Anschließend kennzeichnet sie diesen Bereich durch ein großes Additionszeichen. Frau Ilgner fragt die Schülerinnen und Schüler:„*was ham wir denn als nächstes gemacht/ gleich von Anfang an* <98–99> und leitet so den Übergang zur Einführung der Fachtermini bzw. Begriffe der Grundrechenart Subtraktion ein. Nachdem die Schülerinnen und Schüler als Zwischenrufe „*minus*" <100> und „*substantieren*" <102> einwerfen, korrigiert die Lehrerin mit „*nee substantieren nich\ subtrahieren*" <104> „*oder Subtraktion*" <106> und schreibt den Fachterminus Subtraktion an die Tafel. Darauf ereignet sich Folgendes:

Sequenz <112–116>

Znr.	Zeit	Person	Aktivität
112	14:40	L:	so\ [L beendet schreiben und dreht sich halb zur Klasse] da haben
113		>L:	wir die erste Zahl\ zum Beispiel zehn minus zwei ist gleich acht\
114		>L:	[L schreibt „10-2=8"]
115		<L:	So\
116		<L:	[L dreht sich zur Klasse]
117		L:	**da** ist es ja ganz wichtig welcher der erste und welcher der zweite
118		>L:	ist\ das war ja hier
119		>L:	[L zeigt auf das eingerahmte Geschriebene der Additionsaufgabe]
120			nich so wichtig deshalb kann man die auch beide gleich
121			benennen-. Hier ist aber ganz wichtig was der erste ist
121.1		<L:	[zeigt auf die Aufgabe „10-2=8"]
121.2		<L:	denn du
122			kannst ja zwei von zehn abzählen aber zehn von zwei das schafft
123		L:	ihr zumindest noch nicht\ nich/ also da kommt es ganz richtig
124			drauf an\ . Fedorav was is los/ .. dann lass ihn bitte in Ruhe\ .
125			deshalb ham wir den ersten\ der heißt
126	15:13	<L:	Minuend
127		<L:	[L dreht sich zur Tafel und schreibt „Minuend" unter die 10]
128		>Sm:	Minuend/
129		>Sm:	Minuend\
130		<L:	ihr wisst das heißt minus hier\
131		<L:	[L deutet auf angeschriebenes „subtrahieren, Subtraktion"]
132		L:	Minuend\
133		S:	Arminius\ minus\
134		>L:	und der der abgezogen wird der heißt Subtrahend
135		>L:	[L schreibt „Subtrahend" unter die 2]
136		S:	boah das ist schwer\
137		Sm:	Minuend\
138		S3:	oh Frau Ilgner Gülzem schiebt immer den Tisch\
139		<S:	Frau Ilgner wieso lernen wir so was obwohl wir nur noch zwei
140			Wochen haben/
141		<S3:	sie will unbedingt da ran\
142	15:40	L:	weil ihr das in der vier- äh fünften Klasse wissen müsst\ das wird
143			vorausgesetzt\ und wenn du es nicht kannst dann hast du Pech
144			gehabt\ dann spr- reden die von Sachen die du nicht kennst und
145			deshalb\ das heißt nicht dass die Woche dass die Schule in zwei
146			äh vor zwei Wochen vor den Ferien Schluss is\ sondern dass sie
147			jetzt noch zwei Wochen geht\ dass du noch zwei Wochen was
148			lernen musst\ ja\
149		>S:	eine Woche\
150		>S:	(...)
151	15:58	L:	nee zwei Wochen\ . so\ und das Ergebnis von einer
152		<L:	[L zeigt auf Tafel]
153		<L:	Subtraktionsaufgabe\ [L schreibt großes „-" hinter Subtraktion]
154		>L:	das heißt Differenz\ . der Unterschied\
155		>L:	[L schreibt „Differenz" hinter die 8]
156		<S4:	Differenz\

Znr.	Zeit	Person	Aktivität
156.1		<S4:	[spricht mit englischem Akzent]
157		L:	Differenz ist ein au ein ausländisches Wort für Unterschied\
158		S:	Differenz\
159		L:	und das wisst ihr auch\ dass man mit dem minus immer den
160			Unterschied ausrechnet\ . aber ihr müsst jetzt natürlich dieses
161			Wort lernen\ **also**\ was ist die Differenz von zehn und zwei/

Frau Ilgner fragt im Stil von <161> einige Male weiter nach den Fachtermini Minuend, Differenz und Subtrahend. Die Schülerinnen und Schüler benennen die passende Zahl zu dem gesuchten Fachterminus der Subtraktion. Im Anschluss ereignet sich Folgendes:

Sequenz <191–231/239>[78]

Znr.	Zeit	Person	Aktivität
191	17:15	<L:	elf\ so wer weiß bis jetzt noch alle/ sag mir ma die ganzen Wörter
192			die du bei minus kennen musst\
193		>L:	[L klappt die Tafel zu]
194		>S:	Minuend\
195		S:	Minuend\ Subtraktzend#
196		#L:	(schnell) aber nicht durcheinander\ wir melden uns und wer dran
197			ist der macht das\ [L dreht sich der Klasse zu] na Muri versuchs
198			ma\
199	17:30	Muri:	äh- Differenz\ #
200		#L:	Differenz is was/
201		S:	Unterschied\
202		L:	der erste der zweite oder das Ergebnis/
203		<S:	Ergebnisse\
204		<S:	Ergebnis\
205		L:	das Ergebnis ist die Differenz\ richtig\ wie heißt (..)#
206		Muri:	Minuend/
207		L:	mhh/
208		Muri:	Minuend\
209		L:	erster/ zweiter/
210		Muri:	erster\
211		Sm:	[Sm melden sich]
212		S:	erster\
213	17:48	L:	der Erste\ gut\ und der zweite/ wie heißt der den du abziehst/
214		S:	der zehn/
215		S:	subse-
216		Muri:	Subt**ra**hend\
217		L:	Subtrahend\ wie heißt die Rechenart/
218	17:58	Muri:	minus\

---

78 Durch ein „/ + Ziffern" soll angezeigt werden, dass die Sequenz einige Zeilen länger betrachtet wird als in der Gliederung angegeben. So soll aufgezeigt werden wie das Unterrichtsgeschehen nach Beendigung des ausgewählten Bereichs der Gliederung durch die Beteiligten weitergeführt wird.

Znr.	Zeit	Person	Aktivität
219		L:	minus ist nich äh is das Rechenzeich#
220		# >Sm:	[Sm rufen rein]
221		>S:	Subtraktion\
222		L:	nochma Konsi/
223		Konsi:	Subtraktion\
224		L:	Subtraktion- und was was machen wir wenn wir das tun/
225	18:07	S:	substantieren\
226		<S:	minus rechnen\
227		<Sm:	[Sm rufen rein]
228		L:	**Subtrahieren**\ das ist ganz schön schwierig ne/ so\ wir lesen die
229		<L:	Wörter noch ma alle\ bisher\ einfach nochma damit sie euch in
230		<L:	[L klappt die Tafel auf]
231		L:	Kopf gehen\ . Jerfi geht's dir nich gut/
232	18:22	S:	kriegen wir heut als Hausaufgabe auf lernen/
233		L:	ja sicher kriegt ihr das heute auf\ .. und nicht nur das\
234			so\ also wir lesen noch einmal alles
235		<L:	[zeigt auf die Wörter an der Tafel]
236		<L:	addieren\
237		Klasse:	addieren\
238		L:	Addition\
239		Klasse:	Addition\

Im weiteren Verlauf der Sequenz wird die Routine, dass Frau Ilgner einen Fachterminus aus dem Bereich der Grundrecharten Addition oder Subtraktion nennt und
die Klasse diesen im Chor wiederholt, fortgesetzt. Frau Ilgner beendet diese Sequenz und sagt den Schülerinnen und Schülern, dass ,es' jetzt noch „*wilder*" <273>
würde. Frau Ilgner schreibt ein Multiplikationszeichen an die Tafel und verschiedene Schülerinnen und Schüler werfen die Fachtermini „*Multiplikation*"
<281/285/289> und „*multiplizieren*" <282> ein. Anschließend gibt sie einen Hin-
weis zur Schreibweise der Verben der Grundrechenarten in <295–298> durch „*und
wenn ihr mal an's Deutsche denkt\ addieren mit i e\ multiplizieren mit i e subtrahieren mit i e\ alles mit i e\ das sind die Endungen immer bei diesen Verben*". Weiter weist Frau Ilgner die Schülerinnen und Schüler darauf hin, dass es, ähnlich wie
bei der Addition den Fachterminus „Summand", bei der Multiplikation einen Fachterminus „*Faktor*" <310> gibt und dass man diese vertauschen könne. Frau Ilgner
benennt die Fachtermini „*Multiplikand*", „*Multiplikator*" und „*Produkt*" <322–
325> und schreibt sie an die Tafel. Danach sagt sie die Fachtermini laut vor und die
Schülerinnen und Schüler wiederholen diese im Chor. Frau Ilgner formuliert die
Merksätze „*Faktor mal Faktor ist gleich Produkt*" <344>, „*Faktor multipliziert
mit Faktor ist gleich Produkt*" <348> und „*Multiplikand multipliziert mit Multiplikator ist gleich Produkt*" <351>, die die gesamte Klasse erneut jeweils einmal im
Chor wiederholt und anschließend ausgewählte Schülerinnen und Schüler einzeln.
Nach der Einführung der Fachtermini der Multiplikation folgt die Einführung der
Fachtermini der Division nach nahezu demselben Vorgehen wie zuvor bei den drei

anderen Grundrechenarten <399–440>. Am Ende werden ebenfalls Merksätze gebildet, die zuerst die Klasse im Chor und danach einzelne ausgewählte Schülerinnen und Schüler <441–505> einzeln wiederholen. Zum Abschluss der Szene fragt
Frau Ilgner die Fachtermini aller vier Grundrechenarten ab, indem sie Beispielaufgaben anschreibt und sich zu den jeweiligen Zahlen dieser Aufgaben die Fachtermini nennen lässt <505–689>.

4.1.4 Allgemeine Beschreibung und Zusammenfassung von Sequenzen der Szene

Allgemeine Beschreibung der Sequenzen <1–17> und <18–36>

Frau Ilgner beginnt in <1> mit der Einführung der Fachtermini der Addition. Sie
fragt die Klasse, wie man die Rechenart nennt, wenn man plus rechnet, <1–2>. Zuerst antwortet ein Kind *„minus\"* <3>, worauf Frau Ilgner nicht weiter eingeht. Ado
meldet sich. Als er von Frau Ilgner aufgerufen wird antwortet er *„addieren"* <7>.
Frau Ilgner evaluiert diese Antwort positiv <8–9>. Es folgen drei Äußerungen von
Schülerinnen oder Schülern *„minus heißt"* <10>, *„substantieren"* <11> und *„wird
addieren groß geschrieben/"* <12> worauf Frau Ilgner nicht weiter eingeht, sondern
sich zur Klasse dreht und ein Beispiel angibt mit *„ich addiere drei plus sieben\"*
<13>. Weiter sagt sie, dass die Sache Addition heißt und schreibt addieren an die
Tafel <13–16>. Ein Kind fordert sie daraufhin auf, zusätzlich ein Additionszeichen
an die Tafel zu schreiben, um den Bereich der Addition deutlich zu kennzeichnen
<17>. Dies tut Frau Ilgner und schließt die Einführungssequenz mit *„so\ das ist
plus\"* <18> ab. Sie gibt eine Beispielaufgabe „3 + 7 = 10" an und weist an diesem
Beispiel implizit auf die geltende Kommutativität bei der Addition hin, indem sie
sagt *„dann heißt ich addiere drei zur sieben oder sieben zur drei"* <19–21>, wobei
sie auf die jeweiligen Zahlen deutet <22>. Ein Kind sagt *„zwölf\"* <23> als Lösung
dieser Aufgabe und wird durch mehrere stöhnende Schülerinnen und Schüler mit
„zehn\" <24> verbessert. Nun sagt Frau Ilgner, dass diese Zahlen Namen hätten
und dass diese bei der Addition ganz leicht wären, da sie beide gleich lauten, <25–
27>. Sie benennt wie folgt: *„erster und zweiter"* Summand und schreibt zur Veranschaulichung „Summand" unter die jeweilige Zahl der Beispielaufgabe an der Tafel
<28–31>. Abschließend führt Frau Ilgner den Fachterminus Summe mittels *„und
das was da rauskommt das Ergebnis der Addition- das heißt die **Summe**\"* ein und
schreibt Summe hinter das Gleichheitszeichen an die Tafel <32–36>.

Zusammenfassung der Interpretation der Sequenzen <1–17> und <18–36>

Zu Beginn der Unterrichtssequenz weist Frau Ilgner darauf hin, dass die Schülerinnen und Schüler etwas Neues lernen müssen. Es handelt sich dabei um die Fachtermini der vier Grundrechenarten, zunächst die der Addition. Im Verlauf der bei-

den Sequenzen lässt sich nicht eindeutig rekonstruieren, ob die Fachtermini der Addition für alle Schülerinnen und Schüler neu sind oder ob diese einigen schon bekannt sind. Rekonstruierbar ist jedoch, dass Frau Ilgner diese Unterrichtssequenz anscheinend als Einführungssequenz für einen neuen Unterrichtsstoff konzipiert hat, die Fachtermini der Grundrechenarten noch nicht explizit im Unterricht dieser Klasse behandelt wurden und somit nicht zum gemeinsam geteilt geltenden Wissen der Klasse gehören.

Frau Ilgner beginnt bei ihrer Einführung mit den Fachtermini addieren und Addition, wobei an einigen Stellen unklar ist, ob ihre Fragen auf die Rechenoperation und das Verb addieren oder aber auf die Rechenart und das Substantiv Addition zielen. Sie verwendet beide Fachtermini zwar korrekt, weist jedoch die Schülerinnen und Schüler nicht darauf hin, was der Unterschied zwischen beiden ist. Diese Unklarheit wird durch ihre unterschiedliche Verwendung des Ausdrucks plus verstärkt. Sie sagt in <18–19> „so\ das ist plus\", dreht sich dann zur Tafel und spricht weiter „so\ wenn ich jetzt zum Beispiel habe- drei plus sieben\". Das erste Plus steht für „das ist die Addition" und das zweite Plus für „drei addiert zu sieben". Selbst nachdem eine Schülerin oder ein Schüler sie fragt, ob addieren groß geschrieben wird, <12>, klärt sie die bis dahin vorliegende unklare Differenzierung der Fachtermini addieren und Addition nicht auf. Nur ihr Hinweis in <13–14>, „und die Sache diese wie man was das ist das heißt Addition", gibt einen verdeckten Hinweis darauf, dass Addition groß geschrieben wird, da „die Sache Addition heißt" und Sachen großgeschrieben werden.

Anschließend führt Frau Ilgner die Begriffe Summand und Summe ein, wobei sie nur den Begriff Summe als das Ergebnis der Addition hinreichend erklärt <32–34>. Für die Fachtermini 1. und 2. Summand gibt sie hingegen Beispiele an, bei denen die Abstraktions- und Beispielebene etwas verschwimmen. So sagt sie in <18–21> „wenn ich jetzt zum Beispiel habe- drei plus sieben\ dann heißt ich addiere drei zur sieben oder sieben zur drei" und in <25–27 und 30>:„diese Zahlen\ haben auch einen Namen\ bei der Addition ist das ganz leicht denn sie heißen beide gleich\ sie heißen der erste Summand- und der zweite Summand". Scheint sich Frau Ilgner mit der Aussage in <18–21> zuerst auf der Beispielebene zu bewegen und nur implizit durch die Andeutung der Kommutativität der Addition auf die Abstraktionsebene zu wechseln, so lässt sich ihre zweite Aussage ausschließlich auf der abstrakten Ebene eines allgemeinen Prinzips ansiedeln. Nicht nur die gewählten Beispielzahlen Drei und Sieben haben einen besonderen Namen bei der Addition, sondern alle Zahlen dieser Kategorie nennt man bei der Addition 1. Summand und 2. Summand. Dieser Wechsel von der Beispielebene zur Abstraktionsebene des allgemeinen Prinzips wird von Frau Ilgner aber nur implizit vollzogen. Zusätzlich birgt die Angabe von Frau Ilgner, „sie heißen beide gleich" <26>, nämlich „der erste Summand- und der zweite Summand\" <26–27/30> Verwirrungsmöglichkeiten für alle Schülerinnen und Schüler, denn die Aussage stellt einen Widerspruch in sich dar. Durch die Spezifizierung der Summanden mit „*erster*" und „*zweiter*" <26–27> werden die Fachtermini gar nicht gleich benannt, obwohl sie nach der Aussage von Frau Ilgner gleich heißen sollten.

Eine Differenzierung auf der Ebene der Strukturen und ihrer Funktionalität, z.B. der Unterteilung in Substantive oder Verben der zu lernenden Fachtermini, wie von einer Schülerin oder einem Schüler in <12> eingefordert, wird von Frau Ilgner nicht vorgenommen. Ebenso lässt sich bis zu diesem Zeitpunkt keine inhaltliche Klärung der Fachtermini durch Verbindung mit den dahinter stehenden Konzepten – mit Ausnahme der Erklärung des Fachterminus Summe <32–34> und in Ansätzen der beispielhaften Erklärung des Fachterminus Summand <25–28 und 30>– erkennen. Ihr Augenmerk liegt anscheinend vorerst auf der Benennung, den „*Namen*" der Fachtermini <25>. Dies zeigt sich durch Äußerungen in <2> „*... - wie nenn ich diese Rechenart/*", in <14> „*... heißt Addition*", in <21> „*dann heißt ich addiere ...*", in <26> „*... denn sie heißen beide gleich und\ sie heißen der ...*" und in <32> „*... das Ergebnis der Addition- das heißt ...*". Auch die Schülerinnen und Schüler scheinen erkannt zu haben, dass es der Lehrperson maßgeblich um die Ebene der Benennung geht, ohne konkreten Bezug zum mathematischen Inhalt. Haben sie in <23> durch „*zwölf*" und in <24> durch „*zehn*" noch Ergebnisse für die Additionsaufgabe angegeben und versucht, im Stile eines bekannten Musters von Mathematikunterricht Rechenaufgaben zu lösen, wiederholen sie in <29> und <36> nur noch die Aussprache der Fachtermini Summand und Summe. Es scheint sich somit eine Art ‚Vokabellernen' mathematischer Fachtermini anzubahnen, ohne dass deren Bedeutung explizit besprochen wird.

Frau Ilgner geht bei der Nennung der Fachtermini der Addition im Folgenden sehr kleinschrittig fragend-entwickelnd vor. Auffällig bei dem gesamten Vorgehen der Einführung der neuen Fachtermini von Frau Ilgner ist, dass diese in ihren Fragen und Erklärungen teilweise selbst nicht aktiv die zuvor neu eingeführten Fachtermini verwendet. Sie greift auf bekannte alltagssprachliche Begrifflichkeiten zurück, wie z.B. in <18>: „*so\ das ist plus*", obwohl sie kurz zuvor den Fachterminus Addition eingeführt hat, und stellt keinen expliziten Bezug zu den neuen Fachtermini her. Zum Teil spart Frau Ilgner durch eine Aneinanderreihung von Artikeln sogar diese alltagssprachlichen Bezeichnungen aus. Situationen, in denen sich die Lehrperson vergewissert, wie die Schülerinnen und Schüler den Unterrichtsstoff deuten oder worauf scheinbare Versprecher oder Fehler bei den Schülerinnen und Schüler alternativ zurückzuführen sein könnten, lassen sich in dieser Sequenz nicht rekonstruieren.

Allgemeine Beschreibung der Sequenz <112–161>

Frau Ilgner beginnt die Sequenz durch Anschreiben der Aufgabe „10 – 2 = 8", während sie sagt: *„da haben wir die erste Zahl\ zum Beispiel zehn minus zwei ist gleich acht\"* <112–113>. Sie betont, dass es bei diesem Beispiel ganz wichtig sei, *„welcher der erste und welcher der zweite"*, <117> d.h. welcher Minuend und welcher Subtrahend sei. Frau Ilgner stellt den Vergleich zu den kurz zuvor eingeführten Fachtermini der Addition dar, bei denen *„nich so wichtig"* <120> war, welcher der erste und welcher der zweite sei. Sie begründet die Wichtigkeit der Reihenfolge von Minuend und Subtrahend mit der Tatsache, dass die Schülerinnen und Schüler bei dem Beispiel zwar zwei von zehn, aber nicht zehn von zwei abziehen können. Mit diesem Bezug benennt Frau Ilgner den Minuenden *„deshalb ham wir den ersten\ der heißt Minuend"* <125–126> und schreibt Minuend unter die Zahl Zehn an der Tafel. Mehrere Schülerinnen und Schüler wiederholen den Fachterminus <128–129>. Frau Ilgner weist die Schülerinnen und Schüler erneut darauf hin, dass dieser Begriff ein Begriff der Subtraktion ist, wobei sie diese jedoch mit dem alltagssprachlichen Begriff minus bezeichnet. Anschließend wiederholt sie noch einmal *„Minuend\"* <132>. Während sie Subtrahend unter die Zahl Zwei schreibt, sagt sie: *„und der der abgezogen wird der heißt Subtrahend"* <134–135>. Mehrere Mitschülerinnen und Mitschüler wiederholen *„Minuend\"* <137>. Ein Kind fragt Frau Ilgner nach dem Sinn des Ganzen so kurz – zwei Wochen – vor den Schulferien <139–140>. Hierauf entgegnet Frau Ilgner, dass man die Fachtermini einerseits in der fünften Klasse kennen müsse und dass man andererseits auch zwei Wochen vor den Schulferien noch lernen müsse <142–151>. Weiter gibt sie an, dass das Ergebnis einer Subtraktionsaufgabe Differenz heiße <151–155>. Nun wiederholt ein Kind den Fachterminus Differenz mit englisch betonter Aussprache <156>. Frau Ilgner greift diese Äußerung auf und sagt, dass dies ein *„ausländisches Wort für Unterschied\"* <157> sei. Sie schließt die Sequenz damit ab, dass man bei der Subtraktion immer den Unterschied ausrechne und der Fachterminus Differenz von allen gelernt werden müsse <159–161>.

Zusammenfassung der Interpretation der Sequenz <112–161>

Frau Ilgner hat die Fachtermini subtrahieren und Subtraktion kurz zuvor benannt und benennt nun – erneut anhand eines Beispiels „10 – 2 = 8", das an der Tafel steht – die Fachtermini *„Minuend"* <126> und *„Subtrahend"* <134>. Sie vergleicht die Fachtermini Minuend und Subtrahend mit den Summanden bei der Addition, indem sie darauf rekurriert, dass bei Letzteren die Reihenfolge unwichtig sei, dies aber bei der Subtraktion ganz wichtig ist. Sie sagt: *„da ist es ja ganz wichtig welcher der erste und welcher der zweite ist\ das war ja hier nich so wichtig deshalb kann man die auch beide gleich benennen-. hier ist aber ganz wichtig was der erste* *ist denn du kannst ja zwei von zehn abzählen aber zehn von zwei das schafft ihr zumindest noch nich\ nich/ also da kommt es ganz richtig drauf an\"* <117–124>. Damit geht sie erneut auf die geltende Kommutativität bei der Addition ein, die hier nicht gilt. Sie gibt als Grund für die nicht geltende Kommutativität bzw. für die unterschiedliche Benennung von Minuend und Subtrahend das derzeitige Unvermögen der Schülerinnen und Schüler an, im negativen Bereich zu rechnen, was so wirkt, als wenn sie nach einer Begründung sucht, die für die Schülerinnen und Schüler plausibel ist. Dies könnte die Deutung stützen, dass selbst Frau Ilgner daran zu zweifeln scheint, dass den Schülerinnen und Schülern die Kommutativität auf der Ebene eines allgemeinen Prinzips bekannt ist und sie diese beim Rechnen unbewusst verwenden. Frau Ilgner verweist lediglich implizit auf dieses allgemeine Prinzip. Hierdurch ergibt sich jedoch eine Zweideutigkeit bezüglich der von Frau Ilgner aufgeworfenen Besonderheit, dass die Reihenfolge von Minuend und Subtrahend bei der Subtraktion für die Schülerinnen und Schüler wichtig sei. In <154> gibt Frau Ilgner mit „*Unterschied*" eine gängige Übersetzung des Wortes Differenz an. Die Vokabel Unterschied beinhaltet jedoch nach ihrer Konnotation nicht mehr, dass die Menge der natürlichen Zahlen bezüglich der Subtraktion nicht abgeschlossen ist und in der Grundschule im Normalfall nur Unterschiede berechnet werden, bei denen der Minuend größer als der Subtrahend ist. Auf diese Spezifizierung scheint Frau Ilgner allerdings kurz zuvor noch Wert gelegt zu haben.

Frau Ilgner verwendet zu diesem Zeitpunkt ihrer Einführung kaum Substantive, auch nicht die bereits eingeführten Fachtermini der Addition, um den Unterschied bezüglich Kommutativität bei Addition und Subtraktion zu verdeutlichen. Sie benutzt viele Füllwörter der Alltagssprache. So stellt Frau Ilgner z.B. in <130> mit „*ihr wisst das heißt minus hier*" erneut einen Bezug zu altbekannten alltagssprachlichen Begrifflichkeiten her. Dieser Bezug kann jedoch verwirrend wirken, da sie erst einige Minuten zuvor eingeführt hatte, dass die Rechenart Subtraktion heißt. Frau Ilgner stellt keine Verbindung im Sinne von „*wir haben bis jetzt immer minus oder Minusrechnen zu der Rechenart gesagt in der Mathematik gibt es aber einen Fachausdruck – Subtraktion – den wir künftig auch dafür verwenden wollen*" her. Die Rechenart heißt, trotz der Einführung des Fachterminus Subtraktion, anscheinend weiterhin minus. Situationen, in denen sich Frau Ilgner vergewissert, wie die Schülerinnen und Schüler den Unterrichtsinhalt deuten, lassen sich auch in dieser Sequenz nicht rekonstruieren.

Weiter zeigt sich in dieser Sequenz, dass es nicht mehr das Ziel des Unterrichts ist, Rechenaufgaben zu lösen. Hatte Frau Ilgner in den Sequenzen <1–17> und <18–36> bei der Einführung der Fachtermini der Addition „*dann heißt ich addiere drei zur sieben oder sieben zur drei*" in <21> zwei Zwischenrufe auf der Ebene von Rechenergebnissen mit „*zwölf*\" <23> und „*zehn*\" <24> erhalten, so sagt sie in <112–113> „*da haben wir die erste Zahl\ zum Beispiel zehn minus zwei ist gleich* *acht\"* und nimmt so das Ergebnis schon vorweg. Ziel des Unterrichts scheint ausschließlich das Lernen neuer Vokabeln für den Mathematikunterricht zu sein. Das sprachliche Lernen liegt somit auf der Ebene des Vokabellernens mit dem Schwerpunkt auf der Lautgestalt der neuen Fachtermini. Dies zeigt sich auch daran, dass die Schülerinnen und Schüler mehrfach die Aussprache der durch Frau Ilgner neu benannten Fachtermini wiederholen und keine Rechenergebnisse mehr in die Klasse hineinrufen. Auch beginnen die Schülerinnen und Schüler, Wortspiele mit den neuen Fachtermini wie in <133> mit der Aussage *„Arminius\ minus\"*, was darauf schließen lässt, dass sie versuchen, Bezüge zu bekannten alltäglichen Begrifflichkeiten herzustellen, um so die neuen Begriffe mit Bedeutung zu füllen.

Allgemeine Beschreibung der Sequenz <191–231/239>

In <191–192> fragt Frau Ilgner durch *„so wer weiß bis jetzt noch alle/ sag mir mal die ganzen Wörter, die du bei minus kennen musst\"* nach den soeben eingeführten Fachtermini der Subtraktion. Während sie die Tafel zuklappt, sagen die ersten Schülerinnen und Schüler die Fachtermini *„Minuend"* <194> und *„Subtrakzent"* <195> in die Klasse. Frau Ilgner nimmt einen Schüler namens Muri dran, der den Fachterminus *„Differenz\"* einbringt <198–199>. Sie unterbricht ihn und fragt, was Differenz sei, worauf ein Kind leise *„Unterschied\"* entgegnet <200–201>. Frau Ilgner fragt weiter:*„der erste der zweite oder das Ergebnis/"* <202>. Zwei Kinder antworten gleichzeitig *„Ergebnisse\"* und *„Ergebnis"* <203–204>. Diese Antworten werden von Frau Ilgner positiv bewertet und es entwickelt sich eine kurzschrittige Frage-Antwort-Sequenz zwischen ihr und allen Schülerinnen und Schülern. Darin werfen die Schülerinnen und Schüler Fachtermini wie z.B. *„Minuend"* <206/208> und *„Subtrahend"* <216> ein, Frau Ilgner bewertet diese Antworten kurz und fragt weiter. So fragt sie nach dem Fachterminus Minuend über seine Position mit der Frage *„der erste der zweite"* <202>. Die Frage nach dem Subtrahenden ergänzt sie mit der inhaltlichen Frage *„wie heißt der den du abziehst/"* <213>. Weiter fragt Frau Ilgner nach der Rechenart <217>, welche von Muri zuerst mit *„minus"* <218> bezeichnet wird und erst in einem zweiten Anlauf von einem Kind mit *„Subtraktion\"* <221> benannt wird. Daraufhin fragt Frau Ilgner nach der Handlung, die man vollzieht wenn man die Subtraktion ausführt, worauf *„substantieren\"* <225> und *„minusrechnen\"* <226> als Antworten von zwei Kindern genannt werden. Frau Ilgner geht auf die Schwierigkeit der Aussprache des Wortes subtrahieren ein und fordert alle Schülerinnen und Schüler auf, es noch einmal gemeinsam zu lesen, *„damit sie euch in den Kopf gehen\"* <228–231>, wie sie sagt. Anschließend liest Frau Ilgner einen Fachterminus nach dem anderen, angefangen bei addieren, vor und die Klasse wiederholt diese im Chor <236–239>.

Zusammenfassung der Interpretation der Sequenz <191–231/239>

Bevor Frau Ilgner die Fachtermini der Subtraktion in Zeile 191 abzufragen beginnt, hat sie diese in für die Addition zuvor beschriebener Vorgehensweise benennen lassen. In <192> spricht sie trotzdem selbst von „*minus*", obwohl sie an dieser Stelle auch den soeben eingeführten Fachterminus Subtraktion benutzen könnte. Frau Ilgner verwendet somit trotz Voranschreiten des Unterrichts zur Einführung neuer mathematischer Fachtermini die bereits eingeführten Fachtermini teilweise selbst nicht. Dies stützt ihre kleinschrittige fragend-entwickelnde Vorgehensweise, in der es Ziel zu sein scheint, die Fachtermini vorwiegend von den Schülerinnen und Schülern nennen zu lassen. Frau Ilgner selbst verwendet in dieser Phase des Unterrichts die korrekten Bezeichnungen der Fachtermini hauptsächlich zur Bewertung bzw. zur Verstärkung, wenn zuvor eine Schülerin oder ein Schüler diese in die Unterrichtsinteraktion eingebracht hat, wie in <199–200>, <216–217>, <221–224> und <225–228>.

Frau Ilgner korrigiert und bestärkt die Schülerinnen und Schüler ausschließlich auf der Ebene der Aussprache bzw. auf der Ebene der Schreibweise der Fachtermini, nimmt aber nie Explikationen der mathematischen Begriffe im Sinne des Eingehens auf die Relationen, die zwischen diesen herrschen, vor. Ebenso thematisiert sie nicht die hinter den gerade behandelten Fachtermini stehenden Verfahrensweisen, wie z.B. in <228–231> „*subtrahieren\ das ist ganz schön schwierig ne/ so\ wir lesen die Wörter noch ma alle\ bisher\ einfach nochma damit sie euch in Kopf gehen*" zu erkennen ist. An dieser Stelle betont sie die Aussprache des Fachterminus subtrahieren und gibt an, dass die Aussprache dieses Fachterminus sehr schwer sei. Eine Vertiefung des mathematischen Inhalts, welche in den ersten beiden Sequenzen noch durch die andauernden impliziten Verweise auf die geltende oder nicht geltende Kommutativität bei der Addition bzw. Subtraktion stattfand, lässt sich nicht mehr rekonstruieren. Dies scheint laut Frau Ilgners Aussage auch nicht nötig, denn „*Wörter gehen*", ihrer Aussage in <228–231> folgend durch „*lesen*" in den „*Kopf*".

An zwei Stellen dieser Sequenz deutet sich an, dass die Unterrichtsstunde mathematisch-inhaltlich ‚tiefer' gehen wird, weil Frau Ilgner anscheinend die mathematischen Begriffe hinsichtlich deren Funktion für die jeweilige Grundrechenart abfragt: „*... wie heißt der den du abziehst/*" <213> und „*Subtraktion- und was machen wir wenn wir das tun/*" <224>. Die weiterführende Interpretation ergab, dass die Lehrerin mit Antworten, die rein auf der Benennungsebene der Fachtermini lagen, anscheinend zufrieden war und nicht durch Nachfragen nach Bedeutung und Funktion auf eine thematische Vertiefung abzielte. Die mathematischen Begriffe werden somit nicht durch ihre Funktion in der jeweiligen Grundrechenart, sondern, wie bereits festgestellt, über die Positionierung der mathematischen Fachtermini in

einer Subtraktionsaufgabe bestimmt, was sich z.b. in <200>, „*Differenz is was/*",
und <202>, „*der erste der zweite oder das Ergebnis/*", zeigt. Der Schwerpunkt des
zu Erlernenden für die Schülerinnen und Schüler liegt auf den neuen Fachtermini
und ihrer Aussprache. Wurde in der Sequenz zuvor noch der Eindruck erweckt,
dass Frau Ilgner versuchte, durch ein fragend-entwickelndes Unterrichtsgespräch,
was in Zügen einem Lehrervortrag glich, Erklärungen zu liefern, so begrenzt sich
das weitere Unterrichtsgespräch auf Frage-Antwort-Sequenzen, in denen kaum
noch Erklärungsversuche stattfinden und sich anscheinend alle Beteiligten unaus-
gesprochen auf eine Art Vokabeltraining ‚geeinigt' haben.

4.1.5 Theoriereflexion zu den Deutungen der Szene Die besonderen Ausdrücke und Komparation mit der Szene kgV

Im Vergleich zur ersten Szene kgV arbeitet die Lehrperson in der Szene Die beson-
deren Ausdrücke zwar mit einer Visualisierung an der Tafel, jedoch nicht mit
Zeichnungen. Die Fachtermini werden durch Beispielaufgaben eingeführt und an
der Tafel werden Verschriftungen aller besprochenen Fachtermini vorgenommen.
In der Szene kgV wurde hingegen nur der Hauptbegriff kgV an der Tafel fixiert. Im
Gegensatz zur Szene kgV, in der die Lehrperson fast ausschließlich die neuen
Fachtermini verwendet, werden in der Szene Die besonderen Ausdrücke die Fachtermini hauptsächlich zu Beginn der Einführung von der Lehrperson genannt. In
den anschließenden Übungsphasen sollen diese, wie es scheint, zuerst von den
Schülerinnen und Schülern benannt werden. Nachdem die Schülerinnen und Schüler die Fachtermini benannt haben, wiederholt die Lehrperson die Fachtermini
zwar, verwendet jedoch im weiteren Verlauf erneut alltagssprachliche Begrifflichkeiten, wie plus oder minus. Bezüge zu diesen bereits ‚bekannten' alltagssprachlichen Begrifflichkeiten werden bei dieser Vorgehensweise der Lehrperson nur implizit hergestellt. Das Vorgehen der Lehrperson ist somit geprägt durch die Verwendung formal ungeformter Rede, welche dem Charakteristikum von mündlicher
Alltagssprache entspricht, bei der nur diejenigen, die sich in derselben Situation mit
ähnlichem Vorwissen befinden, leicht inhaltliche Anknüpfungspunkte finden und
die richtigen Bezüge herstellen können.

Fraglich ist, wie die Schülerinnen und Schüler die neu zu erlernenden mathematischen Begriffe und Fachtermini nach diesem Vorgehen nachhaltig verankern und
später selbst aktiv verwenden können sollen. Das von Pimm (1987, Xiii; s.a. Kap.
2.4) formulierte Ziel, dass Schülerinnen und Schüler lernen sollten zu sprechen wie
ein native speaker der Mathematik, wird so schwer zu erreichen sein, denn der native
speaker der Mathematik – die Lehrperson – lebt dieses aktive Sprechen nicht vor.

Schien das Ziel des Unterrichts zunächst zu sein, die Fachsprachenkompetenz
der Schülerinnen und Schüler zu erhöhen, so wird dieses Ziel letztlich auf eine Art

Vokabeltraining reduziert, wobei der Fokus auf Lernen der richtigen Aussprache der Fachtermini gelegt wird. Dies wird dadurch verstärkt, dass das Aufgreifen und Korrigieren der neuen Fachtermini durch die Lehrperson, die durch die Schülerinnen und Schüler eingebracht wurden, sich auf deren Aussprache beschränkt. Ein inhaltlicher Bezug könnte dadurch für viele Schülerinnen und Schüler verloren gehen, denn vorrangiges Ziel der gesamten Szene scheint es zu sein, *„die ganzen Wörter"* als Vokabeln zu *„kennen"* <191–192>, die man bei den vier Grundrechenarten verwenden soll. Kein Ziel scheint es hingegen zu sein, die Begriffe, d.h. die hinter den Fachtermini stehenden Konzepte, zu lehren.

Inhaltliche Bezüge bzw. Vergleiche zwischen den neuen Fachtermini werden nur implizit oder über den Bezug zu Beispielaufgaben behandelt. Eine Explikation der Fachtermini in Bezug auf Relationen der Fachtermini zueinander oder der Funktionen und Bedeutungen der Fachtermini findet nicht statt. So gibt die Lehrperson mehrfach einen Hinweis auf die geltende Kommutativität bei der Addition und später bei der Multiplikation sowie die nicht geltende Kommutativität bei der Subtraktion. Die Hinweise bleiben jedoch implizit, sodass sie von den Schülerinnen und Schülern als allgemeine Gesetze für die Verfahrensweisen bei den vier Grundrechenarten vermutlich nicht nachvollzogen werden können. Bei Schülerinnen und Schülern der Jahrgangsstufe 4 ist jedoch davon auszugehen, dass sie die Rechenregeln der vier Grundrechenarten schon vor dieser Einführung anwenden konnten. Hier zeigt sich eine Parallele zur vorherigen Szene kgV, in der inhaltliche Bezüge zwischen dem Vielfachen einer Zahl und dem kleinsten gemeinsamen Vielfachen sowie zwischen Brüchen ebenso meist implizit behandelt wurden. Auch dort vergewisserte sich die Lehrperson nicht, inwieweit die Schülerinnen und Schüler den Unterrichtsinhalt im Sinne der Lehrperson deuten.

Die Lehrperson nimmt keine Differenzierung auf der Ebene der grammatischen Form vor (z.B. Verwendung von Substantiven oder Verben bei den zu lernenden Fachtermini). Ein ähnliches Bild zeigt sich in der Szene kgV. Darin lässt sich nur ein impliziter Hinweis der Lehrperson auf grammatische Strukturen rekonstruieren, und zwar, als diese den Artikel „das" vor kleinste gemeinsame <28.1–28.2> schreibt.

Implizite Betrachtungsebenenwechsel lassen sich in der Szene Die besonderen Ausdrücke im Gegensatz zur Szene kgV fast gar nicht rekonstruieren. Da die Lehrperson, mit sehr wenigen Ausnahmen, keine inhaltlichen Bezüge zwischen den Fachtermini und ihren dahinter stehenden Konzepten sowie zwischen den Fachtermini selbst herstellt, lassen sich die mathematischen Begriffe von Anfang an lediglich als neue Vokabeln betrachten, die es auswendig zu lernen gilt. Nur an einigen Stellen stellt die Lehrperson implizit Bezüge zwischen der geltenden Kommutativität bei der Addition oder Multiplikation im Gegensatz zur Subtraktion dar. Da sie aber auf diese Bezüge nicht einmal selbst weiter eingeht, scheint es, als wenn keine

Betrachtungsebenenwechsel bezüglich des Lerngegenstands von ihr vorgenommen werden, da sie stets sofort das Vokabellernen fortsetzt.

4.1.6 Charakteristika der Handlungsroutine – Auswendiglernen als Mittel zum Verstehen

Die Lehrperson arbeitet in der Szene Die besonderen Ausdrücke zur Einführung der neuen mathematischen Fachtermini vorwiegend mit dem Mittel des Auswendiglernens insbesondere von Merksätzen, die die neu zu lernenden Fachtermini enthalten. Hierzu werden zuvor die Fachtermini an der Tafel schriftlich fixiert und Beispielaufgaben zugeordnet.

Anhand der theoretischen Reflexion und Komparation mit der Szene kgV lässt sich das Vorgehen zur Einführung neuer Fachtermini der Lehrperson in dieser Szene zusammenfassend als eine Handlungsroutine beschreiben, die ich mit Auswendiglernen als Mittel zum Verstehen bezeichne. Diese Handlungsroutine zeichnet sich durch folgende Charakteristika aus:

1. Die Vermittlungsversuche bezüglich der neuen Fachtermini durch die Lehrperson beschränken sich auf Auswendiglernen in Form eines Vokabeltrainings, ohne dass ein tieferes Begriffsverständnis oder grammatische Strukturen explizit behandelt werden. Inhaltliche Bezüge oder Vergleiche zwischen den neuen Fachtermini werden implizit behandelt. Bezüge zu bereits geltenden alltagssprachlichen Begrifflichkeiten werden ebenfalls implizit hergestellt.
2. Die Lehrperson korrigiert Schreibweise und Aussprache der von den Schülerinnen und Schülern eingebrachten neuen Fachtermini.
3. Die Fachtermini werden von der Lehrperson in der Szene nicht durchgängig verwendet. Trotz vorheriger Einführung der Fachtermini verwendet die Lehrperson meistens alltagssprachliche Begrifflichkeiten in formal ungeformter umgangssprachlicher Redeweise.

4.2 Die Szene Pantomime

4.2.1 Äußerer Rahmen der Unterrichtsszene

Während der Szene befinden sich Frau Ilgner, die sowohl Mathematik- als auch Klassenlehrerin ist, sowie 22 Schülerinnen und Schüler im Klassenraum. Bei den Schülerinnen und Schülern handelt es sich um zwölf Mädchen und zehn Jungen, davon insgesamt 20, zehn Mädchen und zehn Jungen, mit Migrationshintergrund. Frau Ilgner hat keinen Migrationshintergrund.

Es ist Montagmorgen, die dritte Unterrichtsstunde hat soeben begonnen. Frau Ilgner steht vor der Klasse und bespricht mit den Schülerinnen und Schülern verschiedene Angelegenheiten in ihrer Funktion als Klassenlehrerin. Dieser organisatorische Teil der Unterrichtsstunde erstreckt sich über einen Zeitraum von etwas mehr als zwei Minuten. Hiernach beginnt der Mathematikunterricht. In der heutigen Stunde wird mit dem neuen Thema Spiegelung bzw. Symmetrie begonnen.[79]

4.2.2 Gliederung der Szene in Sequenzen

Nr.	Zeilen	Thema	Sequenzgeschehen
1	1–25	**Einführung des Konzepts der Spiegelung**	**Die Lehrerin stellt zusammen mit einem Schüler, Sami, pantomimisch Spiegel und Spiegelbild ihrer Person in verschiedenen Positionen dar.**
2	26–57	**Einführung des Konzepts der Spiegelung**	**Die Lehrerin stellt zeitgleich zur Pantomime Fragen, wie z.B. was Sami, der Spiegel, macht, wenn sie einen bestimmten Körperteil ausstreckt.**
3	58–75	Einführung des Konzepts der Spiegelung	Die Schülerinnen und Schüler spielen die Pantomime in Zweiergruppen nach.
4	76–87	Vorbereitung der Stationenarbeit der Tischgruppen zum Thema Spiegelung	Die Lehrerin verteilt die Aufgabe „Spiegelschrift entziffern und schreiben" an Tischgruppe 3 und erklärt kurz.
5	88–117	**Vorbereitung der Stationenarbeit der Tischgruppen zum Thema Symmetrie**	**Die Lehrerin verteilt die Aufgabe „Symmetrieachsen in Großbuchstaben und Zahlen finden" an Tischgruppe 4 und erklärt diese.**
6	118–129	**Rechtschrebung/Aussprache des Fachterminus Symmetrieachse**	**Die Lehrerin erklärt die Rechtschreibung und Aussprache des Fachterminus Symmetrieachse.**
7	130–144	**Vorbereitung der Stationenarbeit der Tischgruppen zum Thema Symmetrie**	**Die Lehrerin erklärt die Aufgabe für Tischgruppe 4.**

---

79 Anzumerken ist, dass das Thema Spiegelung in der vierten Klasse nicht gänzlich neu ist. Es ist davon auszugehen, dass die Schülerinnen und Schüler bereits in den ersten drei Schuljahren über die Thematik des Faltens in Klasse 1 und der Erstellung und Betrachtung von Klecksbildern in Klasse 3 erste Annäherungen an das Thema Spiegelung bzw. Symmetrie hatten. In diesem Zusammenhang ist es ebenfalls möglich, dass einige der Fachtermini bereits von der Lehrperson verwendet worden sind. So ist es laut dem Hamburger Rahmenplan Mathematik für die Grundschule vorgesehen, dass Schülerinnen und Schüler am Ende der Jahrgangsstufe 2 den Begriff symmetrisch kennen und anwenden können. Trotzdem werden an dieser Stelle die vorliegenden Unterrichtssequenzen als Einführungssequenzen neuer mathematischer Begriffe gewertet, da das Thema in den ersten Schuljahren nicht als Ziel die Einführung neuer mathematischer Begriffe hatte und so nicht davon auszugehen ist, dass dort begonnen wurde, ein konsistentes Begriffssystem der gesamten Thematik aufzubauen. So ist es laut Hamburger Rahmenplan erst nach der Jahrgangsstufe 4 vorgesehen, dass Schülerinnen und Schüler den Begriff der Symmetrie- bzw. Spiegelachse kennen, seine Sprechweise beherrschen und ihn anwenden können (vgl. ebenda 2004).

8	145–167	Vorbereitung der Stationenarbeit der Tischgruppen zum Thema Symmetrie	Die Lehrerin verteilt die Aufgabe „Symmetrieachsen in Figuren finden" an Tischgruppe 1 und erklärt diese.
9	168–195	Vorbereitung der Stationenarbeit der Tischgruppen zum Thema Symmetrie	Die Lehrerin verteilt die Aufgabe „Schmetterlinge mit dem Zauberspiegel zeichnen" an Tischgruppe 2 und erklärt diese.
10	195–210	Vorbereitung der Stationenarbeit der Tischgruppen zum Thema Symmetrie	Die Lehrerin erklärt den Zauberspiegel.
11	210–225	Organisatorisches/Unterrichtsorganisation	Die Lehrerin verteilt Zauberspiegel an Tischgruppe 2 und erkundigt sich abschließend, ob alle Kinder mit einer Aufgabe versorgt seien.

Für die vorliegende Szene wird zusätzlich zur Gliederung auch ein Sitzplan der Klasse angegeben, da so ein besserer Überblick entsteht, wie viele Tischgruppen und Arbeitsaufträge es bei der Stationenarbeit gibt.

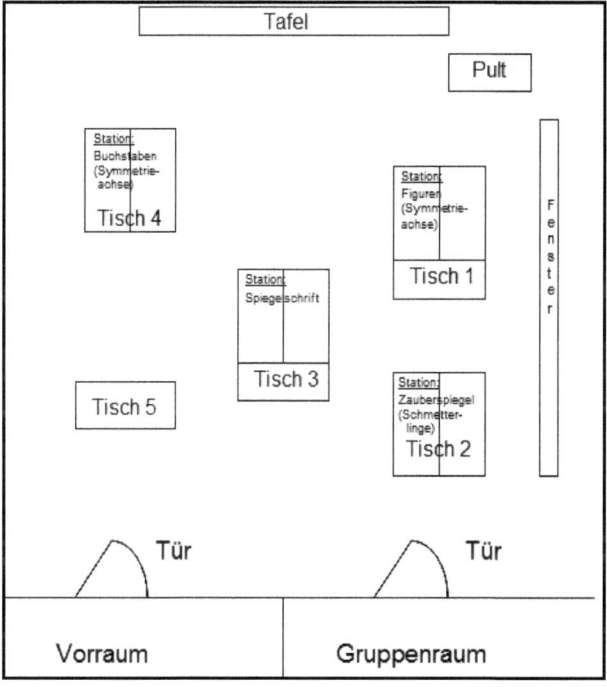

4.2.3 Ausgewählte Transkriptsequenzen

Sequenz <1–25> und <26–57>

Znr.	Zeit	Person	Aktivität
1	02:23	L:	ihr kennt alle einen Spiegel\ .. und .ihr wisst auch was ihr damit
2			macht ne/. soo. dann möcht ich ma Sami hier haben\
3		Sami:	[kommt nach vorne]
4	02:35	L:	so Sami du bist jetzt mal mein Spiegel\.
5		>L:	[L nimmt die Hände auf Brusthöhe hoch]
6		>L:	das heißt alles was ich mache. machst du auch\
7		<Sami:	[steht vor der Lehrerin]
8		<Sami:	okaaay\
9	02:43	>L:	so\.
10		>L:	[L nimmt die Hände runter und
11		<L:	Gleich wieder hoch]
12		<L:	so\
13		Sami:	[Sami nimmt seine Hände hoch]
14		>L:	[bewegt ihre rechte Hand nach rechts]
15		>Sami:	[bewegt zeitlich leicht versetzt seine linke Hand nach links]
16		<L:	[L hebt ihren rechten Arm hoch]
17		<Sami:	[Sami hebt seinen linken Arm hoch]
18		>L:	[L hebt ihren linken Arm hoch]
19		>Sami:	[Sami hebt seinen rechten Arm hoch]
20		>L:	was macht der Spiegel/
21		<L:	[L führt linke Hand nach links]
22		<Sami:	[Sami führt seine rechte Hand nach rechts]
23		<S:	nach\
24		>L:	[L hört mit Bewegungen auf]
25		>Sami:	[Sami hört mit Bewegungen auf]
26		>L:	der macht alles nach\. **aber** guckt ma genau hin\.
27	02:52	<L:	Wenn ich meine rechte Hand hoch nehm
28		<L:	[L nimmt ihre rechte Hand hoch]
29		>Sami:	[Sami nimmt seine linke Hand hoch]
30		>L:	was macht der Spiegel dann/
31		Sm:	die Linke\
32		S1:	[S1 kommt nach vorne zu L und gibt L ein Blatt]
33		L:	die Linke
34	03:00	<L:	[dreht sich zu S1 und nimmt Blatt entgegen]
35		<L:	danke super
36		S1:	[S1 setzt sich wieder]
37		>L:	[L legt Blatt auf das Pult]
38		>L:	was macht. der Spiegel. wenn ich mein
39		<L:	rechtes Bein ausstreck/
40		<L:	[L streckt ihr rechtes Bein nach vorne und nimmt es zurück]
41		<Sami:	[Sami streckt sein linkes Bein aus und nimmt es zurück]
42		Sm:	links\
43		Sm:	Linkes\
44		>L:	Wenn ich mein linken Arm ausstreck/

Znr.	Zeit	Person	Aktivität
45		>L:	[L streckt ihren linken Arm aus]
46		>Sami:	[Sami streckt seinen rechten Arm aus]
47		Sm:	Rechts\
48		<L:	den linken
49		<L:	[L streckt linkes Bein nach links aus]
50		<Sami:	[Sami streckt rechtes Bein nach rechts aus]
51		S:	Rechts\
52	03:12	>L:	Wenn ich nach rechts guck/
53		>L:	[L dreht denn Kopf nach rechts zur Klasse]
54		>Sami:	[Sami dreht denn Kopf nach links zur Klasse]
55		Sm:	nach links\
56		L:	also das ist die Seite ist immer vertauscht ne\ So.danke schön Sami\
57		Sami:	[Sami geht zu seinem Platz.]

Frau Ilgner fordert die Schülerinnen und Schüler auf, sich zu zweit zusammenzustellen, um die von Frau Ilgner und Sami vorgespielte Pantomime nachzuspielen. Frau Ilgner geht währenddessen herum und korrigiert etliche der Schülerpaare, da viele von ihnen die Pantomime nicht korrekt im Sinne der Spiegelverkehrtheit[80] ausführen. Nach ca. zweieinhalb Minuten bricht Frau Ilgner die Partnerarbeit mit einem lauten „*stoop..stooop*" <73> ab und fordert alle Schülerinnen und Schüler auf, sich wieder hinzusetzen. Frau Ilgner sagt, dass sie heute mit dem Spiegel lernen und schauen werden, wie man mit diesem „*etwas verdoppeln kann*" <77–79>. Hierzu beginnt sie, die Aufgaben der folgenden Stationenarbeit an Gruppentische zu verteilen. Die Aufgabe, die sie Tischgruppe 3 stellt, besteht darin, Texte in Spiegelschrift mit und ohne Spiegel zu entziffern und anschließend selbst Wörter in Spiegelschrift zu schreiben. Hiernach wendet sich Frau Ilgner Tischgruppe 4 zu. Es ereignet sich Folgendes:

Sequenz <88–117>, <118–129> und <130–144>

Znr.	Zeit	Person	Aktivität
88		<L:	an diesem Tisch-...
89	07:26	<L:	[L. geht in Richtung Tisch 4 und nimmt Blatt mit Buchstaben vom
90			Tisch und zeigt es S$_a$]
91		L:	sind Buchstaben\. ihr müsst euch selber Buchstaben aufschreiben
92			Große Druckbuchstaben\und dann sollt ihr mal gucken ob es irgendwo
93			eine Linie gibt an der sich der Buchstabe spiegelt\. diese Linie an der
94			sich das Gleiche äh wieder. gespiegelt wird nennt sich
95		>L:	Symmetrieachse\. Also wenn du zum Beispiel
96		>L:	[L dreht sich zur Tafel]

---

80 Zwei Bilder verhalten sich zueinander spiegelverkehrt, wenn sie in allen Längen und Winkeln übereinstimmen, aber eine unterschiedliche Händigkeit aufweisen. Chiralität nennt man die Eigenschaft von Körpern und chemischen Strukturen, sich mit ihrem Spiegelbild nicht zur Deckung bringen zu lassen. Objekte mit dieser Eigenschaft nennt man chiral (vgl. Duden Fremdwörterbuch 2006, S. 177).

97		<L:	ein A hast\
98		<L:	[L schreibt ein großes A an die Tafel]
99	07:55	S:	dann wird das um die Hälfte gemacht\
100		L:	[L dreht sich wieder zu Klasse]
101		L:	dann gibt es eine Linie\ und wenn du da an diese Linie den Spiegel
102			hältst\ dann kannst du das A
103		L:	[L dreht sich zur Tafel]
104		L:	auch sehen obwohl du die Hälfte nicht siehst sondern wenn du hier die
105			Linie
106		L:	[L zeichnet Symmetrieachse in das A ein]
107		>L:	wenn du hier den Spiegel anlegst dann siehst du dieser Punkt wird
108			hier gespiegelt\
109		>L:	[L zieht gestrichelte Linie vom linken unteren Ende des A zum
110			rechten unteren Ende]
111		<L:	Dieser hier\
112		<L:	[L zieht gestrichelte Linie von der rechten Mitte des A zur linken]
113		>L:	Dieser bleibt da gespiegelt
114		>L:	[L deutet auf die Spitze des A]
115			also siehst du das ganze A obwohl der Spiegel davor steht\ ja/ diese
116			Linie nennt man Symmetrieachse....
117		Sa:	Symmetrieachse\
118	08:23	<L:	Sym..me.trie..achse
119		<L:	[L schreibt „Symmetrieachse" an die Tafel neben das A]....
120		L:	Achse mit ce ha\
121		L:	[L. dreht sich zur Klasse]
122		L:	ihr sollt jetzt rausfinden bei diesen Buchstaben\ ob es bei den
123		>L:	Buchstaben\
124		>S2:	du hast-
125		L:	Einige irgendwo #
126		# S2:	ein ha gemacht\
127		S:	ein ha . ak. se\
128	08:40	L:	ja\ und das hab ich extra unterschrieben weil es zwar aks gesprochen
129			aber ce ha es ge g geschrieben wird\. so\ hier gibt es also einige
130			Zahl das sollt ihr untersuchen indem ihr selbst immer eure Buchstaben
131			und Zahlen aufschreibt\ wo da wohl bei einigen Buchstaben was ist\
132			wenn ihr seht da gibt es gar keine dann unterstreicht ihr den
133			Buchstaben- dann kann es auch sein\ **es haben nicht** alle Buchstaben
134		>L:	eine Symmetrieachse\. hier unten das sollt ihr euch auch ins Heft oder
135		>L:	[deutet auf unteren Teil des Blattes, das sie in
136			ihrer Hand hält]
137		L:	äh auf euren Zettel malen sind halbe Buchstaben und Zahlen und ihr
138			sollt ma gucken indem ihr irgendwie spiegelt ob ihr da einen ganzen
139			Buchstaben oder eine ganze Zahl rausbekommt\
140	09:23	<S:	das erste krieg ich schon so raus
141		<S:	das erste .... das ist ein A
142		>L:	[L geht zu Tisch 4 und legt dort den Zettel wieder hin und nimmt
143			andere weg]
144		>L:	das ist an diesem Tisch .. so . kriegt ihr gleich

Nach Tischgruppe 4 wendet sich Frau Ilgner Tischgruppe 1 zu und zeigt den Schülerinnen und Schülern des Tisches Arbeitsblätter, auf denen Figuren zu sehen sind. Sie gibt den Schülerinnen und Schülern dieses Tisches die Aufgabe, Symmetrieachsen in diesen Figuren zu finden <151–152>. Hiernach wendet sich Frau Ilgner an Tischgruppe 2. Diese Tischgruppe erhält von ihr die Aufgabe, halbe Schmetterlinge mit einer eingezeichneten Symmetrieachse an der Fensterscheibe zu ganzen Schmetterlingen durchzupausen <168–192>. In einem weiteren Arbeitsschritt soll diese Tischgruppe mit einem ‚Zauberspiegel' arbeiten. Dieser besteht aus Kunststoff, gleicht einer durchsichtigen CD-Hülle und weist somit die Spiegeleigenschaften einer Fensterscheibe auf, da man hindurch gucken, aber gleichzeitig auch etwas spiegeln kann. Frau Ilgner sagt dieser Tischgruppe, dass ihr zweiter Arbeitsauftrag darin besteht, mit Hilfe dieses Zauberspiegels die halben Schmetterlinge zu ganzen zu vervollständigen, indem der Zauberspiegel an der Symmetrieachse angehalten werden soll und die Schülerinnen und Schüler durch den Zauberspiegel guckend das Spiegelbild nachzeichnen <193–210>. Hiernach verteilt Frau Ilgner Zauberspiegel an Tischgruppe 2, fragt, ob alle Kinder eine Aufgabe erhalten haben und fordert die Schülerinnen und Schüler auf, mit der Bearbeitung ihrer Aufgaben zu beginnen <211–227>.

4.2.4 Allgemeine Beschreibung und Zusammenfassung von Sequenzen der Szene

Allgemeine Beschreibung der Sequenzen <1–25> und <26–57>

Frau Ilgner beginnt mit einer handlungsorientierten Einführung in das neue Thema Spiegelung. Hierzu fordert sie zuerst einen Schüler, Sami, auf, nach vorn zu kommen. Sami führt gemeinsam mit ihr eine Pantomime vor. Frau Ilgner macht eine Handlung, wie z.B. das Heben des rechten Armes vor, und Sami, quasi als ihr Spiegel vor ihr stehend, macht diese Handlung spiegelverkehrt nach. Nachdem Frau Ilgner und Sami still ein paar dieser pantomimischen Handlungen vorgeführt haben, fragt sie jeweils zeitgleich zu den Ausführungen die übrigen Schülerinnen und Schüler, was Sami, der Spiegel macht, wenn sie eine Handlung ausführt. Sie steigert kleinschrittig den Schwierigkeitsgrad vom Wechseln der Körperteile über das Wechseln der Seite hin zu einem größeren Abstraktionsgrad, bei dem Frau Ilgner nur noch nach *„den linken"* <48> fragt. Nachdem einige Schülerinnen und Schüler vermutlich inhaltlich nicht mehr folgen können, reduziert Frau Ilgner den Abstraktionsgrad ihrer Fragen und kehrt zu ihrem vorherigen Fragestil zurück. Sie schließt die Sequenz mit Samis ‚Spiegelschauspiel' mit der Aussage ab, dass dort die Seite immer vertauscht wäre. Hiernach bedankt sich Frau Ilgner bei Sami und dieser begibt sich zu seinem Platz zurück.

Zusammenfassung der Interpretation der Sequenzen <1–25> und <26–57>

Frau Ilgner beginnt die Sequenz mit der Aussage „*ihr kennt alle einen Spiegel*"
<1>. Es scheint so, als diene ihr dieser Einstieg dazu, ausgehend von einer Grund-
lage, die in der Klasse als gemeinsam geteiltes Wissen gilt, ein neues Thema zu
beginnen. Nach dieser Interpretation ließe sich das Folgende als Einführung eines
neuen Unterrichtsthemas deuten. Der Bezug zum Fach Mathematik ist an dieser
Stelle noch nicht eindeutig und es könnte sich auch um ein Thema des Sachkunde-
unterrichts handeln. Frau Ilgner scheint mit „*kennen*" <1> und „*und ihr wisst auch
was ihr damit macht*" <2–3> den Spiegel genauer zu charakterisieren. Ungeklärt ist
jedoch, ob sich die Aussage von Frau Ilgner auf die alltägliche Verwendung des
Spiegels durch die Schülerinnen und Schüler bezieht oder auf die Funktionsweise
eines Spiegels mit dem dahinter stehenden Konzept der Spiegelverkehrtheit. Die
Aussage „*was ihr damit macht*" <1> würde Ersteres stützen, „*ihr kennt alle einen
Spiegel*" <1> deutet eher auf die Funktionsweise eines Spiegels. Sogleich fordert
Frau Ilgner Sami mit den Worten „*so Sami du bist jetzt mal mein Spiegel*" <4> auf,
nach vorn zu kommen, um mit ihm eine Pantomime zu spielen, bei der er ihren
Spiegel darstellen soll. Was es bedeutet, ihren Spiegel darzustellen, erklärt sie mit
„*das heißt alles was ich mache. machst du auch/*" <6> Sie setzt durch dieses Vorgehen bei den Alltagsvorstellungen der Schülerinnen und Schüler in Bezug auf das
Thema Spiegelung an, um diese vermutlich in ihrer Alltagswelt ‚abzuholen' und
erst später zum mathematischen Fachbezug des Themas zu wechseln. Das ‚Spiegelschauspiel' der Lehrerin und ihres ‚Spiegels' Sami hat somit vorerst einen spielerischen Charakter. Verwirrung könnte bei den Schülerinnen und Schülern entstehen,
da Sami nach Aussage von Frau Ilgner „*alles*" <6> nachmachen soll, was sie vor-
macht, d.h. alle Handlungen. Dazu würde dann jedoch auch reden, husten oder
räuspern gehören. Das „*alles*" <6> in diesem Fall nur spezielle motorische Handlungen bezeichnet, bleibt implizit. Zusätzlich dürfte Sami die Problematik der
Spiegelverkehrtheit in seinen Handlungen nicht berücksichtigen, um die gleichen
Handlungen wie die Lehrerein auszuführen. Dass ein Spiegel das spiegelverkehrte
Abbild darstellt, bleibt somit ebenfalls implizit. Es ist jedoch davon auszugehen,
dass die Verdeutlichung dieses Aspekts Ziel der bevorstehenden Pantomime sein
soll und Frau Ilgner im Weiteren hierauf genauer eingehen wird.

Frau Ilgner beginnt ohne weitere Erklärungen damit, Sami die Handlung des
‚Beide-Hände-Hebens' vorzumachen. Durch das Heben beider Hände bleibt der
zentrale Punkt der Spiegelverkehrtheit bei der ersten ‚Beispielspiegelung' unbe-
rücksichtigt. Unklar bleibt in dieser Situation auch der genaue Startpunkt der Pantomime, den Frau Ilgner nicht explizit verbal markiert. Sie bewegt ihre rechte Hand
nach rechts und untermauert dies verbal mit „*so\.......so*" <9–12> Sami bewegt zeitlich leicht versetzt seine linke Hand nach links <15> und macht die Handlung von

Frau Ilgner im Sinne der Spiegelverkehrtheit korrekt nach. Er scheint entweder über ein verinnerlichtes Konzept einer Spiegelung zu verfügen oder aufgrund der Tatsache, dass es nahe liegend ist, in dieser Situation den spiegelverkehrten Körperteil zu bewegen, richtig zu handeln. Würde er der Anweisung von Frau Ilgner, bezogen auf die Wiederholung ihrer Handlung, korrekt folgen, müsste er jedoch ebenfalls die rechte Hand heben, was aber keiner Spiegelung entsprechen würde. Somit widersprechen sich für ihn anscheinend die Handlungsanweisung von Frau Ilgner, *„alles was ich mache. machst du auch\"* <6> und die von ihm darzustellende Spiegelung nicht. Es scheint, als wenn er die Handlungsanweisung so umsetzt, dass sie entweder zu seinem verinnerlichten Konzept des Spiegels passt, oder aber dass er sie intuitiv richtig ausführt. Für die Schülerinnen und Schüler einer vierten Klasse, denen das Prinzip der Spiegelverkehrtheit noch nicht zwingend bekannt sein muss, könnte hier jedoch ein Verstehensproblem auftreten, wenn sie die Anweisungen von Frau Ilgner und die Handlungen Samis nicht unbedingt miteinander in Beziehung setzen können oder ihnen gar nicht bewusst wird, dass Sami nicht die gleichen, sondern die spiegelverkehrten Handlungen von Frau Ilgner ausführt.

Nachdem Frau Ilgner dieses ‚Spiegelschauspiel‘ mit Sami einige Male vorgeführt hat, fragt sie die Schülerinnen und Schüler, was Sami, der ‚Spiegel‘ *„macht"* <20>, während sie eine Handlung ausführt. Diese Frage nutzt Frau Ilgner anscheinend dazu, die allgemeine Funktionsweise eines Spiegels zu thematisieren. Hingegen scheint sie dabei nicht darauf abzuzielen, was die Schülerinnen und Schüler tatsächlich alles mit einem Spiegel machen können (vgl. <1–2>). Das Wort *„macht"* <20> suggeriert Spiegeln als eine aktive Handlung, was sich daraus erklären ließe, dass Sami, eine Person, den Spiegel verkörpert und somit aktiv handeln kann. Die Schülerinnen und Schüler antworten vorerst folgerichtig auf der Ebene der Handlung von Frau Ilgner bzw. von Sami und geben an, dass Sami, der ‚Spiegel‘ alles *„nach[macht]"* <vgl. <23>. Frau Ilgner scheint hiermit unzufrieden. Sie fordert alle auf, genauer hinzusehen, und verdeutlicht bei ihren nächsten Handlungen und Samis Spiegelung, dass links und rechts vertauscht sind. Somit rückt das Prinzip der Spiegelverkehrtheit, jedoch immer noch implizit, in den Mittelpunkt des Unterrichts. Unklar bleibt an dieser Stelle, ob die Schülerinnen und Schüler das Konzept des Spiegelns verinnerlicht haben, nur die Handlungen Samis verbalisieren oder ihnen durch die Veranschaulichung einleuchtet, dass ein Spiegel das ‚Entgegengesetzte‘ der zu spiegelnden Person ‚macht‘ und das Entgegengesetzte von die rechte Hand heben demnach die linke Hand heben ist. Frau Ilgner klärt an dieser Stelle nicht, was der Kern des derzeitigen Unterrichtsthemas ist. Im Vordergrund steht der Auftrag an die Schülerinnen und Schüler, die Handlungen Samis zu verbalisieren.

Die Schülerinnen und Schüler scheinen bei der Vorgehensweise von Frau Ilgner vorerst gut folgen zu können und geben vermutlich im Sinne der Erwartungen von

Frau Ilgner korrekte Antworten. Schon bevor Frau Ilgner beim Fortschreiten des ‚Spiegelschauspiels' den Abstraktionsgrad erhöht und nur noch eine Steigerung des richtungweisenden Adjektivs links als Frage benutzt, antworten einige Kinder mit „*links*" <42> auf einer abstrakteren Ebene auf die Frage von Frau Ilgner „*wenn ich mein rechtes Bein ausstreck/*" <38–39>. Dies ist nicht mehr die richtige Flexion des richtungweisenden Adjektivs, denn „*linkes*" <43> als Abstraktion für linkes Bein wäre als Antwort korrekt gewesen. „*links*" <43> gibt hingegen nur noch die richtige Seite an – ohne Bezug zum Körperteil, der gespiegelt wird. Das lässt darauf schließen, dass einigen Schülerinnen und Schülern verständlich zu werden scheint, dass der entscheidende Punkt, auf den Frau Ilgner hinaus will, die Spiegelverkehrtheit, d.h. in diesem Fall das Vertauschen von links zu rechts ist. Frau Ilgner greift diesen Grad der Abstraktion auf und fragt zeitgleich zu ihrer nächsten Handlung, den linken Fuß nach links herauszustrecken, nur noch nach „*den linken*"/ <48>. Hatte sie anfangs den Schwierigkeitsgrad ihrer Fragen durch einen Wechsel der zu spiegelnden Körperteile erhöht, so gibt Frau Ilgner in <48> nur noch eine richtungweisende adverbiale Bestimmung des Ortes an und verzichtet auf weitere Subjekte, die zu spiegeln seien. Hierauf antwortet jedoch nur noch ein Kind mit „*rechts*" <51>. Es ist somit denkbar, dass nicht alle oder nur wenige Schülerinnen und Schüler dem Übergang von der Anschauungsebene mit ausführlicher Verbalisierung hin zur Abstraktionsebene folgen konnten. In diesem Fall ist davon auszugehen, dass diese Schülerinnen und Schüler nicht die Handlungen Samis verbalisiert haben, sondern auf die verbalen Erklärungen bzw. Fragen von Frau Ilgner geachtet haben und sie diesen inhaltlich nicht mehr folgen können. Diese Annahme wird dadurch gestützt, dass Sami weiterhin die Spiegelhandlungen ausführt und es den Schülerinnen und Schülern somit immer noch möglich wäre, diese zu verbalisieren.

Frau Ilgner scheint die Schwierigkeiten der Schülerinnen und Schüler wahrzunehmen, geht bei ihrer nächsten Frage in ihrem kleinschrittigen Vorgehen quasi zwei Stufen zurück und fragt erneut, „*wenn ich nach rechts guck/*" <52>, was wiederum viele Schülerinnen und Schüler richtig mit „*nach links*" <55> beantworten können. Bei der abschließenden Bemerkung von Frau Ilgner „*also das ist die Seite ist immer vertauscht ne*" <56> sind ihre Formulierungen eher alltagsprachlich gefasst, obwohl ihre Aussage als eine erste Verallgemeinerung des Prinzips der Spiegelverkehrtheit zu verstehen ist. Dies ist aber vermutlich nur für diejenigen Schülerinnen und Schüler zu verstehen, die ohne Explikation bereits verstanden haben, dass das Prinzip der Spiegelverkehrtheit im Zentrum der Betrachtung steht und dass aufgrund dieses Prinzips bei einer Spiegelung die Seiten „*vertauscht*" werden <56>. Bei der gesamten Einführung, wie auch bei der Schlussbemerkung von Frau Ilgner, fällt auf, dass diese zu keinem Zeitpunkt den Fachterminus spiegeln verwendet, sondern immer auf der Ebene der Ausführungen von Handlungen bleibt und ebenso nie von Spiegelverkehrtheit spricht, sondern auf der Ebene alltagssprachlicher Formulierungen des Vertauschens der Seiten bleibt.

Allgemeine Beschreibung der Sequenzen <88–117>, <118–129> und <130–144>

Frau Ilgner wendet sich Tischgruppe 4 zu und nimmt ein Blatt mit Buchstaben vom Tisch. Sie sagt den Schülerinnen und Schülern dieser Tischgruppe, dass es ihr Arbeitsauftrag ist, große Druckbuchstaben aufzuschreiben und in bzw. an diesen eine Linie zu finden, an der sich der gleiche Buchstabe durch Spiegeln wieder zeigt. Frau Ilgner benennt diese Linie als „*Symmetrieachse*" <93–94> und gibt ein Beispiel durch Anschreiben eines großen „A" <98> an der Tafel. Sie sagt „*wenn du zum Beispiel ein A hast\ dann gibt es eine Linie\ und wenn du da an diese Linie den Spiegel hälts\ dann kannst du das A auch sehen obwohl du die Hälfte nicht siehst*" <95–104>. Frau Ilgner zeichnet die Symmetrieachse und einige gestrichelte waagerechte Linien in das A an der Tafel ein, um zu verdeutlichen, welcher Punkt wohin gespiegelt wird, wenn man an der Symmetrieachse spiegelt. Hierzu gibt sie kurze Erklärungen welche Eckpunkte des A wohin gespiegelt werden. Anschließend spricht Frau Ilgner den Fachterminus Symmetrieachse einmal langsam und gedehnt vor, während sie diesen neben das A an die Tafel schreibt und betont, dass man „*Achse mit ce ha*" schreibt <120>. Frau Ilgner versucht, den Arbeitsauftrag, den sie dieser Tischgruppe erteilt hat, zu wiederholen, wird dabei aber von einem Kind unterbrochen, das eine weitere Erklärung zur Schreibweise des Fachterminus einfordert. Frau Ilgner verdeutlicht, dass man das Wort Symmetrieachse zwar „*aks*" <128> spricht, aber mit „*ce ha es*" <129> schreibt. Frau Ilgner ergänzt, dass nicht alle Buchstaben eine Symmetrieachse haben <133–135> und dass die Schülerinnen und Schüler auf ihrem Arbeitsblatt ‚halbierte' Zahlen und Buchstaben haben, um zu überprüfen, ob die Zahlen und Buchstaben mit Hilfe der Spiegelung an einer Symmetrieachse wieder als ‚ganze' zu sehen sind. Hiernach wendet sich Frau Ilgner Tischgruppe 1 zu.

Zusammenfassung der Interpretation der Sequenzen <88–117>, <118–129> und <130–144>

Frau Ilgner wendet sich Tischgruppe 4 zu und gibt dieser den Arbeitsauftrag, Symmetrieachsen in Großbuchstaben und Zahlen zu identifizieren. Sie benennt dafür die Linie, an der sich der Buchstabe spiegelt, als „*Symmetrieachse*" <93–94>, wobei sie zum ersten Mal in dieser Unterrichtseinheit den Fachterminus „spiegeln" („*spiegelt*" <93> und „*gespiegelt*" <94>) verwendet und nicht mehr von machen, nachmachen oder verdoppeln spricht. Die anfängliche Aussage von Frau Ilgner „*ob es irgendwo eine Linie gibt an der sich der Buchstabe spiegelt*" <92–93> trifft auf jede Linie zu, präzisiert somit den Arbeitsauftrag für die Schülerinnen und Schüler nicht. Auch der Zusatz *„diese Linien an der sich das Gleiche äh wieder. gespiegelt wird nennt sich Symmetrieachse\."* <93–95> erklärt Schülerinnen oder Schülern, die das Konzept der Symmetrieachse oder Spiegelung erst lernen sollen, nicht, ob Frau Ilgner beabsichtigt, Symmetrieachsen innerhalb der Buchstaben suchen zu lassen oder Spiegelachsen außerhalb der Buchstaben, denn für beides würde ihre Erklärung Sinn ergeben. Bei der Aussage von Frau Ilgner in <93–95> kann sich *„das Gleiche"* <94> aus Sicht der Schülerinnen und Schüler sowohl darauf beziehen, dass der gleiche Buchstabe zweimal zu sehen ist, wodurch es bei symmetrischen Buchstaben eine unendliche Anzahl von Linien außerhalb der Buchstaben gäbe, oder aber darauf, dass man den ‚halben' Buchstaben in Zusammenschau mit dem Spiegelbild als ganzen Buchstaben erkennen kann. Es ist davon auszugehen, dass Frau Ilgner den mathematischen Begriff Symmetrieachse erklären wollte und die Schülerinnen und Schüler Symmetrieachsen in Buchstaben zu suchen haben. Dies geht aber nicht unweigerlich aus ihren Erklärungen hervor.

An diesem Punkt wechselt Frau Ilgner anscheinend implizit das Thema. Ging es zuvor um die Erklärung des Arbeitsauftrags für Tischgruppe 4, steht nun die Definition des mathematischen Begriffs Symmetrieachse im Vordergrund. Weiter geht Frau Ilgner an dieser Stelle auch nicht auf das Prinzip der Spiegelverkehrtheit ein, denn genau genommen zeigt der Spiegel beim Anlegen an der Symmetrieachse nicht das gleiche wie das zu spiegelnde Bild, sondern das spiegelverkehrte Bild vom Urbild, wodurch es überhaupt nur möglich ist, dass der Buchstabe als Ganzes zu erkennen ist. Dieser Umstand bleibt jedoch implizit und wird nicht im Klassengespräch thematisiert. Dieselbe Problematik ergab sich schon beim Einstieg in das Thema und dem ‚Spiegelschauspiel' mit Sami, wodurch das Prinzip der Spiegelverkehrtheit somit zum zweiten Mal nicht explizit thematisiert wird.

Zusätzlich thematisiert Frau Ilgner nicht, dass beim Arbeitsauftrag der Tischgruppe und der Thematisierung des Fachterminus die Großbuchstaben und Zahlen nicht in ihrer ursprünglichen Bedeutung verwendet werden, sondern als geometrische Figuren zu betrachten sind, die es zu spiegeln gilt. Frau Ilgner bessert ihre Erklärungen in <93–95> nach und gibt ein Beispiel für die Spiegelung an einer Symmetrieachse an. Hierzu schreibt sie den Großbuchstaben A an die Tafel und sagt: *„dann gibt es eine Linie\ und wenn du da an diese den Spiegel hältst\ dann kannst du das A auch sehen obwohl du die Hälfte nicht siehst"* <101–104>.

Frau Ilgners Erklärung des Begriffs Symmetrieachse könnte sich somit aus Lernendenperspektive eher auf den Arbeitsauftrag der Tischgruppe 4 beziehen lassen. Dass ihre Aussage auf ein allgemeines Prinzip verweist, was für alle Kinder von Bedeutung ist, geht aus ihrem Vorgehen kaum hervor. Die übrigen Schülerinnen und Schüler könnten denken, dass diese Erklärungen für sie nicht so interessant seien, oder aber, dass nur bei dieser Aufgabe eine Symmetrieachse vorkommt. Es ist jedoch so, dass auch in den Aufgaben der anderen Schülerinnen und Schüler Symmetrieachsen zu bestimmen sind und das Konzept der Spiegelung bzw. der Spiegelverkehrtheit in engem inhaltlichen Zusammenhang steht mit dem Begriff Symmetrieachse und dem dahinter stehenden Konzept. Die Erklärungen von Frau Ilgner bleiben somit sehr handlungsorientiert dem Arbeitsauftrag der Tischgruppe 4 verhaftet und geben keinen expliziten Ausblick von diesem auf eine Allgemeingültigkeit. Frau Ilgner suggeriert zudem mit ihrer Aussage *„dann gibt es eine Linie"* in <101> die Existenz einer eindeutigen Linie bzw. Symmetrieachse in jedem Buchstaben oder in jeder Zahl, was jedoch nicht zutrifft, da es teilweise keine oder mehrere Symmetrieachsen gibt. Beim weiteren Vorgehen zeichnet Frau Ilgner die Symmetrieachse in das A an der Tafel ein und zeigt den Schülerinnen und Schülern, wie man die Konstruktion einer Spiegelung an einer Spiegelachse vornimmt. Sie nimmt somit erneut einen impliziten Wechsel des Themas vor: Wurde zuvor der mathematische Begriff Symmetrieachse zu definieren versucht, so zeigt Frau Ilgner nun die Konstruktion einer Spiegelung an einer Spiegelachse, die in diesem Fall auch die Symmetrieachse darstellt. Dass hierbei die Spiegelachse ebenfalls die Symmetrieachse des Buchstabens darstellt, ist für ihre Erklärungen einer Spiegelung jedoch nahezu unerheblich, da sie nur kurz zeigt, wie bei einer Spiegelung Punkte gespiegelt werden. Frau Ilgner scheint davon auszugehen, dass den Schülerinnen und Schülern dieses Vorgehen der Konstruktion einer Spiegelung bereits bekannt sei, wovon jedoch bei einer Klasse in der vierten Jahrgangsstufe nicht auszugehen ist, denn sie sagt: *„wenn du hier den Spiegel anlegst dann siehst du dieser Punkt wird hier gespiegelt\"* <107–108>. Hierbei zieht sie eine gestrichelte Linie vom linken unteren Ende des A zu dessen rechtem unteren Ende. Fraglich bleibt jedoch, wie die Schülerinnen und Schüler dies ‚sehen' können sollen. In einem Spiegelbild zeigt sich das Bild der Figur, jedoch nicht das Vorgehen der zeichnerischen Darstellung einer Spiegelung dieser Figur. Hiernach werden vermutlich nur diejenigen, die die Regeln zur zeichnerischen Darstellung einer Spiegelung oder das Konzept einer Spiegelung bereits verinnerlicht haben, ‚sehen' können, was Frau Ilgner zeigen will. Es scheint jedoch, als wenn Frau Ilgner davon ausginge, dass sich dieses alles von selbst zeige und die Schülerinnen und Schüler dies schon sähen, wenn sie genau hinschauen würden.

Weiter scheint Frau Ilgner die Tatsache, dass geometrische Figuren, in diesem Fall das A, aus Punkten bestehen, vorauszusetzen. Dieser Umstand ist jedoch nicht trivial, denn dass z.B. ein Dreieck Eckpunkte besitzt, über die man es konstruiert, und dass man es anhand dieser spiegeln kann, mag einleuchten. Dass dieser Umstand auch für Buchstaben zutrifft, ist jedoch nicht ohne Weiteres zu erkennen, denn die Schülerinnen und Schüler müssen hierzu den Buchstaben als Figur und nicht als Teil des Alphabets betrachten. Buchstaben und Zahlen werden aber gängigerweise geschrieben und nicht anhand von Punkten konstruiert und unterliegen so im Allgemeinen auch nur den Ansprüchen ästhetischer Gesichtspunkte und nicht geometrischer Genauigkeit. Dass die Tischgruppe und auch alle anderen Schülerinnen und Schüler jedoch die Buchstaben und Zahlen als geometrische Figuren betrachten sollen, wurde von Frau Ilgner nie zuvor expliziert. Frau Ilgner deutet auf die Spitze des A, durch die die Symmetrieachse verläuft, und gibt an, *„dieser bleibt da gespiegelt"* <113>. Es folgt wiederum keine weitere Explikation. Auch hier kann somit vermutet werden, dass Frau Ilgner davon ausgeht, es sei für die Schülerinnen und Schüler selbst zu erkennen, dass bei Punkten, die auf der Spiegelachse liegen, Urbild und Bild identisch sind. Diese fachlichen Kenntnisse des Konzepts bzw. die zeichnerische Darstellung einer Spiegelung können jedoch bei Schülerinnen und Schülern der Jahrgangsstufe 4 nicht vorausgesetzt werden.

Frau Ilgner schließt damit ab, dass man diese Achse Symmetrieachse nenne, was, wie oben beschrieben, durch ihre Erklärungen nicht ganz korrekt ist, denn sie hat die Konstruktion einer Spiegelung an einer Spiegelachse vorgeführt. Die spezifischen Eigenschaften der Symmetrieachse wurden ferner nicht explizit hervorgehoben und so nicht von dem Beispiel des Buchstaben A auf eine Allgemeingültigkeit gebracht. Erst in <133> geht Frau Ilgner kurz darauf ein, dass nicht alle Buchstaben eine Symmetrieachse haben müssen und die Schülerinnen und Schüler herausfinden sollen, welche Buchstaben und Zahlen eine haben. Diese Aussage steht in einem gewissen Widerspruch zu der Aussage von Frau Ilgner zuvor in <101>, wo sie sagte: *„dann gibt es eine Linie"*, denn durch diese Aussage schien es, als wenn jeder Buchstabe eine Linie bzw. Symmetrieachse hätte.

4.2.5 Theoriereflexion zu den Deutungen der Szene Pantomime und Komparation mit den Szenen kgV und Die besonderen Ausdrücke

Das Vorgehen zur Einführung neuer mathematischer Begriffe rund um das Thema der Symmetrie von Körpern bzw. das Thema Spiegelung unterscheidet sich maßgeblich von dem Vorgehen in den zwei anderen Szenen. Es werden verschiedene Arbeitsphasen mit dem Fokus auf unterschiedlichen Themen identifiziert, bei denen Handlungen zur aktiven Erarbeitung eines neuen mathematischen Begriffs im Zentrum stehen. Die Lehrperson beginnt in der Szene Pantomime mit einem spielerischen, handlungsorientierten Einstieg. Die neuen Begriffe werden von der Lehrperson nicht grafisch an der Tafel fixiert, sondern sie visualisiert einzig die Konstruktion einer Spiegelung eines Körpers an der Tafel. Eine verbale inhaltliche Erklärung des Themas oder des zu erlernenden Konzepts wird durch die Lehrperson kaum vorgenommen. Einzig den mathematischen Begriff Symmetrieachse versucht sie, in Ansätzen zu erklären. Bei dieser Einführung neuer mathematischer Begriffe wird der Wechsel der unterschiedlichen Arbeitsphasen bzw. Themen von der Lehrperson nicht explizit vollzogen, wodurch häufig unklar bleibt, in welchem Zusammenhang die einzelnen Arbeitsphasen zueinander stehen und welche mathematischen Konzepte dadurch vermittelt werden sollen. Durch diese Vorgehensweise der Lehrperson ergibt sich eine Problematik, die ähnlich wie die andauernden Betrachtungsebenenwechsel in der Szene kgV (vgl. Kap 3.2.3.2.8 und 3.2.3.2.9) auf den Ansatz von Steinbring (2000, S. 49) zurückzuführen sind.

Die Lehrperson wechselt an etlichen Stellen die Arbeitsmethode und gleichzeitig damit teilweise auch implizit die Betrachtung des Themas bzw. den Unterrichtsgegenstand selbst. Das hat zur Folge, dass der Referenzkontext, in dem die mathematischen Begriffe Spiegelung, Symmetrieachse und andere stehen, andauernd wechselt. So stellen bei den vorgeführten Spiegelpantomimen und der anschließenden Partnerarbeit der Schülerinnen und Schüler Spiegelungen von sichtbaren Handlungen von Personen den Referenzkontext dar. Bei der darauf folgenden Stationenarbeit werden jedoch unbewegte Körper und geometrische Figuren gespiegelt, wodurch der Referenzkontext wechselt. Dieses implizite Wechseln der Referenzkontexte wird z.B. auch deutlich an der Aufgabe der Tischgruppe 4, in Buchstaben und Zahlen Symmetrieachsen zu finden. Die Buchstaben und Ziffern müssen für diese Aufgabenstellung in einem anderen Referenzkontext betrachtet werden, dem von Figuren der Geometrie und nicht im Sinne des Alphabets oder der ersten zehn Zahlen in der Abfolge der natürlichen Zahlen. Diesen Wechsel des Referenzkontexts expliziert die Lehrperson jedoch ebenfalls nicht. Da Wechsel wie diese von der Lehrperson implizit vollzogen werden und sie nicht thematisiert, in welchem Zusammenhang die ‚Spiegelhandlungen' zu Beginn des Unterrichts mit den später auszuführenden Arbeitsaufträgen in den Tischgruppen stehen, wird es schwer möglich sein, wie Steinbring (2000) fordert, sich als Schülerin oder Schüler von dem jeweiligen konkreten Referenzkontext der neuen Begriffe zu lösen, um eine allgemeine Struktur darin zu erkennen (vgl. ebenda S. 49). Die beiden Arbeitsphasen scheinen ohne Bezug nebeneinander zu stehen. Bei der Pantomime schien das Konzept der Spiegelverkehrtheit im Vordergrund zu stehen. Nun nimmt dieses Konzept eher die Funktion eines ‚Arbeitsmittels' ein, dessen Kenntnis vorausgesetzt wird, um Aufgaben zum neuen Thema des Unterrichts, Symmetrieeigenschaften von Figuren, bearbeiten zu können.

Ähnliches lässt sich beim impliziten Wechsel von der Erklärung der Arbeitsaufträge der Stationenarbeit zum Erklären des Begriffs der Symmetrieachse durch die Lehrperson rekonstruieren. Die Lehrperson thematisiert nicht, dass es sich bei den Erklärungen des Begriffs Symmetrieachse um ein allgemeines Prinzip handelt, welches bei allen Spiegelungen greift, die die Schülerinnen und Schüler im Folgenden ausführen werden, und so nicht nur für die eine Tischgruppe von Bedeutung ist. Ebenfalls expliziert sie die Allgemeingültigkeit der Konstruktion der vorgeführten Spiegelung des A an der Tafel nicht und differenziert auch nicht in Spiegelungen an einer beliebigen Spiegelachse oder an einer Symmetrieachse. Eine

Grundlage zur Konstruktion neuer mathematischer Begriffe lässt sich demnach kaum erkennen, da die Bezüge zwischen den einzelnen Arbeitsphasen und Unterrichtsgegenständen stets implizit bleiben und nicht zu erkennen ist, dass es sich um unterschiedliche Zugänge zu einem Thema handelt, welches in verschiedenen Referenzkontexten beleuchtet werden soll.

Verstärkt wird dieser Umstand durch zweierlei: Zum einen vergewissert sich die Lehrperson an keiner Stelle, ob die Schülerinnen und Schüler ihr inhaltlich folgen können. So bricht die Lehrperson die Pantomimen der Schülerinnen und Schüler ab, ohne sich zu vergewissern, worin deren Probleme dabei bestanden haben, diese korrekt auszuführen. Zum anderen verwendet die Lehrperson die neu zu erlernenden Begriffe bzw. Fachtermini selbst fast nie. Bei der Analyse der Handlungen der Lehrperson scheint es, dass sie die Fachtermini spiegeln und spiegelverkehrt vermeidet. Der Fachterminus spiegeln taucht das erste Mal in <53> auf, der Fachterminus spiegelverkehrt gar nicht. Die Lehrperson bedient sich vorwiegend alltagssprachlicher Begrifflichkeiten. Erst bei der Erklärung des mathematischen Begriffs Symmetrieachse verwendet sie Fachtermini, wie z.B. gespiegelt, aber vorwiegend den zu erklärenden mathematischen Begriff Symmetrieachse. Insbesondere erklärt sie nicht, welche bedeutungstragenden Bestandteile den Fachterminus Symmetrieachse bestimmen. Dieses Vorgehen der Lehrperson könnte seinen Ursprung darin haben, dass sie versucht, eine kindgerechte alltagsorientierte Sprache zu verwenden und deswegen von ‚nachmachen‘ in verschiedenen Variationen und „*vertauscht*" <56> in diesen Zusammenhängen spricht. Hierfür beginnt sie, die Schülerinnen und Schüler durch einen handlungsorientierten Einstieg in deren Alltagswelt ‚abzuholen‘, was im Einklang mit der aktuellen mathematikdidaktischen Diskussion steht. Doch die nahezu ausschließlichen Erklärungen mit alltagssprachlichen Formulierungen sind oft unpräzise und geben nicht den genauen Sachverhalt der Situation oder des zu erklärenden mathematischen Begriffs bzw. Fachterminus wieder. Es scheint so, als wenn die Schülerinnen und Schüler allein durch die ausgeführten Handlungen die dahinter stehenden Konzepte der mathematischen Begriffe verinnerlichen sollen. Es ist jedoch unklar, wie die Schülerinnen und Schüler z.B. allein durch das Abpausen eines Schmetterlings an der Fensterscheibe oder das Nachspielen der ‚Spiegelhandlungen‘ mit einem anderen Kind ein Konzept der Symmetrie von Körpern oder der Spiegelung an einer Spiegelachse erwerben sollen, wenn die Bezüge zu den einzelnen mathematischen Begriffen nicht explizit verbal hergestellt werden, und wenn von der Lehrperson nicht erklärt wird, in welchem Zusammenhang die einzelnen Handlungen z.B. mit dem mathematischen Begriff Symmetrieachse stehen.

4.2.6 Charakteristika der Handlungsroutine – Handlungen als Mittel zum Verstehen

In der Szene Pantomime geht die Lehrperson zur Einführung der neuen mathematischen Begriffe Spiegelung und Symmetrieachse vorwiegend handlungsorientiert vor. So beginnt sie die Einführung mit einer spielerischen Pantomime, die von den Schülerinnen und Schülern nachgespielt wird. Hierauf folgt eine ebenfalls handlungsorientierte Stationenarbeit. Die Handlungsroutine dieses Vorgehens der Lehrperson lässt sich folgendermaßen charakterisieren:

1. Die Lehrperson verbindet die handlungsorientierte Einführung der neuen mathematischen Begriffe mit Verbalisierungen und Visualisierungen. Hierbei ist ein Wechsel verschiedener Arbeitsphasen mit unterschiedlichen Themen rekonstruierbar, die von der Lehrperson lediglich implizit vollzogen werden. Es lassen sich nur wenige verbale inhaltliche Erklärungen rekonstruieren, die zudem nie explizit auf die Allgemeingültigkeit der mathematischen Begriffe verweisen. Auch die Visualisierungen der zu erlernenden Begriffe zeichnen sich dadurch aus, dass sie von der Lehrperson selten explizit thematisiert werden.

2. Die Fachtermini werden bei der Einführung von der Lehrperson kaum genannt, sondern sollen, wie es scheint, von den Schülerinnen und Schülern durch Handlungen erschlossen werden. Es werden keine Bezüge zu anderen mathematischen Begriffen hergestellt, sondern vorwiegend zu alltagssprachlichen Begrifflichkeiten.

5 Komparation und Theoretisierung anhand der drei Handlungsroutinen

In den vorangegangenen Analysen wurde die komparative Analyse (s. Kap. 3.1.2.5) als Methode der Vergleichsgruppenbildung auf zwei Ebenen angewendet. Zum einen wurden die Interpretationen des Interaktionsgeschehens der Szenen durch einen zirkulären progressiven Analyseprozess einer Art permanenter Komparation unterzogen, wodurch das Spezielle der einzelnen Szenen herausgearbeitet wurde. Zum anderen wurde die Spezifität der jeweiligen ‚Fälle' in ihrer Relation zueinander analysiert. Hierzu wurden innerhalb von ersten theoretischen Reflexionen die Bezüge der Interpretationsergebnisse der einzelnen Szenen zum theoretischen Rahmen der Untersuchung einer Komparation unterzogen. Diese Komparationen mündeten in den Charakteristika der Handlungsroutinen. Abschließend findet die komparative Analyse – verstanden als ein den ganzen Forschungsprozess konstituierender Ansatz – auf einer höheren theoretischen Ebene Anwendung. Die rekonstruierten Charakteristika der Handlungsroutinen werden mit dem Fokus auf der sprachlichen Gestaltung bei der Einführung neuer mathematischer Begriffe dahingehend verglichen, inwieweit und wie sie sich mit den im theoretischen Rahmen der Untersuchung dargestellten theoretischen Ansätzen erklären lassen. So können im Sinne einer abduktiven Forschungslogik (s. Kap. 3.1.4.3) gegebenenfalls Defizite im theoretischen Rahmen der Untersuchung identifiziert und neue Theorieelemente entworfen oder neue Theorieverbindungen aufgestellt werden.

5.1 Vergleich der Charakteristika der Handlungsroutinen der Lehrpersonen

Die sprachliche Gestaltung des untersuchten Grundschulunterrichts bei der Einführung neuer mathematischer Begriffe lässt sich rekurrierend auf den theoretischen Rahmen dieser Untersuchung in drei hierarchische Ebenen einteilen. Diese Einteilung in drei Ebenen erfolgt von der Betrachtung vorwiegend mathematikbezogener Sprachkenntnisse oder -kompetenzen mit Bezug zu vornehmlich mathematikdidaktischen Ansätzen des theoretischen Rahmens (s. z.B. Maier/Schweiger 1999) über mathematikdidaktische Ansätze, die sich explizit auf linguistische Ansätze beziehen (s. z.B. Pimm 1987 mit Bezug zu Halliday 1975) zu vornehmlich soziologischen, pädagogischen und linguistischen Ansätzen (s. z.B. Bernstein 1977, 1972; Gogolin 2006, 2004, 2001). Diese Ansätze zielen auf allgemeine sprachliche Kompetenzen für den Unterricht ab, die auch beim Lernen neuer mathematischer Begriffe im Grundschulmathematikunterricht von entscheidender Bedeutung sind.

Die erste Ebene kann anhand der Ausführungen von Maier (2006, 2004, 1986), Maier und Schweiger (1999) sowie Schweiger (1996, s.a. Kap. 2.4) beschrieben werden. Im Mathematikunterricht werden zur sprachlichen Gestaltung bei der Einführung neuer mathematischer Begriffe Fachtermini und alltagssprachliche Begrifflichkeiten benötigt. In welcher Form sich deren Gebrauch im Unterricht rekonstruieren lässt und wie sich der Gebrauch mathematischer Begriffe oder Fachtermini vom Gebrauch alltagssprachlicher Begrifflichkeiten abgrenzen lässt, fällt hiernach in die erste Ebene der Hierarchisierung.

Die zweite Ebene lässt sich durch Bezüge zu theoretischen Ansätzen von Halliday (1975) und Pimm (1987) beschreiben (s. Kap. 2.4). Nach diesen Ansätzen sind mathematische Begriffe nicht als isolierte Einheiten zu betrachten, sondern immer im Zusammenhang mit Bedeutungen, Wörtern und Strukturen im jeweiligen sprachlichen Register, welches die Funktion der Begriffe für dieses Register festlegt. In die zweite Ebene der Hierarchisierung der sprachlichen Gestaltung des Unterrichts fällt demnach, inwieweit die neu zu lernenden mathematischen Begriffe im untersuchten Unterricht in ein mathematisch-fachsprachliches Register eingegliedert werden oder ob sie eher als isoliert betrachtete Einheiten eingeführt werden.

Die dritte Ebene der Hierarchisierung lässt sich durch Bezugnahme auf die theoretischen Ausführungen von Bernstein (1977, 1972), Gogolin (2006, 2004, 2001), Gogolin et al. (2004) und Zevenbergen (2001 a; 2001 b) entfalten (s.a. Kap. 2.2.5 und 2.4). Nach Gogolin (2006, 2004) wird in der deutschen Schule der normative Anspruch an alle Schülerinnen und Schüler herangetragen, dass diese die im Unterricht gepflegten Sprachvarianten der Schule rezeptiv und produktiv beherrschen. Diese Sprache der Schule – von Gogolin als Bildungssprache (Gogolin/Roth 2007, S. 40 ff.; Gogolin 2006, S. 82 ff., 2004) bezeichnet – hat auf der Ebene von Strukturen mehr mit den Regeln schriftsprachlicher Kommunikation gemeinsam und entspricht somit in wesentlichen Merkmalen nicht der mündlichen Kommunikation des Alltags.

Bernstein (1977, 1972) und Zevenbergen (2001 a; 2001 b) zielen bei ihrer Auseinandersetzung mit der Sprache des Unterrichts auf eine Differenzierung zwischen Kindern aus der Arbeiter- und der Mittelschicht ab. Nach ihnen entsprechen die in der Schule geforderten Sprachfähigkeiten einer formalen Sprache in Abgrenzung zu einer Sprache des Alltags, die eher den Fähigkeiten von Kindern aus der Mittelschicht entspricht als denen aus der Arbeiterschicht. Durch das Beherrschen dieser formalen Sprache, die sich durch eine genaue grammatische Struktur und Syntax sowie komplexe grammatische Satzstrukturen auszeichnet, entwickeln Kinder – vornehmlich solche der Mittelschicht – eine Sensibilität der Struktur von Objekten und der Struktur von Sprache gegenüber, die ihnen hilft, sachdienlich und zielgerichtet im Leben und in der Schule Probleme zu lösen. Erfolgreich rezeptiv Teil sein und produktiv am sprachlichen Diskurs des Unterrichts teilnehmen können Schülerinnen und Schüler demnach vor allem dann, wenn sie Fähigkeiten in der formalen Sprache oder der Bildungssprache des Unterrichts haben, so dass sie abstrakte Begriffe unabhängig vom konkreten Kontext verstehen und in schriftförmig geprägter dekontextualisierter Form übermitteln können.

In die dritte Ebene der Hierarchisierung der sprachlichen Gestaltung des Grundschulmathematikunterrichts bei der Einführung neuer mathematischer Begriffe fällt infolgedessen die Frage, inwieweit und wie die Schülerinnen und Schüler im Unterricht in eine formale Bildungssprache eingeführt werden, die es ihnen ermöglicht, an der Unterrichtsinteraktion so teilzunehmen und Sprache produktiv so zu beherrschen, dass sie den Kriterien von Wohlgeformtheit[81] oder Grammatikalität der Sprache genügt. Hierbei ist es auch von Interesse, inwieweit die Lehrperson in ihrer Vorbildfunktion selbst Redeweisen verwendet, die den Ansprüchen von Wohlgeformtheit genügen und so zumindest den Schülerinnen und Schülern auf der rezeptiven Ebene im Sinne eines Teil seins Einblick in eine formale Bildungssprache des Unterrichts ermöglichen.[82]

Die drei hierarchischen Ebenen lassen sich so voneinander abgrenzen, dass die erste Ebene der verwendeten mathematischen Begriffe und Fachtermini eine Teilmenge der zweiten Ebene des mathematisch-fachsprachlichen Registers repräsentiert. Die zweite Ebene lässt sich wiederum als eine Teilmenge der dritten Ebene des formalsprachlichen Registers verstehen, welches fachsprachliche Register aller Fachgebiete sowie allgemeinsprachliche Register miteinander vereint. Insofern gibt die Hierarchisierung, bezogen auf den untersuchten Grundschulmathematikunterricht, den Grad der Wohlgeformtheit der Sprache der Lehrperson im Unterricht bei der Einführung neuer mathematischer Begriffe wieder.

---

81 Die Wohlgeformtheit von Sprache stellt ein Kriterium in der generativen Grammatik dar. Nach dem Kriterium der Wohlgeformtheit sollten Sätze im normalen Sprachgebrauch verwendbar und akzeptabel sein, um solche Sätze auszuschließen, die zwar grammatisch richtig, aber unverständlich oder unübersichtlich und so ihrer Form und dem Inhalt nach nicht akzeptabel sind.

82 Zur Differenzierung von „*teilnehmen*" und „*Teil sein*" siehe Kap. 2.1 oder Markowitz (1986, S. 9).

In der nachstehenden Tabelle werden die Charakteristika der Handlungsroutinen der Szenen kgV, Die besonderen Ausdrücke und Pantomime anhand der zuvor beschriebenen drei Ebenen der sprachlichen Gestaltung des Grundschulmathematikunterrichts bei der Einführung neuer mathematischer Begriffe miteinander verglichen.

Handlungsroutine und methodisches Vorgehen / sprachliche Mittel der Lehrpersonen nach dem Grad von Wohlgeformtheit	Visualisieren als Mittel zum Verstehen (kgV)	Auswendiglernen als Mittel zum Verstehen (Die besonderen Ausdrücke)	Handlungen als Mittel zum Verstehen (Pantomime)
1. Ebene mathematische Fachtermini oder Begriffe	Neue mathematische Begriffe werden mit Fachtermini benannt und in bekannte Rechenroutinen integriert.		Neue mathematische Begriffe werden nahezu ausschließlich mit alltagssprachlichen Begrifflichkeiten benannt.
2. Ebene mathematischfachsprachliches Register	Die Bedeutungen der Begriffe sowie inhaltliche Bezüge zwischen den Begriffen bleiben trotz Erklärungsversuchen der Lehrperson implizit. Eine Ausnahme stellt die Einführung des Begriffs des Vielfachen dar.	Die Bedeutungen der Begriffe sowie inhaltliche Bezüge zwischen den Begriffen werden nicht expliziert. Eine Ausnahme stellt die Einführung der Begriffe Subtrahend und Minuend dar.	Die Bedeutungen der alltagssprachlichen Begrifflichkeiten und mathematischen Begriffe sowie inhaltliche Bezüge zwischen diesen werden durch Handlungen erschlossen und bleiben so implizit.
3. Ebene formalsprachliches Register	Es lässt sich kein konsequenter Gebrauch formaler Bildungssprache rekonstruieren. Die Lehrpersonen verwenden die neuen abstrakten mathematischen Begriffe oder Fachtermini sowie die alltagssprachlichen Begrifflichkeiten nicht dekontextualisiert in einem zusammenhängenden inhaltlichen Text.		

Das didaktisch-methodische Vorgehen in den drei Szenen unterscheidet sich deutlich: Werden in der einen Unterrichtsszene die Begriffe oder Fachtermini durch eine Zeichnung als Visualisierung an der Tafel eingeführt, so werden in der anderen schwerpunktmäßig Merksätze gebildet und auswendig gelernt. In der dritten Unterrichtseinheit hingegen prägt ein handlungsorientiertes Vorgehen den Unterricht, in dem die Schülerinnen und Schüler selbst aktiv in Kleingruppen arbeiten. Trotz dieser sehr unterschiedlichen didaktischen Zugänge zur Einführung neuer mathematischer Begriffe oder Fachtermini lassen sich anhand der Tabelle eine Vielzahl von Gemeinsamkeiten in den Handlungen, bezogen auf die sprachliche Gestaltung des Unterrichts durch die Lehrpersonen finden.

5.1.1 Verwendung mathematischer Fachtermini bei der Einführung neuer mathematischer Begriffe oder Fachtermini

Wie im theoretischen Rahmen dieser Arbeit ausgeführt, plädiert Maier (2004 und 2006) für ein ausgewogenes Verhältnis des Einsatzes alltagssprachlicher Begrifflichkeiten und mathematischer Fachtermini, um nicht in eine fachsprachliche Hyper- oder Hypotrophie (zu den Begriffen siehe Maier 2004, S. 153) zu verfallen. Maier stärkt dabei vor allem die Bedeutung der mathematischen Fachtermini im Zusammenhang mit der von ihm postulierten Eindeutigkeit dieser im Vergleich zur Mehrdeutigkeit alltagssprachlicher Begrifflichkeiten. Ein ausgewogenes Verhältnis mathematischer Fachtermini und alltagssprachlicher Begrifflichkeiten lässt sich in den vorliegenden Szenen bei der Einführung neuer mathematischer Begriffe durch die Lehrpersonen allerdings kaum ausmachen. Die Lehrpersonen verwenden entweder vorwiegend alltagssprachliche Begrifflichkeiten oder neue nicht erklärte mathematische Fachtermini. In der Szene Pantomime verwendet die Lehrperson überwiegend alltagssprachliche Begrifflichkeiten. Mathematische Fachtermini werden bei der Einführung von der Lehrperson kaum gebraucht, sondern sollen, wie es scheint, von den Schülerinnen und Schülern allein durch ihre Handlungen benannt und erschlossen werden. Diese Verwendung mathematischer Fachtermini ließe sich nach der Klassifikation von Maier (2004) als fachsprachliche Hypotrophie bezeichnen. In der Szene Die besonderen Ausdrücke führt die Lehrperson alle mathematischen Fachtermini der vier Grundrechenarten ein, die von den Schülerinnen und Schülern ähnlich einem Vokabeltraining in Form von Merksätzen im Unterricht ‚auswendig gelernt‘ und vorgetragen werden. Nach der Klassifikation von Maier (2004), ließe sich dieses Vorgehen der Lehrperson als eine fachsprachlich hypertrophe Verwendung mathematischer Fachtermini charakterisieren. In der Szene kgV führt die Lehrperson zu Beginn den mathematischen Fachterminus Vielfache mit Hilfe etlicher Beispielaufgaben ein. Anschließend werden der Fachterminus kgV, Teile dieses Fachterminus sowie weitere neue Fachtermini, wie Nenner, Zähler oder Brüche, die die Lehrperson zur Einführung des Begriffs des kleinsten gemeinsamen Vielfachen hinzuzieht, vorwiegend benannt, umgehend zur weiteren Einführung verwendet und unreflektiert in altbekannte, zum Teil nicht zutreffende Rechenroutinen integriert. Diese Verwendung mathematischer Fachtermini scheint sich infolgedessen zu Beginn der Szene mittig zwischen den beiden Extrempositionen von Hypertrophie und Hypotrophie einordnen und in diesem Sinne als positiv nach Maier (2004) werten zu lassen. Im weiteren Verlauf der Szene wechselt jedoch das Vorgehen der Lehrperson durch die starke Zunahme der Verwendung mathematischer Fachtermini, wodurch sich die Verwendung mathematischer Fachtermini in Bezug auf die ganze Szene nach Maier (2004) als eher hypotroph klassifizieren ließe.

Die theoretische Sichtweise von Maier und Schweiger (1999) gibt jedoch keine Hilfestellungen, die Aufschlüsse darüber bringen könnten, inwieweit dieser Umgang der Lehrpersonen mit mathematischen Fachtermini im Mathematikunterricht der Grundschule das Lernen neuer mathematischer Begriffe der Schülerinnen und Schüler im Unterricht beeinflussen könnte. Es wird lediglich von Maier und Schweiger postuliert, dass ein Aufbau von Fachsprachenkompetenz seitens der Schülerinnen und Schüler gefährdet sei, sofern diese vor allem alltagssprachliche Begrifflichkeiten lernen. Dies erscheint nur vordergründig einleuchtend. Die entscheidende Fehlannahme von Maier und Schweiger (1999) liegt meiner Ansicht nach darin, dass eine solche Betrachtung mathematischer Lernprozesse zu kurz greift und der Fachsprachenbegriff von Maier und Schweiger zu eng gefasst ist. Um eine Fachsprache zu beherrschen oder sich sprachlich wohlgeformt in einem Fachunterricht ausdrücken zu können, reicht es nicht aus, einzelne Fachtermini einzuführen. Diese müssen auch in das fachsprachliche Register, aus dem sie stammen, eingebettet und in wohlgeformter sprachlicher Form übermittelt werden, um im Mathematikunterricht zielgerichtet als mathematische Begriffe eingesetzt werden zu können.

5.1.2 Implizite Einführung bei der Verwendung eines mathematisch-fachsprachlichen und eines formalsprachlichen Registers

Die zweite Gemeinsamkeit in den Handlungen der Lehrpersonen lässt sich über mehrere Merkmale der Handlungsroutinen hinweg rekonstruieren. Beim Herstellen inhaltlicher Bezügen zu den neu zu lernenden mathematischen Begriffen im mathematisch-fachsprachlichen Register lässt sich in allen drei Szenen rekonstruieren, dass Bedeutungen der Begriffe sowie inhaltliche Bezüge zwischen den Begriffen oder alltagssprachlichen Begrifflichkeiten von den Lehrpersonen fast nie explizit in den öffentlichen Unterrichtsdiskurs aufgenommen werden und somit implizit bleiben. So werden die neuen mathematischen Begriffe in der Szene kgV, mit Ausnahme des Begriffs Vielfache, vorwiegend durch mathematische Fachtermini benannt und im Anschluss unreflektiert in bekannte Rechenroutinen integriert. Inhaltliche Bezüge zwischen den neu zu lernenden mathematischen Begriffen Vielfache und kleinstes gemeinsames Vielfaches oder zwischen den Begriffen Nenner, Zähler und Bruch bleiben somit implizit. In der Szene Die besonderen Ausdrücke zeigt sich ein ähnliches Phänomen: Die neu zu lernenden Fachtermini werden von der Lehrperson zwar in Beispielaufgaben integriert ‚erarbeitet', es wird jedoch mit Ausnahme der Einführung der Fachtermini Subtrahend und Minuend von der Lehrperson weder deren Bedeutung expliziert noch thematisiert, in welchem Zusammenhang diese zu anderen mathematischen Begriffen stehen. In der Szene Pantomime ergibt sich ein ähnliches Bild: Das neue mathematische Konzept der Spiegelung wird hier handlungsorientiert erarbeitet. Aber auch bei dieser Zugangsweise zu neuen mathematischen Begriffen herrscht ein implizites Vorgehen vor. So werden die unterschiedlichen handlungsorientierten Zugänge zum Konzept der Spiegelungen nicht explizit verbal zueinander in Beziehung gesetzt, so dass implizit bleibt, ob und wie diese Zugänge überhaupt miteinander in Verbindung stehen. Außerdem werden keine expliziten verbalen Bezüge zwischen den Handlungen und den neuen mathematischen Begriffen von der Lehrperson hergestellt, wie z.B. beim Begriff Symmetrieachse.

In allen drei Szenen zeigt sich demzufolge, dass die Bedeutungen der mathematischen Begriffe implizit bleiben und inhaltliche Bezüge zwischen den neu zu lernenden mathematischen Begriffen bzw. Fachtermini oder zu bereits bekannten alltagssprachlichen Begrifflichkeiten gar nicht oder ebenfalls nur implizit hergestellt werden. Infolgedessen müssen die Schülerinnen und Schüler die inhaltlichen Bezüge zwischen den neuen mathematischen Begriffen und ihren alten Wissensbeständen weitestgehend eigenständig, ohne dass die Lehrperson die Zusammenhänge explizit herstellt, konstruieren. Wie die mathematischen Begriffe oder Fachtermini in Relation zu anderen Begriffen zu verstehen sind oder verwendet werden, lässt sich einzig in Ansätzen in der Szene Die besonderen Ausdrücke rekonstruieren. Jedoch wurde in dieser Szene der Schwerpunkt beim Lernen der mathematischen Begriffe vor allem auf die Aussprache und Schreibweise der Fachtermini gelegt. Eine konsequente Einbettung der neuen mathematischen Begriffe oder Fachtermini in ein mathematisch-fachsprachliches Register lässt sich somit in keiner der drei Szenen rekonstruieren.

Ein ähnliches Phänomen zeigt sich darin, wie die Lehrpersonen auf sprachliche Besonderheiten in Bezug auf das formalsprachliche Register bei der Einführung neuer mathematischer Begriffe oder Fachtermini eingehen. Auch hier verweisen die Lehrpersonen nur implizit auf grammatische Strukturen, in die die Begriffe eingebettet werden, oder z.B. darauf, welche bedeutungstragenden Bestandteile die mathematischen Begriffe oder Fachtermini prägen. In den Szenen kgV und Pantomime werden von den Lehrpersonen die bedeutungstragenden Bestandteile der zusammengesetzten mathematischen Begriffe Symmetrieachse oder kleinstes gemeinsames Vielfaches nicht differenziert betrachtet, wodurch es den Schülerinnen und Schülern erschwert wird, sich den mathematischen Begriff anhand dieser Bestandteile selbstständig zu erschließen. Es werden kaum inhaltliche Erklärungen von den Lehrpersonen in den drei Szenen angeboten. Diese wenigen inhaltlichen Erklärungen bleiben thematisch unverbunden. Die neuen komplexen abstrakten mathematischen Begriffe werden von der Lehrperson nicht explizit unabhängig von der Situation, d.h. dekontextualisiert thematisiert und beschrieben. Bildungssprachliche Kompetenzen, d.h. schriftsprachlich geprägte Textkompetenzen, die Schülerinnen und Schülern befähigen könnten thematisch wie sprachlich durchkomponierte Fachtexte sinnentnehmend zu lesen, gemäß einer Aufgabenstellung zu verarbeiten und darauf aufbauend mündliche und schriftliche Texte zu produzieren, werden in dieser Art des Unterrichts nicht vermittelt.

Die Lehrpersonen scheinen jedoch teilweise sensibel dafür zu sein, dass bei der Einführung neuer mathematischer Begriffe in ihren Klassen mit einer sprachlich-kulturell plural geprägten Schülerschaft ein Augenmerk auf sprachliche Besonderheiten der mathematischen Begriffe oder Fachtermini zu legen ist. So wird in der Szene Pantomime von der Lehrperson auf die Aussprache und Schreibweise des Fachterminus Symmetrieachse hingewiesen, indem sie angibt, dass man ihn zwar mit „ce ha es" schreibe aber „aks" (vgl. Kap. 4.2 <128–129>) sprechen würde. Außerdem wird von der Lehrperson in der Szene Die besonderen Ausdrücke ein expliziter Hinweis auf gemeinsame Strukturen für die Schreibweise der Verben der Grundrechenarten dahingehend gegeben, dass die Verben immer auf „ie" (vgl. Kap. 4.1 <295–298> enden. Da die Verben jedoch auf ‚en' enden, kann dieser Hinweis nicht als zielführend angesehen werden.

Weiter wird in dieser Szene von der Lehrperson die korrekte Aussprache der mathematischen Fachtermini durch das ständige Wiederholen dieser durch die Schülerinnen und Schüler forciert. In einer Sequenz der Szene kgV verweist die Lehrperson zudem in Bezug auf die Struktur von Sprache auf den richtigen Artikel vor dem kleinsten gemeinsamen Vielfachen <191–192>. Warum sie das tut oder inwiefern dieser Artikel wichtig für die Schülerinnen und Schüler ist, wird von der Lehrperson nicht weiter expliziert. Sie gibt lediglich an, dass ‚es' ohne diesen Artikel nicht funktionieren würde. Was nicht funktionieren würde, bleibt unerklärt. Insofern erscheint dieser Versuch, auf strukturelle Merkmale und Besonderheiten von Sprache einzugehen, eher ein Zufallsprodukt zu sein.

Insgesamt gehen die Lehrpersonen bei ihren Bemühungen, sprachliche Besonderheiten bei der Einführung neuer mathematischer Begriffe zu behandeln, nur oberflächlich auf sprachliche Details ein. So wird auf eine Wohlgeformtheit der Rede der Schülerinnen und Schüler in den Szenen nur mit Blick auf spezifische Aspekte des Deutschen eingegangen; im gegebenen Beispiel: auf die Aussprache von Einzelwörtern oder auf die Schreibweise der neuen mathematischen Termini.

Die Aufmerksamkeit auf diese Aspekte erscheint eklektisch; es finden sich keine Anzeichen für eine systematisch fundierte Begleitung der Schülerinnen und Schüler bei der Entwicklung mathematisch-fachsprachlich wohlgeformter Rede, die ein Teil der bildungssprachlichen Kompetenz ist.

Den Merkmalen der Charakteristika der Handlungsroutinen der zweiten und dritten Ebene scheint insofern vor allem gemeinsam, dass sie nicht explizit von den Lehrpersonen in den Unterrichtsdiskurs aufgenommen werden, deswegen implizit bleiben und in der Interaktion des Klassengesprächs keine Berücksichtigung finden.

5.1.3 Implizitheit der Referenzkontexte bei der Einführung neuer mathematischer Begriffe

Das Phänomen einer Implizitheit von Lerninhalten zeigt sich auch auf einer anderen Komparationsebene der Charakteristika der Handlungsroutinen mit Bezug zum Ansatz von Steinbring (2006, 2000, 1993; s.a. Kap. 2.5.1). Steinbring weist in seinen Arbeiten darauf hin, dass neue mathematische Begriffe kollektiv in der Interaktion mit anderen beteiligten Schülerinnen und Schülern sowie der Lehrperson ausgehandelt und so selbst konstruiert werden müssen. Steinbring betrachtet das Lernen mathematischer Begriffe nicht nur als einen Akt des Lernens losgelöster Fachtermini im Sinne eines Vokabellernens. Jedoch bindet er die mathematischen Begriffe nicht in ein Konzept eines fachsprachlichen mathematischen Registers oder in ein Konzept mit grammatischen und inhaltlichen Strukturen einer formalen Bildungssprache ein, aus denen sich die Bedeutung mathematischer Begriffe, die Beziehung der Begriffe untereinander und auch die Verfahren, in denen die Begriffe ihre Bedeutung erlangen, ableiten lassen. Dies mag auch an einem etwas anders gelagerten Fokus von Steinbrings Arbeiten liegen, der nicht erstrangig auf der Betrachtung der sprachlichen Gestaltung des Unterrichts bei der Konstruktion neuer mathematischer Begriffe liegt. Nach Steinbring erfahren mathematische Begriffe nicht losgelöst von Referenzkontexten, in denen sie stehen, ihre Bedeutung. Es lassen sich über Zeichen und Referenzkontexte Grundlagen zur Konstruktion neuer mathematischer Begriffe schaffen.

Mit Bezug zum theoretischen Konzept von Steinbring lässt sich quer zur Einteilung in drei hierarchisierende Ebenen der sprachlichen Gestaltung des betrachteten Grundschulmathematikunterrichts eine weitere Vergleichsdimension aufziehen. In dieser weiteren Vergleichsdimension wird danach gefragt, inwieweit mit Referenzkontexten, in denen die neuen mathematischen Begriffe stehen, bei ihrer Einführung umgegangen wird und in welchen Bezug die Referenzkontexte zu den symbolischen Strukturen der Begriffe gesetzt werden.

Unterschiedliche Referenzkontexte zur Einführung ein und desselben mathematischen Begriffs eröffnen die Möglichkeit verschiedener Betrachtungen desselben mathematischen Konzepts. So werden in der Szene Pantomime die Referenzkontexte in Form unterschiedlicher Herangehensweisen, um Spiegelungen pantomimisch oder zeichnerisch durchzuführen, hinzugezogen, um so verschiedene Betrachtungsebenen hinsichtlich des Konzepts der Spiegelung zu erhalten. Auffällig ist hierbei, dass der Wechsel der unterschiedlichen Referenzkontexte oder Betrachtungsebenen und somit der Bezugssysteme, in denen der neue mathematische Begriff betrachtet wird, stets implizit vollzogen wird und die Lehrperson nie explizit darauf hinweist, dass teilweise zwar die Referenzkontexte wechseln, man aber weiterhin das gleiche mathematische Konzept betrachtet. Ein ähnliches Phänomen zeigt sich bei der Betrachtung der Beispielaufgabe zur Einführung des Begriffs des kleinsten gemeinsamen Vielfachen. Die Lehrperson zieht als Referenzkontext die Aufteilung einer Torte bzw. Pizza hinzu, welche sie an die Tafel zeichnet. Durch den Einsatz dieser Zeichnung zur Visualisierung des mathematischen Begriffs ergibt sich unvermeidlich ein ständiger Wechsel der Betrachtungsebenen bei Erklärungsversuchen der Lehrperson zwischen der Zeichnung und den mit der Zeichnung zu veranschaulichenden Inhalten. Diese Wechsel werden von der Lehrperson implizit vollzogen, so dass häufig verborgen bleibt, ob die Erklärungen der Lehrperson sich auf das allgemeine Prinzip des Konzepts des kgV beziehen oder auf die Zeichnung. Auch bei der Betrachtung der Zeichnung werden von der Lehrperson implizit die Betrachtungsebenen gewechselt, so dass die Torte bzw. Pizza teilweise als Ganzes und teilweise nur Segmente von dieser betrachtet werden.

Diese ständigen impliziten Betrachtungsebenenwechsel in allen drei Szenen führen dazu, dass auch die Referenzkontexte, in denen die Aufgaben betrachtet werden, implizit bleiben. Dies hat zur Folge, dass Antworten und Lösungsvorschläge der Schülerinnen und Schüler auf unterschiedlichen Betrachtungsebenen der Aufgabe beruhen und nur teilweise in dem Referenzkontext als sinnvoll anzusehen sind, den vermutlich die Lehrperson hinzuzieht. Allerdings lassen sich in den betrachteten Szenen keine Sequenzen finden, in denen die Lehrperson sich vergewissert, in welchem Zusammenhang die Äußerungen der Schülerinnen und Schüler zu verstehen sind. Es finden folglich seitens der Lehrpersonen keine expliziten Vergewisserungen darüber statt, welche Situationsdefinitionen die Schülerinnen und Schüler vorgenommen haben. Demnach schlägt sich die Implizitheit des Unterrichts nicht nur auf der Seite der Handlungen der Lehrpersonen nieder, sondern – durch die fehlenden Vergewisserungen der Lehrpersonen – auch auf der Seite der Handlungen der Schülerinnen und Schüler. Verdeutlichen lässt sich der Zusammenhang zwischen der Implizitheit von Referenzkontexten, in denen die Aufgaben zu betrachten sind, und den Deutungsaktivitäten in Form der Situationsdefinitionen der Schülerinnen und Schüler mit Hilfe der Analyse der Rahmungen der Beteiligten.

Hierzu werden im Folgenden Rahmungsanalysen von zwei illustrierenden Beispielen der ausgewählten Sequenzen dargestellt (zum Begriff der Rahmungsdifferenzen s. Kapitel 2.5.2). Die Rahmungsanalysen bauen auf den in Kapitel 3 dargestellten Interaktionsanalysen auf (vgl. Kapitel 3.2.3.2; 4.1; 4.2). Die einzelnen Schritte der Interaktionsanalyse werden im Folgenden nicht erneut aufgeführt. Es werden zur Erinnerung nur die betreffenden Sequenzauszüge angegeben.

Das erste Beispiel stammt aus der Szene kgV, in der die Lehrperson den Begriff kleinstes gemeinsames Vielfaches einführt. Hierfür lässt sie anfangs Vielfache im Kopf berechnen. Anschließend zeichnet die Lehrperson zwei Kreise verbunden durch ein Additionszeichen an die Tafel. Es ereignet sich Folgendes:

Znr.	Zeit	Person	Aktivität
108		<L:	.. du sollst\
109		<L:	[setzt ein Additionszeichen zwischen die Kreise]
110		S:	plus\
111		S:	hä/ ein Kreis plus ein Kreis\
112		<L:	[L teilt den linken Kreis in drei, den rechten in vier Segmente auf]
113		<Sm:	[zahlreiche undefinierbare Zwischenrufe aus der
114			Klasse]
115		<S:	vier plus drei sieben\
116	11:12	<S:	ah Mercedes\
117		>Sm:	Mercedes Mercedes Benz
118		>L:	[L schraffiert je einen Teil der Kreise rosa]
119		>S1:	ach soo\
120		>S:	Jetzt hast dus kapiert\
121		S:	Mercedes Benz Cabriolet\
122		S1:	ach so\
123	11:29	S:	ein Drittel plus ein Viertel\
124	11:38	<L:	so\ [schreibt ein Gleichheitszeichen neben den
125			rechten Kreis] lies mal die Aufgabe vor\
126		<L:	[hebt den rechten Arm wie zur Meldung]
127		Sm:	[einige Kinder melden sich]
128		<L:	.. da steht ne Aufgabe\ Pelin da wie heißt die Aufgabe\
128.1		<Pelin	[meldet sich nicht]
129		Pelin:	eins plus eins\
130	11:55	L:	Nesrin\ wie heißt die Aufgabe/..
131		<L:	was ist das hier was ich angemalt habe/
132		<L:	[deutet auf einen der Kreise an der Tafel]
133		Nesrin:	zwei\
134		L:	was/
135		Nesrin:	eins\
136		L:	nee eins ist das Ganze
137		Nesrin:	zwei\
138		L:	nee auch nicht\ zwei sind zu viel\

Znr.	Zeit	Person	Aktivität
138.1		<L:	das sind zwei\
139		<L:	[deutet auf die beiden Kreise an der Tafel]
140		>Sm:	[Unruhe in der Klasse]
140.1		>L:	scht Mund zu\
141		> <L:	[hebt den rechten Arm mit ausgestrecktem Zeigefinger]
142		<Sm:	[einige Kinder melden sich]
142.1		<Otto:	[meldet sich]
142.2		L:	Otto\
143		Otto:	ein Drittel\
144	12:15	<L:	ja [zeigt auf den linken Kreis]

5.1.3.1 Rahmungsanalyse des Sequenzauszugs <108–144>

In dieser Sequenz lässt sich rekonstruieren, dass die Lehrperson die Aufgabe oder Zeichnung an der Tafel auf der Grundlage ihrer fachlichen Ausbildung zu ‚rahmen' scheint und insofern eine Unterteilung eines Kreises mit der Markierung einiger dieser Teilflächen als Schaubild für einen Bruch ansieht. Die Lehrperson betrachtet das Konzept des kgV demnach im dem Referenzkontext der Bruchrechnung. Die Schülerinnen und Schüler scheinen die Aufgabe zwar untereinander teilweise ähnlich, jedoch vorwiegend anders als die Lehrperson zu ‚rahmen'. Es lassen sich sowohl Rahmungsdifferenzen unter den Schülerinnen und Schülern als auch zwischen der Lehrperson und den Schülerinnen und Schülern rekonstruieren. Die einen, wie z.B. Pelin und Nesrin (vgl. <129–141>, scheinen die Kreise wie Formen zu betrachten und diese in gängiger Weise auf der Grundlage einer Rahmung der Addition natürlicher Zahlen addieren zu wollen, die anderen scheinen nicht mathematisch zu ‚rahmen' und eventuell mit provozierendem Hintergedanken Assoziationen mit dem Bild der Zeichnung des einen Kreises zu verbinden, die aus ihrer Alltagswelt stammen (vgl. <116–121>. Einzig Otto, sofern dieser auch die Aussage in <123> getätigt hat, scheint die Aufgabe auf der Grundlage einer ähnlichen Rahmung wie die Lehrperson zu deuten (vgl. <143>). Durch das implizite Vorgehen in den Handlungen der Lehrperson und dadurch, dass diese sich nicht vergewissert, auf Grundlage welcher Rahmung die Schülerinnen und Schüler die Aufgabe deuten, werden die unterschiedlichen Rahmungen der Aufgabe und die daraus resultierenden unterschiedlichen individuellen Betrachtungsebenen und Situationsdefinitionen der Schülerinnen und Schüler auf die Aufgabe nicht thematisiert. So greift die Lehrperson Nesrins Deutungen, die vermutlich auf der Grundlage anderer mathematischer Rahmungen von dieser getätigt wurden, nicht auf, wodurch sie die Chance vertut, die Rahmungsdifferenzen zwischen einem Großteil der Klasse und ihr zu koordinieren oder zu reduzieren. Die Rahmungsdifferenzen werden ignoriert und anscheinend schlichtweg unter dem Deckmantel von Fehlern z.B. bei Rechenoperationen übergangen. Hierdurch wird den Schülerinnen und Schülern nicht ermöglicht, ihre Situationsdefinitionen an die von Otto und der Lehrperson anzunähern. Als Ergebnis zeigt sich, dass Pelin auch nach mehrfachen Widersprüchen der Lehrperson zwar ihre Antworten wechselt, jedoch, wie es scheint, nie den Deutungsrahmen als Grundlage ihrer Antworten zu verlassen scheint. Die Deutung der Aufgabe auf der Grundlage einer Rahmung im Sinne der fachlich ausgebildeten Lehrperson und der hieraus resultierenden Deutungen der Aufgabe im Referenzkontext der Bruchrechnung scheint ihr somit verwehrt, wodurch fraglich ist, wie sie das geforderte mathematische Konzept verinnerlichen können soll.

Das zweite Beispiel stammt aus der Szene Die besonderen Ausdrücke. In dieser Szene führt die Lehrperson die mathematischen Fachtermini der vier Grundrechenarten ein. Dabei beginnt sie mit den mathematischen Fachtermini Addition, addieren, Summand und Summe. Im Anschluss hieran folgen die Fachtermini für die Subtraktion. Zur Illustration dessen, wie die Schülerinnen und Schüler das folgende Geschehen deuten, gebe ich drei kurze Sequenzauszüge an.

Znr.	Zeit	Person	Aktivität
130		<L:	ihr wisst das heißt minus hier\
131		<L:	[L deutet auf angeschriebenes subtrahieren, Subtraktion]
132		L:	Minuend\
133		S:	Arminius\ minus\
134		>L:	Und der der abgezogen wird der heißt Subtrahend
135		>L:	[L schreibt „Subtrahend" unter die 2]
136		S:	boah das ist schwer\

Nach einem kurzen Exkurs dazu, warum man zwei Wochen vor den Ferien noch so viel lernen müsse, sagt die Lehrperson Folgendes:

Znr.	Zeit	Person	Aktivität
151	15:58	L:	nee zwei Wochen\ . so\ und das Ergebnis von einer
152		<L:	[L zeigt auf die Tafel]
153		<L:	Subtraktionsaufgabe\ [schreibt ein großes „-" hinter Subtraktion]
154		>L:	das heißt Differenz\ . der Unterschied\
155		>L:	[L schreibt „Differenz" hinter die 8]
156		<S4:	Differenz\
156.1		<S4:	[spricht mit englischem Akzent]
157		L:	Differenz ist ein au ein ausländisches Wort für Unterschied\

Nachdem die Lehrperson die mathematischen Fachtermini bei der Grundrechenart der Subtraktion über Beispielaufgaben abgefragt hat, sagt sie:

Znr.	Zeit	Person	Aktivität
191	17:15	<L:	elf\ so wer weiß bis jetzt noch alle/ sag mir ma die ganzen Wörter
192			die du bei minus kennen musst\
193		>L:	[L klappt die Tafel zu]
194		>S:	Minuend\
195		S:	Minuend\ Subtraktzend#
196		#L:	(schnell) aber nicht durcheinander\ wir melden uns und wer dran

| 197 | ist der macht das\ [L wendet sich der Klasse zu] na Muri versuchs |
| 198 | Ma\ |

5.1.3.2 Rahmungsanalyse der Sequenzauszüge <130–136>, <151–157> und <191–198>

In der Szene Die besonderen Ausdrücke lassen sich ebenfalls Rahmungsdifferenzen rekonstruieren, die zumindest von der Lehrperson übergangen und nicht koordiniert werden. Die Lehrperson führt die neuen mathematischen Begriffe fast ohne explizite inhaltliche Bezüge lediglich mit Verweis auf mathematische Beispielaufgaben vor dem Hintergrund der bekannten Grundrechenarten ein. Es scheint, als ginge sie davon aus, dass sich die Bezüge zwischen den mathematischen Begriffen ,von selbst' erklären und sich die Funktion und Bedeutung der Begriffe allein durch die Benennung an Beispielaufgaben für alle Schülerinnen und Schüler ergeben würden. Die Schülerinnen und Schüler scheinen die Unterrichtssequenz oder das gerade bearbeitete Thema des Unterrichts jedoch vielfach auf der Grundlage einer anderen Rahmung zu deuten und somit die Aufgabe des Unterrichts in einem anderen Referenzkontext zu betrachten. Durch das mehrfache Spielen mit Sprache scheinen sie den Unterricht eher als Vokabellernsituation zu verstehen, ohne vordergründig mathematische inhaltliche Bezüge herzustellen. So stellt das eine Kind sprachliche Bezüge zwischen Minus und „*Arminius*" <133> her, was ein Name eines anderen Jungen sein könnte. Ein anderes Kind setzt den Fachterminus „Differenz" mit seinem englischen Pendant <156–156.1> in Verbindung und ein weiteres Kind versucht anscheinend, sich den Fachterminus Subtrahend selbstständig von dem Fachterminus Subtraktion abzuleiten <195>. Es scheint so, als wenn alle diese Kinder versuchen würden, kreativ mit der Sprache zu spielen, um inhaltliche oder sprachliche Bezüge aus ihrem Alltag oder dem bis jetzt bekannten Unterricht herzustellen, damit sie die mathematischen Begriffe besser verinnerlichen können. In diesem Sinne lässt sich ein Bemühen zur Koordinierung der auftretenden Rahmungsdifferenzen vor allem auf der Seite der Schülerinnen und Schüler rekonstruieren. Ein Bemühen zur Koordinierung der Rahmungsdifferenzen von Seiten der Lehrperson durch eine Thematisierung der unterschiedlichen Rahmungen der Schülerinnen und Schüler lässt sich hingegen kaum rekonstruieren.

5.1.3.3 Komparation der Rahmungsanalysen

Vergleicht man die drei untersuchten Szenen in Bezug auf die Rahmungsdifferenzen im Unterricht, so fällt auf, dass in allen Szenen, auch in der Szene Pantomime, durch das implizite Vorgehen der Lehrpersonen Rahmungsdifferenzen seitens dieser übergangen werden. Die Lehrpersonen vergewissern sich nicht, welche individuellen Deutungen die Schülerinnen und Schüler von der jeweiligen Situation vornehmen und auf der Grundlage welcher Rahmung sie diese deuten. Die Folge hieraus scheint einerseits zu sein, dass die Schülerinnen und Schüler trotz mehrfacher Hinweise der Lehrperson, dass Lösungen von ihnen verkehrt seien, versuchen, auf der Grundlage ihrer Rahmungen lediglich ihre individuellen Situationsdefinitionen zu verändern und nicht die Rahmungen selbst. So deuten sie die Aufgaben weiterhin in Referenzkontexten oder Betrachtungsebenen, die im Einklang mit ihren Rahmungen der Situation stehen. Dies führt, wie z.B. in der Szene kgV bei Nesrin, zum offensichtlichen Scheitern des Aushandlungsprozesses einer als gemeinsam geteilt geltenden Deutung. Andererseits ist es denkbar, dass, wie in der Szene Die besonderen Ausdrücke, die Schülerinnen und Schüler versuchen, ihre Rahmungen zu modulieren, um sich denen der Lehrperson anzunähern. Da sie aber nicht über einen universitär-fachlichen Hintergrund bezüglich des zu lernenden Themas verfügen und ihren Deutungen alltägliche Rahmungen zu Grunde liegen, scheint diese Möglichkeit ohne gleichzeitige Modulation des Rahmens der Lehrperson begrenzt. Das Ergebnis wird vielfach darin bestehen, dass ein Arbeitskonsens zwischen einem Großteil der Schülerinnen und Schüler und der Lehrperson nur zum Schein besteht, da ein Großteil der Klasse ohne Widerspruch die Lehrperson als nahezu uneingeschränkte Autorität in Bezug auf die Richtigkeit von Lerninhalten akzeptieren wird und sich deshalb nicht der Richtigkeit ihrer Situationsdefinition von Lerninhalten vergewissern wird. Ein Effekt dieser Verschleierung von Rahmungsdifferenzen ist, dass die Interaktionssituationen den Eindruck eines einvernehmlichen, für alle Beteiligten befriedigend ausfallenden Prozesses der Aushandlung von Bedeutung vermitteln. Fragwürdig erscheint dieses Vorgehen jedoch zum einem aus mathematischer Sicht, da die fachliche Qualität solcher Verständigungsprozesse ‚ohne' Verständigung an das autoritäre Lernen von Miller (1986) erinnert und so zu bezweifeln ist, dass eine Vielzahl der Beteiligten das gleiche oder ein ähnliches Verständnis der Situation haben. Das Ergebnis des Aushandlungsprozesses unterliegt einer gewissen Unbestimmtheit hinsichtlich dessen, was eigentlich ausgehandelt wurde und die mathematisch begründete Korrektheit wird einer „intersubjektiv erzielten Entlastung in einem Verständigungsprozeß" (Krummheuer 1992, S. 113) vorgezogen. Zum anderen lässt sich aus interaktionistischer Sicht anmerken, dass bei dieser Verschleierung von Rahmungsdifferenzen zu erwarten ist, dass keine interaktiv gemeinsam geteilt geltende Deutung hervorgebracht wird, die die individuellen Aushandlungsrahmen der Beteiligten überschreitet. Dies wird dazu führen, dass die ‚erzielte Verständigung' keine Lernprozesse von Neuem über eine subjektive Überzeugtheit bei den Beteiligten evozieren wird, die nachhaltig über die jeweilige Situation hinauswirken.

Eine Problematik bei allen diesen Arten von Rahmungsdifferenzen ist somit die Nicht-Thematisierung der unterschiedlichen Rahmungen durch die Lehrperson und die dadurch vorherrschende Verborgenheit der unterschiedlichen Rahmungen der beteiligten Schülerinnen und Schüler und der Lehrperson. Für diese musterhaften Strukturierungen des unterrichtlichen Interaktionsflusses entwickeln Krummheuer und Brandt (2001) in späteren Arbeiten den Begriff des „interaktionalen Gleichflusses" (ebenda, S. 56; s.a. Krummheuer/Fetzer 2005).

5.2 Rekonstruktion einer Impliziten Pädagogik

Das Phänomen eines Unterrichtsstils der Lehrpersonen bei der Einführung neuer mathematischer Begriffe oder Fachtermini, der sich durch eine Implizitheit des Vorgehens auf unterschiedlichen Ebenen und durch die Verwendung einer formal ungeformten Rede charakterisieren lässt, ist mit den bereits dargestellten theoretischen Ansätzen (vgl. Kap. 2) allein nur unzureichend zu beschreiben. Somit erfolgt eine erneute Öffnung des theoretischen Rahmens der Untersuchung hin zu allgemeinen pädagogischen, soziologischen und linguistischen Ansätzen, welche sich für die Analyse des betrachteten Grundschulmathematikunterrichts als fruchtbar erweisen. Durch die Öffnung des theoretischen Rahmens der Untersuchung lässt sich das Vorgehen der Lehrpersonen unter dem Begriff einer *Impliziten Pädagogik* fassen, die sich dadurch auszeichnet, dass entscheidende Aspekte zur Bedeutungsaushandlung und der daraus möglichen Konstruktion situationsüberdauernder Wissensbestände der Individuen bei der Einführung neuer mathematischer Begriffe im Unterricht verborgen bleiben.[83]

Schülerinnen und Schüler müssen sich so die Bedeutung der Begriffe aufgrund ihrer nicht-mathematisch mitgebrachten Fähigkeiten selbstständig erschließen können oder aber die zugrunde liegenden inhaltlichen und sprachlichen Zusammenhänge und Strukturen müssen sich für die Kinder ‚wie von selbst' ergeben. Zur Einordnung dieser Impliziten Pädagogik lässt sich unter anderem Bezug nehmen auf neuere Arbeiten von Bernstein (s. z.B. 1996, 1990).

5.2.1 Horizontal und vertical discourse

Bernstein (1996) entwickelt mit Blick auf die sprachliche Praxis im Schulunterricht eine Differenzierung zweier Diskursformen, die er als „horizontal discourse" und „vertical discourse" (S. 171) bezeichnet. Alltagswissen wird im horizontal discourse ausgedrückt. Die Kommunikation über Fachwissen findet in Form des vertical discourse statt. Der Unterrichtsdiskurs, der sich durch einen vorwiegend formalen Sprachgebrauch und ein hohes Maß an Kontextunabhängigkeit charakterisieren lässt, ziel- und curriculumorientiert sowie sequentiell und hierarchisch geordnet ist,

---

83 Zum Umgang mit dem Wissensbegriff in dieser Arbeit siehe Fußnote 18.

entspricht hiernach einem vertikalen Diskurs. Bernstein definiert beide Diskursformen wie folgt:

> „A vertical discourse takes the form of a coherent, explicit, systematically principled
> structure, hierarchially organized, or it takes the form of a series of specialized lan-
> guage with specialized modes of interrogation and specialized criteria for the pro-
> duction of texts. [...]
>   A horizontal discourse consists of local, segmentally organized, context-specific
> and dependent strategies for maximizing encounters with persons and habit"
> (ebenda, S. 171).

Diese Differenzierung in einen horizontalen und einen vertikalen Diskurs lässt sich
im Zusammenhang mit älteren Arbeiten von Bernstein (1977, 1972) und Arbeiten
von Zevenbergen (z.B. 2001 a; 2001 b) betrachten (s.a. Kap. 2.2.5 und 2.4). Nach
den Ergebnissen von Bernstein und Zevenbergen erfahren Kinder aus der Arbeiterschicht im Gegensatz zu Kindern aus der Mittelschicht eine Benachteiligung dahingehend, dass sie vorwiegend fähig sind, an einem Diskurs produktiv teilzunehmen oder rezeptiv Teil zu sein, der durch einen alltäglichen Sprachgebrauch geprägt ist. Hingegen haben Kinder aus der Mittelschicht meist auch die Kompetenz
erworben, an einem Diskurs produktiv teilzunehmen oder rezeptiv Teil zu sein, der
durch einen formalen Sprachgebrauch geprägt ist. Der vertikale Unterrichtsdiskurs,
auch der des Mathematikunterrichts, entspricht in diesem Sinne eher den Fähigkeiten von Kindern aus der Mittelschicht als denen der Arbeiterschicht.

Die Ausführungen von Bernstein (1996) zu den zwei unterschiedlichen Diskursformen lassen ebenfalls einen Bezug zu dem im theoretischen Rahmen bereits dargestellten Konstrukt der Bildungssprache der Schule von Gogolin (2006, S. 82, s.a.
Kap. 2.4) zu. Nach Gogolin findet der vertikale Diskurs im Unterricht im Medium
der Bildungssprache der Schule statt, die sich von der gesprochenen Sprache, der
informellen mündlichen Alltagssprache, maßgeblich unterscheidet. Das wesentliche Spezifikum leistungsrelevanter schulischer Kommunikation stellt nach Gogolin
hierbei die Schriftförmigkeit der Bildungssprache dar. Für den Schulerfolg in der
deutschen Schule ist Gogolin zufolge nicht eine allgemeine Sprachbeherrschung
entscheidend, sondern das Beherrschen dieser Bildungssprache der Schule im vertikalen Diskurs (s. zum Begriff auch Cummins 2000) des Unterrichts. Somit lässt
sich mangelnder Schulerfolg von Kindern, z.B. von solchen, die in mehreren Sprachen leben und lernen und/oder aus einem Elterhaus mit niedrigem sozioökonomischen Status stammen, nach Gogolin vor allem auf fehlende Kenntnisse in der für
den schulischen Erfolg relevanten Bildungssprache der Schule zurückführen.

Betrachtet man das Vorgehen der Lehrpersonen in den analysierten Unterrichtsszenen, so fällt auf, dass dieses durch seine Ziel- und Curriculumsorientierung sowie
seine sequentielle und hierarchische Struktur einem vertikalen Unterrichtsdiskurs

nach Bernstein (1996) ähnelt. Allerdings entsprechen die Implizitheit des Vorgehens auf unterschiedlichen Ebenen und die Verwendung einer ungeformten alltagssprachlichen Redeweise ohne explizite Verweise auf grammatische Strukturen oder darauf, welche, bedeutungstragenden Bestandteile die mathematischen Begriffe oder Fachtermini prägen, eher den Charakteristika eines horizontalen Diskurses. Dieses implizite Vorgehen von Lehrpersonen im Unterricht und der daraus resultierende Widerspruch zwischen dem normativen Anspruch an alle Schülerinnen und Schüler, einer Bildungssprache mächtig zu sein, die sich in vertikalen Diskursformen ausdrückt, diese jedoch im Unterricht nicht umfassend zu erfahren, lässt sich durch eine Blickweise von Bourne (2003) auf den Unterricht in Schulen erklären.

5.2.2 Invisible pedagogy

Mit Bourne (2003) lassen sich Handlungen von Lehrpersonen, die solchen implizit geprägten Vorgehensweisen folgen, unter den Begriff einer „invisible progressive pedagogy"[84] (S. 510 ff.) fassen. Die Ursprünge einer solchen ‚unsichtbaren progressiven' Pädagogik liegen laut Bourne in Veränderungen innerhalb der pädagogischen Orientierung seit den 1960er Jahren. In dieser Zeit wurde, Bourne zufolge, eine Pädagogik, die Lehren als eine Übertragung von Wissen betrachtete, von einer Theorie der Praxis abgelöst, die das Lernen und nicht das Lehren in den Fokus der pädagogischen Betrachtung stellte. Die Rolle des Lehrenden, in dieser auch heute noch vorherrschenden Sichtweise auf das Lernen, wurde darauf reduziert, den Lernenden eine Lernumgebung bereitzustellen und lediglich zu begutachten, wie sich in dieser Lernumgebung die angeborenen individuellen Fähigkeiten und ‚Talente' jedes einzelnen Kindes entwickeln. Das Objekt des Lernens in solchen Ansätzen ist das Lernen des Individuums und die Entwicklung seiner Kompetenzen, nicht aber das kollektive Lernen von Individuen in der Klassengemeinschaft. Durch diese Art der Betrachtung von Lernprozessen rücken die außerhalb der Schule erworbenen und in diese mitgebrachten Fähigkeiten der Kinder, wie z.B. Fähigkeiten in Bezug auf selbstständiges Lernen oder in der Verwendung einer Bildungssprache der Schule in der Vordergrund, die jedoch vor allem Schülerinnen und Schüler aus bildungsnahen Elternhäusern mit vorwiegend monolingualem Hintergrund mitbringen. Eine derartige Pädagogik, die das ausdrückliche Lehren auf ein Minimum beschränkt, führt zu einer Unterrichts- und Bewertungspraxis in der Schule, die nach einem biologistischen Verständnis von Fähigkeiten Schülerinnen und Schüler in eine sich selbst reproduzierende ‚Erfolgsrangfolge' stellt. Bourne benennt diese Erfolgsrangfolge mit „from the brightest to slowest" (Bourne 2003, S. 505). Nicht der Unterricht, die Qualifikation der Lehrenden und ihre Anstrengungen sind hier-

---

84 Zur Differenzierung der Begriffe s. Bernstein 1990, S. 71 ff.; s.a. den Begriff „progressive primary pedagogy" (Walkerdine 1984, 153–202).

nach maßgeblich für den Schulerfolg von Schülerinnen und Schülern in der Schule, sondern vor allem die mitgebrachten Fähigkeiten der Kinder (vgl. Bourne 2003, S. 497, s.a. Walkerdine 1984):

> „Developmental learning theories biologise children's attainments and place responsibility for what is perceived as ‚success' or ‚failure' firmly within the child, as evidence of their own ‚natural' capacity. One is no longer seen to achieve academically through good teaching, hard work and effort, but rather, to develop one's innate ‚abilities' to one's own predetermined ‚intelligence level'" (Bourne 2003, S. 498, s.a. Bourne 1992, 1988):

Dieses didaktisch-methodische Vorgehen des so genannten „progressive primary classroom" (Bourne 2003, S. 498) des englischen Schulsystems erinnert an das in Deutschland vielfach fälschlich angewendete Konzept des offenen Unterrichts. Auch wenn diese beiden Unterrichtsformen nicht ohne Weiteres aufeinander übertragbar sind, scheint doch beiden die Grundannahme gemeinsam, dass Kinder mit ähnlichen ‚Grundfähigkeiten' in die Schule kommen, wodurch sie sich im durch formale Bildungssprache geprägten Unterricht zurechtfinden können sollten und es ihnen infolgedessen gleichermaßen möglich sei, sich Unterrichtsinhalte selbst zu erarbeiten.

In Bezug auf unterschiedliche didaktisch-methodische Unterrichtskonzepte zur ‚Übertragung' von Wissen[85] in Institutionen, wie der Schule, definiert Bernstein (1990) die Begriffe „strong framing" and „weak framing" (S. 36 f., s.a. Bernstein 1967 und Bernstein et al. 1966). Liegt die Kontrolle über die Auswahl des Lerngegenstands, die Organisation, Geschwindigkeit und Einteilung beim Lernen sowie die Evaluation des Gelernten in der Hand des Lehrenden bezeichnet Bernstein dies als „starken Lehrrahmen"[86]. Liegt diese Kontrolle mehr in den Händen des Lernen-

---

85 Aufgrund der Nähe dieser Arbeit zum Symbolischen Interaktionismus erscheint eine Formulierung von ‚Übertragung' von Wissen nicht angebracht. Sie trägt jedoch dem Fakt Rechnung, dass hier eine Nähe zu den Formulierungen von Bernstein gewählt wurde. Unabhängig von dieser Formulierung wird in der vorliegenden Arbeit davon ausgegangen (vgl. Kap. 2.1), dass Schülerinnen und Schüler erst in der Interaktion des Klassengesprächs mit anderen Beteiligten Konstruktionen dessen vornehmen, was gemeinhin als ihr Wissen bezeichnet wird.

86 „Der Begriff Lehrrahmen bzw. Instruktionsrahmen wird gebraucht, um die Struktur des Übermittlungssystems ‚Unterrichtsgestaltung' zu bestimmen. Er bezieht sich auf die Form des Kontextes, in dem Wissen übermittelt und empfangen wird. Instruktionsrahmen (frame) bezieht sich auf die spezifisch pädagogische Beziehung zwischen Lehrer und Schüler. Ebenso wie Klassifikation sich nicht auf Inhalte bezieht, meint Lehrrahmen nicht die Inhalte der Unterrichtsgestaltung. Rahmen bezieht sich auf die Stärke der Grenze zwischen dem, was übermittelt werden darf. Bei starkem Rahmen ist die Grenze scharf, bei schwachem Rahmen ist die Grenze zwischen dem, was übermittelt werden soll, und dem, was nicht übermittelt werden soll, verwischt" (Bernstein 1972, S. 296).

den, bezeichnet Bernstein dies als „schwachen Lehrrahmen" (zu den Begriffen siehe Bernstein 1972, 292 ff.).

In einem Grundschulunterricht, der sich in ein Konzept dieser ‚unsichtbaren progressiven' Pädagogik einordnen und mit Walkerdine (1984) als „progressive' primary classroom" beschreiben lässt, könnte man vermeintlich den Lehrrahmen als schwach ansehen, da der Unterricht auf das einzelne Kind zentriert ist. Laut Bernstein (1990) handelt es sich hierbei jedoch eher um eine Form von ‚maskierter' Pädagogik (im Original: „masked pedagogy"), da die Schülerinnen und Schüler nur scheinbar frei in ihren Lernbemühungen sind und ihre Entwicklung über Formen einer heimlichen Evaluation ihrer mitgebrachten Fähigkeiten ‚naturalisiert' wird. Durch diese ‚verdeckte' Pädagogik, in der die Autorität des Lehrenden verschleiert und der Lehrrahmen im Unterricht nicht offen dargelegt wird und somit implizit bleibt, werden somit die Leistungsunterschiede zwischen den Schülerinnen und Schülern auf der Grundlage ihrer Herkunft bzw. bestehende Leistungsunterschiede aufgrund unterschiedlicher Fähigkeiten beim Schuleintritt von Kindern verstärkt. Nach Bernstein (1990) können Lehrpersonen die Führung des Unterrichts in diesem auch heute gängigen Unterricht nur noch dem Schein nach in die Hände der Schülerinnen und Schüler legen, denn es wird von ihnen gefordert, die Leistungen ihrer Schülerinnen und Schüler dauerhaft nach festgelegten Normen zu evaluieren. Eine solche dauerhafte Überprüfung der Leistungen der Schülerinnen und Schüler impliziert jedoch einen starken Lehrrahmen im Unterricht. Sie drängt den eigentlichen Sinn des Lehrens – die Instruktion – in den Hintergrund und ermöglicht es vielen Schülerinnen und Schülern nur schwer, in die notwendigen fachlichen Inhalte und in den formalsprachlich geprägten vertikalen Diskurs des Unterrichts der Schule eingeführt zu werden:

> „Evaluation replaces instruction, and certain children are not given access to the academic discourse on which, Bernstein argues, the development of scientific concepts ultimately depends" (Bourne 2003, S. 498).

5.2.3 Einführung mathematischer Begriffe nach einer Impliziten Pädagogik

Angewendet auf den Unterricht der drei analysierten Szenen kann festgestellt werden, dass die Lehrrahmen in allen drei Szenen als stark zu werten sind. Auch in der Unterrichtsszene, in der sich ein handlungsorientiertes Vorgehen in Form von Stationenarbeit rekonstruieren lässt, gibt die Lehrperson die Kontrolle über den Unterricht nicht aus der Hand. Somit lässt sich in den Szenen nicht von einer verdeckten Pädagogik im Sinne einer scheinbaren Freiheit in den Handlungen der Schülerinnen und Schüler sprechen, denn auch eine vermeintliche Mitbestimmung in Bezug auf die Unterrichtsgestaltung seitens der Schülerinnen und Schüler kann nicht rekonstruiert werden.

Fasst man den Begriff einer verdeckten Pädagogik jedoch weiter und nicht nur bezogen auf den Lehrrahmen, so lässt sich diese auch in den hier vorliegenden drei Szenen rekonstruieren. Innerhalb der analysierten Szenen bleiben, wie es scheint, trotz starken Lehrrahmens durch die Implizitheit beim Vorgehen der Lehrperson zur Einführung der neuen mathematischen Begriffe wichtige Bedeutungen dieser implizit. Inhaltliche Bezüge zwischen den neu zu lernenden mathematischen Begriffen oder zu bereits bekannten alltagssprachlichen Begrifflichkeiten werden nicht hergestellt. Zudem werden sprachliche Besonderheiten sowie unterschiedliche Betrachtungen auf Aufgaben verdeckt. Es wird demnach ähnlich wie beim Lernen in dem durch einen vermeintlich schwachen Lehrrahmen geprägten „progressive primary classroom" oder dem Lernen im offenen Unterricht vorausgesetzt, dass die Schülerinnen und Schüler sich die implizit bleibenden ‚Wissensbestände' aufgrund ihrer mitgebrachten Fähigkeiten selbstständig erschließen können oder sich die zugrunde liegenden inhaltlichen und sprachlichen Zusammenhänge und Strukturen für die Kinder ‚wie von selbst' ergeben.

Diese Form einer verdeckten Pädagogik, von mir Implizite Pädagogik genannt, scheint infolgedessen ähnlich wie die invisible progressive pedagogy (vgl. Bourne 2003, S. 510 ff.; Bernstein 1990, S. 72) vor allem auf die aus dem Elternhaus mitgebrachten Fähigkeiten der Schülerinnen und Schüler zu rekurrieren.

6 Zusammenfassung, Konsequenzen und Ausblick

6.1 Zusammenfassung der Untersuchungsergebnisse

Im theoretischen Rahmen der Untersuchung wurde herausgearbeitet, dass Lehrpersonen durch die sprachliche Gestaltung ihres Unterrichts eine wesentliche Rolle bei der Konstituierung des Lernraums, verstanden als die Gesamtheit der zur Verfügung stehenden Gelegenheiten zum Lernen für Schülerinnen und Schüler im Interaktionsraum Grundschulmathematikunterricht, zukommt. Lernende können in diesem Lernraum lernen, indem sie zunächst rezeptiv ein Teil dieses Lernraums sind und über dieses Teil sein Gelegenheiten erhalten, am Klassengespräch auch aktiv teilzunehmen, d.h. produktiv den Lernraum durch ihre verbalen Handlungen mitzugestalten und Neues z.B. in Form mathematischer Begriffe zu lernen (vgl. Markowitz 1986, S. 9; Krummheuer/Brandt 2001, 17 ff.).

Um zu analysieren, inwieweit die Lehrpersonen im alltäglichen Grundschulmathematikunterricht durch ihre sprachliche Gestaltung des Unterrichts Gelegenheiten zum Lernen neuer mathematischer Begriffe für Lernende schaffen, wurden in der vorliegenden Untersuchung Unterrichtsszenen aus Instruktionsphasen innerhalb des Klassengesprächs analysiert, in denen ein neuer mathematischer Begriff eingeführt wurde. Es wurde erwartet, dass in diesen Sequenzen verstärkt kollektive Lernprozesse auftreten, in denen es um den erstmaligen Aufbau subjektiv neuer situationsüberdauernder Bedeutungszuschreibungen für die einzelnen Schülerinnen und Schüler geht, und so eine große Anzahl von Gelegenheiten zum Lernen rekonstruierbar wären.

6.1.1 Das didaktisch-methodische Vorgehen und die Verwendung mathematischer Begriffe oder Fachtermini in Abgrenzung zu alltagssprachlichen Begrifflichkeiten

Als Ergebnis der Analysen der sprachlichen Gestaltung des Unterrichts durch die Lehrperson konnten Handlungsroutinen der Lehrpersonen bei der Einführung neuer mathematischer Begriffe rekonstruiert werden. Im Folgenden werden die strukturellen Gemeinsamkeiten und Unterschiede dieser Handlungsroutinen zusammenfassend dargestellt und mögliche Konsequenzen im Hinblick auf Gelegenheiten zum Lernen von Schülerinnen und Schülern im Grundschulmathematikunterricht erörtert. Zu betonen ist, dass alle Lehrpersonen von mir als sehr kompetente, interessierte und didaktisch-methodisch sehr versierte Lehrpersonen während des gesamten Untersuchungszeitraums wahrgenommen wurden. Eine Bewertung des didaktisch-methodischen Vorgehens der Lehrpersonen, indem ihnen methodische Mängel als Ursache für die analysierten Phänomene vorgeworfen werden, soll hier weder vorgenommen noch unterstützt werden. Den Ursprung der beschriebenen Phänomene in den Personen selbst und nicht auf struktureller Ebene von Gelegenheiten zum Lernen im Unterricht in deutschen Schulen zu suchen, würde den Lehrpersonen wie auch den Phänomenen nicht gerecht werden.

Zunächst unterscheidet sich das didaktisch-methodische Vorgehen zur Einführung neuer mathematischer Begriffe in den drei Unterrichtsszenen maßgeblich. In der Handlungsroutine, die in der Szene kgV rekonstruiert wurde, werden die neuen mathematischen Begriffe oder Fachtermini durch eine Zeichnung als Visualisierung an der Tafel lehrerzentriert eingeführt. Ebenfalls lehrerzentriert, aber nicht mit einer visualisierenden Zeichnung werden in der Szene Die besonderen Ausdrücke schwerpunktmäßig Merksätze gebildet und auswendig gelernt. In der dritten Unterrichtseinheit, der Szene Pantomime, hingegen beherrscht ein handlungsorientiertes Vorgehen in Form von Stationenarbeit den Unterricht, in dem die Schülerinnen und Schüler selbst aktiv in Kleingruppen arbeiten. Innerhalb dieser Vielfalt didaktisch-methodischer Zugänge zur Einführung neuer mathematischer Begriffe lässt sich rekonstruieren, dass die Verwendung mathematischer Begriffe oder Fachtermini in Abgrenzung zu alltagssprachlichen Begrifflichkeiten ebenfalls unterschiedlich von den Lehrpersonen gehandhabt wird. Es lässt sich kein ausgewogenes Verhältnis der Verwendung mathematische Begriffe oder Fachtermini und alltagssprachlicher Begrifflichkeiten bei der Einführung neuer mathematischer Begriffe durch die Lehrpersonen ausmachen. Entweder werden von den Lehrpersonen vorwiegend alltagssprachliche Begrifflichkeiten oder neue, d.h. nicht erklärte mathematische Begriffe oder Fachtermini verwendet.

Dieser unterschiedliche Umgang der Lehrpersonen mit mathematischen Begriffen oder Fachtermini im Mathematikunterricht der Grundschule gibt jedoch keine Aufschlüsse darüber, wie dieser das Lernen neuer mathematischer Begriffe der Schülerinnen und Schüler im Unterricht beeinflussen könnte. Eine solche Betrachtung mathematischer Lernprozesse greift zu kurz. Um sich sprachlich wohlgeformt in einem Fachunterricht ausdrücken zu können, reicht es nicht aus, den Umgang der Lehrpersonen mit isolierten mathematischen Begriffen oder Fachtermini zu betrachten. Letztere müssen auch in das fachsprachliche Register, aus dem sie stammen, eingebettet und in wohlgeformter sprachlicher Form übermittelt werden, um zielgerichtet von Schülerinnen und Schülern im Mathematikunterricht als mathematische Begriffe eingesetzt werden zu können.

Die Charakteristika der Handlungsroutinen zeigen allerdings auch auf, dass sich die sprachliche Gestaltung des untersuchten Grundschulmathematikunterrichts trotz der Unterschiede beim didaktisch-methodischen Vorgehen und bei der Verwendung mathematischer Begriffe oder Fachtermini in einigen strukturellen Merkmalen gleicht. Diese strukturellen Merkmale können über den Mathematik- und

Grundschulunterricht hinaus Aufschlüsse über die Gelegenheiten zum Lernen von Schülerinnen und Schülern geben.

6.1.2 Implizitheit als vorherrschendes Strukturmerkmal

Als gemeinsames zugrunde liegendes Strukturmerkmal bei der sprachlichen Gestaltung des Unterrichts durch die Lehrpersonen lässt sich das Phänomen einer Implizitheit von Lerninhalten und des Vorgehens auf unterschiedlichen Ebenen bei der Einführung neuer mathematischer Begriffe rekonstruieren. Der Ausdruck Phänomen soll verdeutlichen, dass bei der Einführung neuer mathematischer Begriffe oder Fachtermini eher mit einem hohen Grad von Explizitheit von Lerninhalten und Vorgehen zu rechnen wäre. So wurden die Klassen nach den Kriterien große Anzahl von Schülerinnen und Schülern mit Migrationshintergrund und möglichst große Anzahl von Gymnasialempfehlungen ausgesucht, was den Grund hatte, Klassen zu analysieren, in denen der Unterricht sprachlich vermutlich besonders sensibel und explizit gestaltet würde.

Die Implizitheit von Lerninhalten oder beim Vorgehen der Lehrpersonen schlägt sich bei der Verwendung unterschiedlicher mathematisch fachsprachlicher und auch formalsprachlicher Register nieder. Bei der Einführung der neuen mathematischen Begriffe lässt sich in Bezug auf das mathematisch-fachsprachliche Register rekonstruieren, dass die Bedeutungen der Begriffe sowie inhaltliche Bezüge zwischen den neu zu lernenden mathematischen Begriffen bzw. Fachtermini oder zu bereits bekannten alltagssprachlichen Begrifflichkeiten nicht oder nur implizit hergestellt werden. Die Bedeutungen oder Bezüge werden nicht explizit von den Lehrpersonen in den Unterrichtsdiskurs aufgenommen und finden so in der Interaktion des Klassengesprächs keine Berücksichtigung.

Ein ähnliches Bild zeigt sich dabei, wie die Lehrpersonen auf sprachliche Besonderheiten im formalsprachlichen Register eingehen. Auch hier herrscht eine Implizitheit des Lehrens vor. Die Lehrpersonen verweisen nur implizit auf grammatische Strukturen, in die die neuen mathematischen Begriffe oder Fachtermini eingebettet werden, oder darauf, welche bedeutungstragenden Bestandteile diese prägen. Wie die Schülerinnen und Schülern mit Hilfe sprachlicher Mittel mündliche und schriftliche Texte produzieren können, in die sie die komplexen und abstrakten mathematischen Begriffe sinnvoll integrieren, wird von der Lehrperson weder aktiv demonstriert noch thematisiert. Dadurch bleiben die wenigen inhaltlichen oder implizit endenden Erklärungsversuche unverbunden. Auf eine Wohlgeformtheit der Rede der Schülerinnen und Schüler wird demnach vor allem oberflächlich eingegangen, dahingehend, dass zum Teil die Aussprache und Schreibweise der neuen mathematischen Begriffe oder Fachtermini von den Lehrpersonen explizit aufgegriffen werden. Eine durchgängige Einbettung der mathematischen Begriffe in eine

formale Bildungssprache, um so vom Speziellen zum Allgemeineren abstrakte Begriffe dekontextualisiert beschreiben zu können, ist nicht erkennbar.

In dem analysierten Unterricht herrscht demnach ein Sprachgebrauch, der sich
maßgeblich an der mündlichen Alltagssprache orientiert und trotz der Einführung
neuer mathematischer Begriffe nicht formalsprachlich geprägt ist. Dieser Form der
sprachlichen Gestaltung steht im Widerspruch zu den normativen Ansprüchen des
deutschen Schulsystems. Es lässt sich auf der Basis der Arbeiten von Gogolin
(2003) die Hypothese aufstellen, dass diese formalsprachlichen Kompetenzen in
Momenten der Leistungsbewertung z.B. bei Klassenarbeiten und dem Verstehen
oder Produzieren von Texten leistungsrelevant werden. Auf diese Anforderungen
der deutschen Schule an alle Schülerinnen und Schüler scheint der vorliegende Unterricht nicht vorzubereiten.

Auch auf anderen Ebenen zeigt sich die Implizitheit des Vorgehens der Lehrpersonen bei der Einführung neuer mathematischer Begriffe oder Fachtermini. So bleiben die Referenzkontexte, in denen die neuen mathematischen Begriffe oder Fachtermini bei ihrer Einführung dargestellt werden, implizit, da die Wechsel dieser Referenzkontexte oder Betrachtungsebenen auf Aufgaben und somit die Wechsel des
Bezugssystems, in dem die neuen mathematischen Begriffe zu betrachten sind,
nicht explizit durch die Lehrpersonen vollzogen werden. Die Lehrperson weisen so
bei ihren Einführungen nicht explizit darauf hin, dass teilweise zwar die Referenzkontexte wechseln, aber weiterhin das gleiche mathematische Konzept betrachtet
wird. Außerdem lassen sich seitens der Lehrpersonen keine expliziten Vergewisserungen darüber rekonstruieren, auf Grundlage welcher Rahmung Antworten von
Schülerinnen und Schülern zu deuten und wie sie demnach zu verstehen sind.

Ein solches Vorgehen bei der Einführung neuer mathematischer Begriffe oder
Fachtermini lässt sich allein mit mathematikdidaktischen Ansätzen nicht erklären,
weswegen weitere pädagogische, soziologische und linguistische Ansätze für die
Untersuchung hinzugezogen wurden. Mit Hilfe dieser Ansätze ist es möglich, die
Handlungen der Lehrpersonen zur sprachlichen Gestaltung des Unterrichts anhand
eines theoretischen Konzepts zu erklären, das ich als Implizite Pädagogik bezeichne. Nach dieser Impliziten Pädagogik besteht die Aufgabe von Lehrpersonen vorwiegend darin, Lernenden eine Lernumgebung bereitzustellen und in dieser zu begutachten, wie sich die angeborenen individuellen Fähigkeiten und 'Talente' jedes
einzelnen Kindes entwickeln. Diese Form des Lehrens könnte man als 'pathologi-
sche' Form von offenen Unterrichtskonzepten verstehen. In ihnen füllen die Lehrpersonen, trotzdem sie teilweise frontal unterrichten und eher 'geschlossene Inter-
aktionsformen' der Unterrichtsgestaltung wählen, nicht mehr die Rolle des in der
Interaktion fortgeschrittenen Individuum aus, welches die Schülerinnen und Schüler fördert in der Entwicklung fortzuschreiten. Das Objekt des Lernens bezieht sich

in solchen Ansätzen somit nicht auf kollektives Lernen im Sinne des Einzelnen im Kollektiv oder des gesamten Kollektivs, sondern auf das Individuum und die Entwicklung seiner Kompetenzen. Die Implizite Pädagogik folgt demnach dem Grundgedanken, dass Schülerinnen und Schüler sich allein aufgrund ihrer mitgebrachten Fähigkeiten Bedeutungen selbstständig erschließen können oder sich zugrunde liegende inhaltliche und sprachliche Zusammenhänge und Strukturen für die Kinder ‚wie von selbst' ergeben. So erlangen nicht bzw. weniger der Unterricht, die Qualifikation der Lehrenden und ihre Anstrengungen den entscheidenden Einfluss auf einen möglichen Schulerfolg von Schülerinnen und Schülern in der Schule, sondern vor allem die mitgebrachten Fähigkeiten der Kinder. Bestehende soziale Verhältnisse in der Schülerschaft werden hiernach reproduziert. Zudem lassen sich Unterschiede in den Leistungen zwischen Schülerinnen und Schülern so vorschnell als durch die Schule unveränderbar einstufen und anhand von sozioökonomischen und sozialen Unterschieden legitimieren.

Es stellt sich die Frage, welche möglichen Konsequenzen sich für Gelegenheiten zum Lernen von Schülerinnen und Schülern im Lernraum des Grundschulmathematikunterrichts ergeben, wenn der Unterricht bei der Einführung neuer mathematischer Begriffe einer solchen Impliziten Pädagogik folgt.

6.2   Mögliche Konsequenzen

Gestützt durch internationale Schulleistungsvergleichsstudien wie PISA 2000 und 2003 sowie IGLU (Bos et al., 2003) und Arbeiten der erziehungswissenschaftlichen Migrations- und Bildungsforschung (Gogolin et al. 2003; Gogolin/Krüger-Portratz 2006) lassen die oben dargestellten Ergebnisse Hinweise über Konsequenzen einer in deutschen Klassenzimmern verbreiteten Impliziten Pädagogik auf das Lernen im Grundschulmathematikunterricht von Schülerinnen und Schülern gerade vor dem Hintergrund einer zunehmenden sprachlich-kulturellen Pluralität in deutschen Klassenzimmern zu. Auf der Grundlage dieser Hinweise lassen sich im Ausblick dieser Arbeit neue Forschungsfragen aufwerfen, die es im Rahmen weiterer Forschungsaktivitäten zu untersuchen gilt.

6.2.1 Konsequenzen für die Bedeutungsentwicklung

Durch das implizite Vorgehen innerhalb eines vertikalen Diskurses mit formal ungeformten Redeweisen besteht die Möglichkeit, dass die Bedeutungsentwicklung der neuen mathematischen Begriffe seitens der Schülerinnen und Schüler gefährdet ist und so ein Verständnis der mathematischen Begriffe erschwert wird. Welches Problem kann aber konkret für die Entwicklung von Bedeutungen neuer mathematischer Begriffe entstehen?

Nach Seeger (2006, S. 280 ff.) stellt das implizite Lernen in Form eines Lernens durch Imitieren einen nicht unerheblichen Teil des Schulunterrichts dar. Der kognitive Anspruch an das imitierende Individuum, die Schülerinnen und Schüler, ist dabei höher als allgemein angenommen, da dem Lernenden zumindest abverlangt wird, sich auf die Perspektive des zu imitierenden Individuums, der Lehrperson, einzustellen und diese zu übernehmen. Diese Form des ‚Imitiererlernens' mag in Bezug auf das Lernen von Algorithmen im Mathematikunterricht als unproblematisch angesehen werden und auch dort weit verbreitet zu sein.[87] Doch der Fokus dieser Arbeit liegt auf dem Lernen neuer mathematischer Begriffe, d.h. den Bedeutungen der Begriffe und ihren inhaltlichen Beziehungen zu anderen Begriffen und alltagssprachlichen Begrifflichkeiten. Mathematische Bedeutungen oder Konzepte lassen sich jedoch (vgl. Steinbring 2000, S. 29; Blumer 1975; Kap. 2.1; Kap. 2.5.1) nicht imitieren, sondern müssen aktiv von Schülerinnen und Schülern konstruiert werden. Hierzu bedarf es einer vorherigen Explikation durch die Lehrperson, damit Schülerinnen und Schüler auf der Grundlage der explizierten Deutung der Situation durch die Lehrperson eigene Situationsdefinitionen, d.h. eine Konstruktion von Bedeutung auf der Grundlage ihrer eigenen Rahmung, vornehmen können. Es bedarf im Sinne des theoretischen Konzepts der „Zonen der nächsten Entwicklung" von Wygotski (zum Begriff vgl. Wygotski 1969, 237 ff.) expliziter verbaler Hilfestellungen durch ein in der Entwicklung fortgeschrittenes Individuum (zum kollektiven Lernen mit einem fortgeschrittenen Individuum s.a. Miller 1986, 335 ff.; Kap. 2.1) – hier die Lehrperson –, um die Schülerinnen und Schüler zu befähigen, die Bedeutung der neuen Begriffe zu konstruieren. Ohne diese Hilfe scheint das Finden des Allgemeinen im Besonderen als Charakteristikum der Konstruktion mathematische Begriffe und Konzepte für Schülerinnen und Schüler schwer zu leisten. Andernfalls müssen die Schülerinnen und Schüler die Bedeutungen der Begriffe und inhaltlichen Bezüge zwischen den neuen mathematischen Begriffen und ihren alten ‚Wissensbeständen' weitestgehend eigenständig, d.h. ohne explizite Hilfe der Lehrperson konstruieren. Als Konsequenz ist zu vermuten, dass so nicht nur sprachliche Fähigkeiten, die die Schülerinnen und Schüler bereits mit in den Unterricht der Klassen bringen, reproduziert werden, sondern auch ihre mitgebrachten mathematischen Kompetenzen reproduziert werden und es ihnen erschwert wird, eine Zone der nächsten Entwicklung zu erreichen. Hierdurch wären vor allem die Schülerinnen und Schüler benachteiligt, die aufgrund eines geringen formalen Bildungsstandes des Elternhauses mit geringen sprachlichen und mathematischen Kenntnissen ausgestattet in die Schule kommen.

---

87 Zu wenig optimierten Bedingungen des Lernens durch Imitieren in kollektiven Lernprozessen vgl. Krummheuer/Brandt 2001, S. 41 ff.

Offen bleibt an dieser Stelle, ob das Vorgehen zur sprachlichen Gestaltung des Unterrichts der Lehrpersonen habitualisiert ist, sich folglich ihrem Bewusstsein entziehend, und dem Handlungsdruck der jeweiligen Situationen geschuldet oder ob es ihnen bewusst ist. Es ist sicherlich bis zu einem gewissen Grad unvermeidlich, neue Sachverhalte in einer asymmetrischen Interaktionssituation des Klassengesprächs von Lehrpersonen und Schülerinnen und Schülern nicht in Gänze erklären zu können, was in der Natur des Neuen liegt (vgl. Kap. 2.1). Dieses fundamental schwer lösbare Problem sollte im Bewusstsein der Lehrpersonen verankert sein, damit diese auf pädagogisch verantwortlicher Handlungsebene gezielt dagegen wirken können. In dem Moment, wo eine solche Vorgehensweise gleichsam habitualisiert wird und sich ein *Habitus des Impliziten* bei den Lehrpersonen ausbildet, scheinen die obig ausgeführte Konsequenzen für alle Schülerinnen und Schüler schwer umgehbar.

6.2.2 Konsequenzen für den Aufbau von formalsprachlichen Kompetenzen

Mit der grundlegenden Annahme dieser Arbeit, in Anlehnung an den Symbolischen und Genetischen Interaktionismus, dass Bedeutung in der Interaktion mehrerer Individuen ausgehandelt wird und die soziale Interaktion so als Konstituente von Lernprozessen zu verstehen ist, lässt sich Sprache als das Medium, in dem diese Bedeutungskonstruktionen stattfinden und somit untrennbar mit ihr verbunden sind, verstehen. Mit der Entwicklung von Bedeutungen der mathematischen Begriffe im Schulunterricht einher geht demnach auch das Ausdrücken von Bedeutungen abstrakter Begriffe in Form fachsprachlicher Termini, die in einen formalsprachlichen Text zu integrieren sind. Das Lernen und Sprechen über Gelerntes sind somit unweigerlich miteinander verbunden, da Bedeutung nicht im Individuum selbst, sondern in der Interaktion zwischen den Individuen konstruiert wird. Ein Mangel an sprachlichen Fähigkeiten, Bedeutungen auszudrücken, wird so schon die Konstruktion von Bedeutung oder die Bedeutungsentwicklung selbst beeinträchtigen.

Durch das Vorgehen der Lehrpersonen innerhalb eines Unterrichtsdiskurses, der durch eine informelle Alltagssprache, Implizitheit und Kontextgebundenheit der Inhalte Charakteristika eines horizontalen Diskurses aufweist, scheint der Prozess des Lernens auszudrücken, wie mathematische Begriffe kontextfrei mit Bezug zu anderen Begriffen in einer Bildungssprache zu beschreiben sind, gefährdet. Dies ist vor allem darin begründet, dass die Lehrpersonen so kein Vorbild im Umgang mit der formalen Sprache des Unterrichts darstellen. Die Lehrpersonen verwenden auf medial phonischer Ebene entweder selbst alltagssprachlich geformte Redeweisen oder verweisen nur implizit auf formale Aspekte von Sprache. Es werden von ihnen nicht strukturiert und durchgängig formalsprachliche Aspekte von Sprache in den medial phonischen Unterrichtsdiskurs integriert. Durch diesen Mangel an ‚vorgelebtem' Umgang mit einer formalen Bildungssprache des Unterrichts wird es allen Schülerinnen und Schülern, aber vor allem denen, die einer Einführung durch die Schule bedürfen, erschwert, zukünftig rezeptiv Teil eines formalsprachlich geprägten Bildungsdiskurses im Unterricht zu sein. Schlussendlich wird ihnen dadurch auch die aktive Gestaltung, d.h. das produktive Teilnehmen an einem solchen Diskurs erschwert oder gegebenenfalls verwehrt. Dieses aktive Teilnehmen an einem formalen, durch Schriftförmigkeit geprägten vertikalen Unterrichtsdiskurs stellt aber eine normative Anforderung der Schule an alle Schülerinnen und Schüler dar. Bedingt durch ein solches implizites Vorgehen und die Verwendung einer informellen Alltagssprache durch die Lehrpersonen wird zumindest Schülerinnen und Schülern aus so genannten bildungsfernen Familien mit niedrigerem sozioökonomischen Status oder einem Migrationshintergrund der Zugang zur Sprache des Unterrichts vielfach verwehrt bleiben. Dadurch fehlt ihnen eine entscheidende Fähigkeit zum Lernen neuer mathematischer Begriffe im Vergleich zu ihren in so genannten bildungsnahen Familien aufwachsenden Mitschülerinnen und Mitschülern, was durch eine Vielzahl international und national vergleichender Schulleistungsstudien (vgl. z.B. PISA 2003, 2000; IGLU 2003) und Studien der erziehungswissenschaftlichen Migrationsforschung (vgl. z.B. Gogolin et. al. 2003) gestützt wird. So stellt z.B. Grießhaber (2005) fest:

> „Der deutsche Mathematikunterricht der Grundschule scheint besonders auf die nicht explizit gemachte Inanspruchnahme muttersprachlicher Alltagsbegriffe als Brücke zum fachlichen Begriff und damit zum fachlichen Verstehen zu setzen. Dieser Prozess ist in hohem Maße an muttersprachliches Sprachwissen gebunden und stellt Zweisprachenlerner vor große Probleme" (S. 69).

Konsequenz des impliziten Vorgehens der Lehrpersonen und der Verwendung einer informellen Alltagssprache durch die Lehrpersonen bei der sprachlichen Gestaltung des Unterrichts kann einerseits sein, dass eine umfassende Bedeutungsentwicklung der neu zu lernenden Begriffe durch die Schülerinnen und Schüler beeinträchtigt wird. Andererseits ist es möglich, dass es den Schülerinnen und Schülern erschwert bzw. verwehrt wird, rezeptiv Teil eines formalsprachlich geprägten Bildungsdiskurses im Unterricht zu sein oder diesen aktiv, d.h. produktiv durch Teilnehmen gestalten zu können. Der Lernraum, verstanden als die Gesamtheit der zur Verfügung stehenden Gelegenheiten zum Lernen im Interaktionsraum Grundschulmathematikunterricht, scheint nach einem solchen Vorgehen der Lehrpersonen maßgeblich für alle Schülerinnen und Schüler, vor allem für solche, die aus einem Umfeld mit geringem formalen Bildungsstatus stammen, eingeschränkt.

6.3 Ausblick

Die vorliegende Studie hat mit Hilfe qualitativer Methoden der Interpretativen Unterrichtsforschung der Mathematikdidaktik untersucht, wie die sprachliche Gestaltung der Lehrperson Einfluss auf Gelegenheiten zum Lernen mathematischer Begriffe im Grundschulmathematikunterricht von Schülerinnen und Schülern nehmen kann. Als Ergebnis wurden strukturelle Gemeinsamkeiten in Handlungsroutinen der Lehrpersonen rekonstruiert, die sich durch ein implizites Vorgehen und die Verwendung einer informellen Alltagssprache charakterisieren lassen. Im Folgenden werden Möglichkeiten der Fortsetzung der Arbeit beschrieben, welche sich auf der Basis der Analyseergebnisse der Untersuchung ergeben.

Die vorliegenden Untersuchungsergebnisse bilden eine Grundlage zur Überprüfung der Hypothese, dass auch in anderen Schulfächern oder weiterführenden Schulformen der deutschen Schule das Unterrichten von Lehrpersonen einer Impliziten Pädagogik folgt und dass auch dort die sprachliche Gestaltung des Unterrichts durch Implizitheit und eine formal ungeformte Alltagssprache seitens der Lehrpersonen geprägt ist. So zeigen die oben dargestellten Ergebnisse, dass sich trotz der Anwendung eines vielfältigen didaktisch-methodischen Repertoires durch die Lehrpersonen Strukturen in der sprachlichen Gestaltung des Unterrichts rekonstruieren lassen, die einer erfolgreichen Schullaufbahn vieler Schülerinnen und Schüler im Wege stehen können. Diese Implizitheit eines durch informelle Alltagssprache geprägten Unterrichts kann weitreichende Konsequenzen nach sich ziehen, die über die Betrachtung von Begriffslernen im Grundschulmathematikunterricht hinausweisen. Es lässt sich zum einen vermuten, dass ein Vorgehen nach einer Impliziten Pädagogik auch in anderem Fachunterricht zu finden ist und auch auf diesen kumulativ wirkt. So werden sich Defizite im Umgang mit der Bildungssprache des Unterrichts vermutlich in allen Unterrichtsfächern niederschlagen und dort zu Problemen der Schülerinnen und Schüler bei der Konstruktion der Bedeutung von Begriffen und Konzepten führen (s. z.B. Grießhaber 2005 S. 66 f.). Aber auch vor den weiterführenden Schulstufen wird dieser kumulative Effekt kaum Halt machen. Es ist zu vermuten, dass Schülerinnen und Schüler, die in der Grundschule nicht in formalsprachliche Aspekte der Sprache des Unterrichts eingeführt worden sind und diese auch nicht in ihrem privaten Umfeld oder Elternhaus erlangen, Probleme in ihrer weiteren Schullaufbahn bekommen werden, da umfassende Fähigkeiten in der formalen Bildungssprache des Unterrichts zumindest in den Schulformen, die auf ein universitäres Studium vorbereiten, erwartet werden.

In dem Abschnitt über mögliche Konsequenzen durch die sprachlichen Gestaltung des Unterrichts nach einer Impliziten Pädagogik für Schülerinnen und Schüler im deutschen Schulsystem wurde auch auf die besondere Problematik von Schülerinnen und Schülern eingegangen, die aus so genannten bildungsfernen Familien mit niedrigerem sozioökonomischen Status und/oder einem Migrationshintergrund stammen. Schülerinnen und Schüler mit Migrationshintergrund schneiden in den Ergebnissen internationaler und nationaler Schulleistungsforschungen wie z.B. von PISA 2003 und PISA 2000 oder IGLU (Bos et al. 2003) signifikant schlechter ab als ihre monolingual deutsch aufwachsenden Mitschülerinnen und Mitschüler. Unstrittig scheint, dass der Ursprung dieses schlechten Abschneidens zu einem nicht unerheblichen Teil in der unzureichenden Beherrschung der Sprache des Unterrichts in deutschen Schulen zu suchen ist. Nur werden diese Unterschiede gern als durch die Schule unveränderbar eingestuft und ihre Ursache mit außerschulischen Faktoren, wie dem sozioökonomischen Hintergrund und/oder der Familiensprache legitimiert.

In Bezug auf die sprachliche Gestaltung des Unterrichts scheint dieser gängigen Meinung nach vor allem die Familiensprache oder die Sprache im Alltag der Schülerinnen und Schüler als entscheidender Faktor für eine erfolgreiche Bildungsbiografie in deutschen Schulen angesehen zu werden. Dies widerspricht jedoch der Erweiterungsstudie zum Bundesländervergleich von PISA. Darin wurde die Stichprobe der Jugendlichen mit Migrationshintergrund vergrößert (vgl. Ramm et al. 2005). Ein Ergebnis dieser Erweiterungsuntersuchung ist, dass sich 50 % der Jugendlichen mit Migrationshintergrund selbst als primär deutschsprachig einstuft und sich nur 13 % als überwiegende Verwenderinnen und Verwender ihrer Herkunftssprache einschätzten. Diese Ergebnisse lassen sich sicherlich nur unter Vorbehalt auf die Gruppe von Grundschülerinnen und -schülern mit Migrationshintergrund in deutschen Schulen übertragen. Es lässt sich nach diesen Zahlen jedoch konstatieren, dass ein Großteil der Jugendlichen mit Migrationshintergrund in deutschen Schulen in ihrem sozialen Umfeld eine deutsche informelle Alltagssprache verwenden und dies ein Indiz dafür sein könnte, dass das auch für viele der jüngeren Schülerinnen und Schüler mit Migrationshintergrund zutrifft, die in Deutschland geboren sind. Trotz des Beherrschens der Alltagssprache Deutsch erreichten bei der Erweiterungsstudie von PISA 2003 Schülerinnen und Schüler mit Migrationshintergrund weder in Mathematik noch bei den Lesefähigkeiten das durchschnittliche Kompetenzniveau der Jugendlichen ohne Migrationshintergrund in den jeweiligen Bundesländern. In Bezug auf die sprachliche Gestaltung des Unterrichts könnte man jedoch vermuten, dass das Verwenden einer informellen Alltagssprache durch die Lehrperson bei der Einführung neuer mathematischer Begriffe, das in der vorliegenden Untersuchung rekonstruiert wurde, gerade den Schülerinnen und Schülern aus sozioökonomisch schwächer gestellten Familien und/oder solchen mit Migrationshintergrund zugute kommen könnte. Nach Bernstein (1977, 1972) sind nämlich diese Schülerinnen und Schüler hauptsächlich befähigt, einem Unterrichtsdiskurs, der sich durch einen alltäglichen Sprachgebrauch auszeichnet, rezeptiv zu folgen und sich produktiv daran zu beteiligen, und sie scheinen gerade in diesem informellen alltäglichen Sprachgebrauch Kompetenzen im Deutschen zu besitzen. So würden die Schülerinnen und Schüler aus so genannten bildungsfernen Familien mit niedrigerem soziökonomischen Status und/oder einem Migrationshintergrund in dem untersuchten Grundschulmathematikunterricht nach einer weit verbreiteten pädagogischen Devise da abgeholt werden, wo sie stehen. Diese Schlussfolgerung ist jedoch vor dem Hintergrund der neueren Arbeiten von Bernstein (1996, 1990), Bourne (2003), Gogolin (vgl. u. a. 2006, 2003) und Gogolin/Roth (2007) als nicht schlüssig anzusehen und hilft nur scheinbar solchen Schülerinnen und Schülern aus weniger bildungsbeflissenen Elternhäusern und/oder solchen mit schwächerem soziökonomischen Status oder Migrationshintergrund. Sie lässt sich mit Verweis auf die dargestellten Analyseergebnisse dieser Untersuchung widerlegen.

Durch eine Art der Sprachgestaltung des Unterrichts, der durch Implizitheit und eine informelle Alltagssprache einem horizontalen Alltagsdiskurs gleicht, wird den Kindern, die der sprachlichen Einführung durch den Unterricht in eine Bildungssprache eines vertikalen Diskurses bedürfen, nicht Genüge getan. Es ist davon auszugehen, dass viele von diesen Schülerinnen und Schülern als einzigen möglichen Ort zum Lernen einer formalen Bildungssprache die Institution der Schule und als einziges Vorbild die Lehrperson haben. Die Lehrperson bietet ihnen durch diese Art des impliziten Vorgehens mit einer informellen Alltagssprache jedoch kein geeignetes Vorbild und die Schule keinen geeigneten Lernraum zum Lernen einer solchen formalen Bildungssprache, die wiederum für eine erfolgreiche Bildungskarriere entscheidend ist. Insofern versagt das System der Grundschule darin, seinen nicht privilegierten Teilnehmerinnen und Teilnehmern den Zugang zu einer erfolgreichen weiteren Schullaufbahn in deutschen Schulen zu eröffnen.

Für diese Schülerinnen und Schüler scheint somit der Lernraum für Gelegenheiten zum Lernen neuer mathematischer Begriffe eingeschränkter als für ihre bildungsnah aufwachsenden Mitschülerinnen und Mitschüler, die gängigerweise in einem monolingual deutschen Umfeld und mit höherem soziökonomischen Status aufwachsen. Letzteren scheint die Möglichkeit gegeben zu sein, Defizite, die in der sprachlichen Gestaltung des Unterrichts zu finden sind und so Auswirkungen auf die Bedeutungsentwicklung neuer mathematischer Begriffe aller Schülerinnen und Schüler und/oder auf den Aufbau und die Anwendung einer formalen Bildungssprache haben könnten, durch ein großes Maß mitgebrachter Kompetenzen zu kompensieren. Ein Ausbau dieses Forschungsfeldes könnte darin bestehen, näher zu ergründen, inwieweit das Unterrichten auf der Grundlage einer Impliziten Pädagogik innerhalb eines informellen Alltagsdiskurses Schülerinnen und Schüler aus bildungsfernen Familien strukturell benachteiligt und ihre Mitschülerinnen und Mitschüler aus bildungsnahen Familien bevorteilt und wie sich diese Benachteili-

gung für Schülerinnen und Schüler aus bildungsfernen Familien kompensieren ließe.

Ein besonderes Forschungsinteresse könnte dabei aus dem Umstand erwachsen,
dass nach den Ergebnissen von PISA 2003 (vgl. OECD 2006, S. 32 ff.) Jugendliche
mit Migrationshintergrund, die ihre ganze Bildungsbiografie in deutschen Schulen
absolviert haben, schlechtere Ergebnisse in Mathematik, aber auch in der Lesefä-
higkeit zeigen als diejenigen, die erst zu einem späteren Zeitpunkt gewandert sind
und somit zum Teil in ihren Herkunftsländern beschult worden sind. Es scheint,
dass diese Schülerinnen und Schüler, die bereits in ihren Herkunftsländern beschult
worden sind, eventuell über formalsprachliche Fähigkeiten in einer anderen Sprache als der des Deutschen verfügen und diese Fähigkeiten ihnen auch im Unterricht, der in deutscher Sprache stattfindet, zugute kommen. Die Schülerinnen und
Schüler, die hingegen einen Migrationshintergrund haben und die ganze Zeit in
Deutschland beschult worden sind, scheinen zwar aufgrund der Tatsache, dass sie
in ihrem Lebensumfeld außerhalb der Schule vorwiegend Deutsch sprechen, alltagssprachlich gute Kompetenzen im Deutschen zu besitzen, jedoch weder Fähigkeiten in einer formalen Bildungssprache ihrer Herkunftslandes noch im Deutschen
erlangt zu haben. Hiernach ergibt sich ein Forschungsbedarf, demzufolge zu ergründen wäre, wie der Unterricht in deutschen Schulen Schülerinnen und Schüler
in formalsprachliche Aspekte der Sprache des Unterrichts einführen kann und wie
Schülerinnen und Schüler mit Migrationshintergrund durch gezielte Programme
zum Zweitspracherwerb nicht nur in Bezug auf ihre alltagssprachlichen, sondern
auch ihre formalsprachlichen Kompetenzen ihren monolingual deutsch aufwachsenden Schülerinnen und Schülern gleichgestellt werden können. Ziel sollte hierbei
ein Konzept der Sprachbildung von Schülerinnen und Schülern sein, welches über
eine Differenzierung in Erst- und Zweisprachenerwerb hinweg allen Schülerinnen
und Schülern, egal, ob sie in einer oder mehr Sprachen leben und lernen, durch ein
umfassendes Lehren formalsprachlicher Kompetenzen das aktive Teil sein am Bildungsdiskurs des Unterrichts ermöglicht.

In Anlehnung an den Symbolischen und Genetischen Interaktionismus wurde in der
vorliegenden Studie angenommen, dass die soziale Interaktion als Konstituente
kollektiver Lernprozesse zu verstehen ist. Mit Markowitz (1986, S. 9) sowie
Krummheuer und Brandt (2001, 17 f.) ist hierbei vor allem der Wechsel des Auto-
nomiegrades der Schülerinnen und Schüler von einem eher rezeptiven Teil sein zu
einem aktiven Teilnehmen im Unterrichtsdiskurs von entscheidender Bedeutung.
Nach diesem Gedanken wird von den Schülerinnen und Schülern durch das aktive
Partizipieren an im Unterricht inszenierten kollektiven Argumentationsprozessen
Mathematik selbst gelernt.

Im Zusammenhang mit der Frage, wie der Grundschul(mathematik)unterricht alle Schülerinnen und Schüler in formalsprachliche Aspekte von Sprache einführt, stellt sich auch die Frage, wie Schülerinnen und Schüler Fähigkeiten erlangen, um diese formale Bildungssprache zielgerichtet in der Unterrichtsinteraktion einzusetzen, um so durch aktive Teilnahme Mathematik zu lernen. Schülerinnen und Schüler müssen demnach nicht nur die formale Bildungssprache des Unterrichts beherrschen lernen, sondern diese auch in angemessener Weise in die soziale Interaktion des Unterrichts einbringen können. Sie benötigen somit interaktive bzw. kommunikative Kompetenzen (zum Begriff der kommunikativen Kompetenzen vgl. Pimm 1987, S. 4; Stubbs 1980, S. 115; s.a. Kap. 2.4), die sie befähigen, sowohl im horizontal geprägten Unterrichtsdiskurs, der einem alltäglichen Diskurs ähnelt, zielgerichtet Sprache einzusetzen als auch in einem Unterrichtsdiskurs, der vertikal geprägt ist und einem akademischen Diskurs ähnelt. Nun bringen Schülerinnen und Schüler aus so genannten bildungsnahen Elternhäusern jedoch nicht nur mehr Kompetenzen in der formalen Bildungssprache des Unterrichts mit, ihnen sind auch die Interaktionsmuster des Unterrichts durch ihr familiäres Umfeld vertrauter, wodurch sie gegebenenfalls eher durch die Lehrpersonen aktiv in diese eingebunden werden und u. U. einen größeren Lernraum in Form von mehr Gelegenheiten zum aktiven Lernen erhalten. Es stellt sich somit die Frage, wie im Fachunterricht der Grundschule die Qualität der sprachlichen Unterrichtsinteraktion dahingehend verändert werden kann, dass allen Schülerinnen und Schülern ermöglicht wird, aktiv, d.h. produktiv an vertikalen Unterrichtsdiskursen, die in der formalen Bildungssprache des Unterrichts geführt werden, zu partizipieren. Ein Ansatz hierfür könnte z.B. in der verstärkten Anwendung spezieller narrativer Diskurse im Unterricht liegen, die darauf fokussieren, Schülerinnen und Schüler mit unterschiedlichen sprachlichen und fachlichen Fähigkeiten gleichermaßen in den Unterrichtsdiskurs einzubinden.[88] Im Zusammenhang mit der Verbesserung der sprachlichen Unterrichtsinteraktion rückt für mich demnach die äußerst interessante Forschungsfrage in den Vordergrund, welche diskursiven Kompetenzen Schülerinnen und Schüler benötigen, um im alltäglichen Mathematikunterricht aktiv, d.h. produktiv teilzunehmen und so einen möglichst großen Lernraum mit vielen Gelegenheiten zum Lernen zu erhalten.

---

88 Zum Potenzial narrativer Rationalisierungspraxen in der Koordination von Rahmungsdifferenzen siehe Krummheuer 2008.

Literatur

Adorno, Th. W. (1973): Ästhetische Theorie. Frankfurt a. Main: Suhrkamp.

Bauersfeld, H. (1982): Analysen zur Kommunikation im Mathematikunterricht. In: Bauersfeld, H./Heymann, H.W./Krummheuer/Lorenz, J.H./Reiss, V. (1982): Analysen zum Unterrichtshandeln. IDM-Band 5. Köln: Aulis Verlag: S. 1–40.

Bauersfeld, H. (1978): Kommunikationsmuster im Mathematikunterricht. Eine Analyse am Beispiel der Handlungsverengung durch Antworterwartung. In: ders. (Hrsg.): Fallstudien und Analysen zum Mathematikunterricht. Hannover: Schroedel Verlag KG: S. 158–170.

Bauersfeld, H./Krummheuer, G./Voigt, J. (1986): Interaktionsanalyse von Mathematikunterricht. Methodologische Annahmen und methodisches Verfahren. Unveröff. Arbeitspapier.

Baumert, J./Köller, O. (2000): Unterrichtsgestaltung, verständnisvolles Lernen und multiple Zielerreichung im Mathematik- und Physikunterricht der gymnasialen Oberstufe. In: Baumert, J./Bos, W./Lehmann, R. (Hrsg.): TIMSS/III. Dritte Internationale Mathematik- und Naturwissenschaftsstudie. Mathematische und naturwissenschaftliche Bildung am Ende der Schullaufbahn. Band 2: Mathematische und physikalische Kompetenzen am Ende der gymnasialen Oberstufe. Opladen: Leske + Budrich. S. 271–315.

Beauftragte der Bundesregierung für Ausländerfragen (2005): Bericht der Beauftragten der Bundesregierung für Migration, Flüchtlinge und Integration über die Lage von Ausländerinnen und Ausländern in Deutschland. Berlin.

Beck, C./Maier, H. (1994): Zu Methoden der Textinterpretation in der empirischen mathematikdidaktischen Forschung. In: Maier, H./Voigt, J. (Hrsg.): Verstehen und Verständigung. IDM-Band 19. Köln: Aulis, S. 43–76.

Bernstein, B. (1999): Vertical and Horizontal Discourse: an essay. In: British Journal of Sociology of Education, 20 (2), S. 157–173.

Bernstein, B. (1996): Pedagogy, Symbolic Control and Identity. London: Taylor & Francis.

Bernstein, B. (1990): The Structuring of Pedagogic Discourse. Vol. 4: Class, Codes and Control. London: Routledge.

Bernstein, B. (1977): Class, codes and control. Towards a theory of educational transmission 3. London: Routledge & Kegan.

Bernstein, B. (1972): Studien zur sprachlichen Sozialisation. Loch, W./Priesemann, G. (Hrsg.): Düsseldorf: Pädagogischer Verlag Schwann. (Originalausgabe: 1971, Band 4 aus der von Basil Bernstein herausgegebenen Reihe Primary Socialization, Language and Education mit dem Titel: Class, Codes and Control. Vol. 1).

Bernstein, B. (1967): Open schools, open society? In: New Society, 10, S. 351–353.

Bernstein, B./Peters, R./Elvin, L. (1966): Ritual in education. In: Philosophical Transactions of the Royal Society of London, Series B, Band 251, Nr. 772, S. 429–436.

Blumer, H. (1975): Der methodologische Standpunkt des symbolischen Interaktionismus. In: Arbeitsgruppe Bielefelder Soziologen (Hrsg.): Alltagswissen, Interaktion und gesellschaftliche Wirklichkeit 1. Symbolischer Interaktionismus und Ethnomethodologie. 2. Auflage. Reinbek bei Hamburg: Rowohlt: S. 80–146.

Blumer, H. (1969): Symbolic interactionism. NJ, Prentice-Hall: Englewood Cliffs.

Blumer, H. (1954): What is wrong with Social Theory? In: American Sociological Review, S. 3–10.

Blumer, H. (1940): The Problem of the Concept in Social Psychology. In: American Journal of Sociology, 45, S. 707–719.

Bohnsack, R. (2007): Rekonstruktive Sozialforschung. Einführung in qualitative Methoden. 6. Auflage. Opladen: Barbara Budrich.

Bohnsack, R. (2006): Dokumentarische Methode. In: Bohnsack, R./Marotzki, W./Meuser, M. (Hrsg.) (2006): Hauptbegriffe Qualitativer Sozialforschung. 2. Auflage. Opladen: Barbara Budrich, S. 40–44.

Bohnsack, R./Marotzki, W./Meuser, M. (Hrsg.) (2006): Hauptbegriffe Qualitativer Sozialforschung. 2. Auflage. Opladen: Barbara Budrich.

Bos, W./Lankes, E.-M./Prenzel, M./Schwippert, K./Walther, G./Valtin, R. (Hrsg.) (2003): Erste Ergebnisse aus IGLU. Schülerleistungen am Ende der vierten Jahrgangsstufe im internationalen Vergleich. Münster und New York: Waxmann.

Bourdieu, P. (1997): Verstehen. In: ders. et al. (Hrsg.): Das Elend der Welt – Zeugnisse und Diagnosen alltäglichen Leidens an der Gesellschaft. Konstanz: Universitätsverlag: S. 779–802. (Original: Comprendre. In: ders. et al. (Hrsg.) (1993): La misère du monde. Paris: S. 903–925).

Bourdieu, P. (1987): Sozialer Sinn. Kritik der theoretischen Vernunft. Frankfurt: Suhrkamp.

Bourdieu, P. (1985): Leçon sur la leçon. In: ders. (Hrsg.): Sozialer Raum und Klassen; Leçon sur la leçon. Zwei Vorlesungen. Frankfurt am Main: Suhrkamp: S. 49–80.

Bourdieu, P. (1983): Ökonomisches Kapital, kulturelles Kapital, soziales Kapital. In: Kreckel, R. (Hrsg.): Soziale Welt, Sonderband 2: Soziale Ungleichheiten, Göttingen: Schwartz, S. 183–198.

Bourdieu, P. (1979): Entwurf einer Theorie der Praxis. Frankfurt: Suhrkamp.

Bourne, J. (2003): Vertical Discourse: the role of the teacher in the transmission and acquisition of decontextualised language. In: European Educational Research Journal, Volume 2, Number 4, S. 496–521.

Bourne, J. (1992): Inside a multi-ethnic primary classroom: A teacher, children and theories at work. Unpublished PhD thesis, University of Southampton.

Bourne, J. (1988): ‚Natural Acquisition‘ and a ‚Masked Pedagogy‘. In: Applied Linguistics, 9 (1), S. 83–99.

Brandt, B. (2004): Kinder als Lernende. Partizipationsspielräume und -profile im Klassenzimmer. Frankfurt am Main: Europäischer Verlag der Wissenschaften.

Brandt, B./Krummheuer, G. (2000): Das Prinzip der Komparation im Rahmen der Interpretativen Unterrichtsforschung in der Mathematikdidaktik. In: Journal für Mathematik-Didaktik, Jg. 21, H 3, S. 193–226.

Brandt, B./Krummheuer, G. (1998): Zwischenbericht zum DFG-Projekt „Rekonstruktion von ‚Formaten kollektiven Argumentierens‘ im Mathematikunterricht der Grundschule". Unveröff. Arbeitspapier am Institut für Grundschulpädagogik des Fachbereichs Erziehungswissenschaft und Psychologie der Freien Universität Berlin.

Bruner, J. (1971): Studien zur kognitiven Entwicklung. Stuttgart: Klett.

Cummins, J. (2000): Language, Power and Pedagogy. Bilingual Children in the Crosstire. Clevedon u. a.

Cummins, J. (1984): Zweisprachigkeit und Schulerfolg. Zum Zusammenwirken von linguistischen, soziokulturellen und schulischen Faktoren auf das zweisprachige Kind. Die deutsche Schule, 3, S. 187–198.

Cummins, J. (1979): Cognitive/academic language proficiency, linguistic interdependence, the optimum age question and some other matters. In: Working Papers on Bilingualism, No. 19, S. 121–129.

D' Ambrosio, U. (1985): Ethnomathematics and its Place in the History and Pedagogy of Mathematics. In: For the Learning of Mathematics, 5 (1), S. 41–48.

Deutsches PISA-Konsortium (2004): Der Bildungsstand der Jugendlichen in Deutschland – Ergebnisse des zweiten internationalen Vergleichs. Münster und New York: Waxmann.

Deutsches PISA-Konsortium (2001): PISA 2000, Basiskompetenzen von Schülerinnen und Schülern im internationalen Vergleich. Opladen: Leske + Budrich.

Dirim, I. (1998): «Var mi lan Marmelade?». Türkisch-deutscher Sprachkontakt in einer Grundschulklasse. Münster und New York: Waxmann.

Duden (Hrsg.) (2006): Das Fremdwörterbuch. 9., aktualisierte Auflage. Dudenverlag: Mannheim.

Duden (Hrsg.) (2006): Die deutsche Rechtschreibung. 24., völlig neu bearbeitete und erweiterte Auflage. Dudenverlag: Mannheim.

Eberle, T.S. (1997): Ethnomethodologische Konversationsanalyse. In: Hitzler, R./Honer, A. (Hrsg.): Sozialwissenschaftliche Hermeneutik. Opladen: Leske + Budrich: S. 245–281.

Fetzer, M. (2007): Interaktion am Werk. Eine Interaktionstheorie fachlichen Lernens, entwickelt am Beispiel von Schreibanlässen im Mathematikunterricht der Grundschule. Bad Heilbrunn: Klinkhardt.

Fetzer, M. (2006): Veröffentlichen im Mathematikunterricht – ein Beitrag zu einer Interaktionstheorie graphisch basierten Lernens. In: Jungwirth, H./Krummheuer, G. (Hrsg.): Der Blick nach innen: Aspekte der alltäglichen Lebenswelt Mathematikunterricht. Band I. Münster: Waxmann: S. 53–84.

Flick, U. (2002): Qualitative Sozialforschung. Eine Einführung. Reinbek bei Hamburg: Rowohlt.

Fürstenau, S./Lange, I. (2008): Bildungssprache und schulischer Diskurs. Eine Spurensuche zu Sprache und Sprechen in der Grundschule. Erscheint in: Zeitschrift für Grundschulforschung.

Garfinkel, H. (1967): Studies in Ethnomethodology. NJ, Prentice-Hall: Englewood Cliffs.

Glaser, B./Strauss, A. (1967): The discovery of grounded theory: Strategies for qualitative research. New York: Aldine.

Goffman, E. (1977): Rahmenanalyse. Frankfurt am Main: Suhrkamp.

Goffman, E. (1974): Frame analysis. An essay on the organisation of experience. Cambridge: Harvard University Press.

Goffman, E. (1959): The presentation of self in everyday life. New York: Doubleday.

Gogolin, I. (2006): Bilingualität und die Bildungssprache der Schule. In: Mecheril, P. und Quehl, T. (Hrsg.): Die Macht der Sprachen. Englische Perspektiven auf die mehrsprachige Schule. Münster: Waxmann: S. 79–85.

Gogolin, I. (2004): Zum Problem der Entwicklung von „Literalität" durch die Schule. Eine Skizze interkultureller Bildungsforschung im Anschluss an PISA. In: Zeitschrift für Erziehungswissenschaft 7, Beiheft 3, S. 101–112.

Gogolin, I. (2002): Interkulturelle Bildungsforschung. In: Tippelt, Rudolf (Hrsg.): Handbuch Bildungsforschung. Opladen: Leske + Budrich: S. 263–279.

Gogolin, I. (2001): Heterogenität und Bildungsgang. In: Hericks, U./Keuffer, J./Kräft, H. C./Kunze, I. (Hrsg.): Bildungsgangdidaktik – Perspektiven für Fachunterricht und Lehrerbildung. Opladen: Leske + Budrich: S. 51–67.

Gogolin, I. (1994): Der monolinguale Habitus der multilingualen Schule. Münster und New York: Waxmann.

Gogolin, I./Roth, H.-J. (2007): Bilinguale Grundschule: Ein Beitrag zur Förderung der Mehrsprachigkeit. In: Anstatt, T. (Hrsg.): Mehrsprachigkeit bei Kindern und Erwachsenen. Erwerb – Formen – Förderung. Tübingen: Attempto Verlag: S. 31–45.

Gogolin, I./Neumann, U. (1997) (Hrsg.): Großstadt-Grundschule. Eine Fallstudie über sprachliche und kulturelle Pluralität als Bedingung der Grundschularbeit. Münster: Waxmann.

Gogolin, I./Neumann, U./Roth, H.-J. (2003): Förderung von Kindern und Jugendlichen mit Migrationshintergrund. Expertise für die Bund-Länder-Kommission für Bildungsplanung und Forschungsförderung. BLK-Materialien zur Bildungsplanung und Forschungsförderung, Heft 107.

Gogolin, I./Kaiser, G./Roth, H.-J./Deseniss, A./Hawighorst, B./Schwarz, I. (2004): Mathematiklernen im Kontext sprachlich-kultureller Diversität. Hamburg (Universität Hamburg): Forschungsbericht an die DFG.

Gonzales, G. C. (2002): „Familiy Backround, Ethnicity, and Immigration Status: Predicting School Success for Asian and Latino Students". Unpublished Dissertation. Harvard University, Cambridge, MA.

Grießhaber, W. (2005): Sprache im zweitsprachlichen Mathematikunterricht. Verbale und nonverbale Verfahren bei der Vermittlung mathematischen Wissens. In: Braun, S./Kohn, K. (Hrsg.): Sprache[n] in der Wissensgesellschaft. Proceedings der 34. Jahrestagung der Gesellschaft für Angewandte Linguistik. Frankfurt am Main: Lang, S. 65–77.

Habermas, J. (2001): Kommunikatives Handeln und detranszendentalisierte Vernunft. Stuttgart: Reclam.

Habermas, J. (1981): Theorie des kommunikativen Handelns. Band 2: Zur Kritik der funktionalistischen Vernunft. Frankfurt am Main: Suhrkamp.

Habermas, J. (1969): Technik und Wissenschaft als „Ideologie". 3. Auflage, Frankfurt am Main: Suhrkamp.

Halliday, M.A.K. (1989): Spoken and written language. Oxford: University Press.

Halliday, M.A.K. (1975): "Some aspects of sociolinguistics". In: Interactions between linguistics and mathematical education. Kopenhagen: UNESCO: S. 64–73.

Have ten, P. (1999): Doing Conversation Analysis. London: Sage.

Havighurst, R.J. (1972): Developmental Tasks and Education. New York: Longman Inc. (erste Auflage 1948).

Hericks, U./Spörlein, E. (2001): Entwicklungsaufgaben in Fachunterricht und Lehrerbildung – Eine Auseinandersetzung mit einem Zentralbegriff der Bildungsgangdidaktik. In Hericks, U/Keuffer, J./Kräft, H.C./Kunze, I. (Hrsg.): Bildungsgangdidaktik – Perspektiven für Fachunterricht und Lehrerbildung. Opladen: Leske + Budrich, S. 33–50.

Herrlitz, W. (1994): Spitzen der Eisberge. In: Osnabrücker Beiträge zur Sprachtheorie, 48, 13–52.

Hughes, E. C. (1971)The Sociological Eye – Selected Papers. Chicago: Aldine-Atherton.

Joas, H. (1996): Die Kreativität des Handelns. Frankfurt am Main: Suhrkamp.

Jungwirth, H. (1991): Unterschiede zwischen Mädchen und Buben in der Beteiligung am Mathematikunterricht. In: Maier, H./Voigt, J. (Hrsg..): Interpretative Unterrichtsforschung. Köln: Aulis Verlag: S. 33–56.

Jungwirth, H./Krummheuer, G. (Hrsg.) (2006): Der Blick nach innen: Aspekte der alltäglichen Lebenswelt Mathematikunterricht. Band I. Münster: Waxmann.

Kaplan, A. (1964): The Conduct of Inquiry – Methodology for Behavioral Science. San Francisco: Chandler Publishing Co.

Kelle, U. (1994): Empirisch begründete Theoriebildung. Zur Logik und Methodologie interpretativer Sozialforschung. 2. Auflage. Weinheim: Deutscher Studienverlag.

Kelle U./Kluge, S. (1999): Vom Einzelfall zum Typus. Opladen: Leske + Budrich.

Knipping, C. (2003): Beweisprozesse in der Unterrichtspraxis. Vergleichende Analysen von Mathematikunterricht in Deutschland und Frankreich. Hildesheim: Franzbecker.

Knoblauch, H. (2006): Transkription In: Bohnsack, R./Marotzki, W./Meuser, M. (Hrsg.): Hauptbegriffe Qualitativer Sozialforschung. 2. Auflage. Opladen: Barbara Budrich, S. 159–160.

Koch, P./Oesterreicher, W. (1985): Sprache der Nähe – Sprache der Distanz. Mündlichkeit und Schriftlichkeit im Spannungsfeld von Sprachtheorie und Sprachgeschichte. In: Deutschmann, O./Flasche, H./Kablitz, A./König, B./Kruse, M./Pabst, W./Stempel, W.-D. (Hrsg.): Romanistisches Jahrbuch. Band 36., Berlin und New York: Walter de Gruyter: S. 1–43.

Krummheuer, G. (2008): Inskription, Narration und diagrammatisch basierte Argumentation. Narrative Rationalisierungspraxen im Mathematikunterricht der Grundschule. In: Jungwirth, H./Krummheuer, G. (Hrsg.): Der Blick nach innen: Aspekte der alltäglichen Lebenswelt Mathematikunterricht. Band 2. Münster, New York, München, Berlin: Waxmann: S. 7–38.

Krummheuer, G. (1997): Narrativität und Lernen. Mikrosoziologische Studien zur sozialen Konstitution schulischen Lernens. Weinheim: Deutscher Studien Verlag.

Krummheuer, G. (1992): Lernen mit „Format". Elemente einer interaktionistischen Lerntheorie. Diskutiert an Beispielen mathematischen Unterrichts. Weinheim: Deutscher Studien Verlag.

Krummheuer, G./Brandt, B. (2001): Paraphrase und Traduktion. Partizipationstheoretische Elemente einer Interaktionstheorie des Mathematiklernens in der Grundschule. Weinheim: Beltz Verlag.

Krummheuer, G./Fetzer, M. (2005): Der Alltag im Mathematikunterricht. Beobachten – Verstehen – Gestalten. München: Spektrum.

Krummheuer, G./Naujok, N. (1999): Grundlagen und Beispiele Interpretativer Unterrichtsforschung. Opladen: Leske + Budrich.

Kuhn, T.S. (1973): Die Struktur wissenschaftlicher Revolutionen. Frankfurt am Main: Suhrkamp.

Lienert, G.A./Raatz, U. (1998): Testaufbau und Testanalyse. 6. Aufl. Weinheim: Psychologie Verlags Union.

Maier, H. (2006): Mathematikunterricht und Sprache. Kann Sprache mathematisches Lernen fördern? In: Zeitschrift für die Grundstufe des Schulwesens mit „Mitteilungen des Grundschulverbandes e. V.". 38. Jg., H. 4, S. 15–17.

Maier, H. (2004): Zu fachsprachlicher Hyper- und Hypotrophie im Fach Mathematik oder Wie viel Fachsprache brauchen Schüler im Mathematikunterricht? In: Journal für Mathematik-Didaktik, Jg. 25, H. 2, S. 153–166.

Maier, H. (1986): Empirische Arbeiten zum Problemfeld Sprache im Mathematikunterricht. In: Zentralblatt für Didaktik der Mathematik, Jg. 18, H. 4, S. 137–147.

Maier, H./Schweiger, F. (1999): Mathematik und Sprache: Zum Verstehen und Verwenden von Fachsprache im Mathematikunterricht, Wien. öbv und hpt.

Maier. H./Steinbring, H. (1998): Begriffsbildung im alltäglichen Mathematikunterricht – Darstellung und Vergleich zweier Theorieansätze zur Analyse von Verstehensprozessen. In: Journal für Mathematik-Didaktik, Jg. 19, H. 4, S. 292–329.

Markowitz, J. (1986): Verhalten im Systemkontext. Zum Begriff des sozialen Epigramms. Diskutiert am Beispiel des Schulunterrichts. Frankfurt am Main: Suhrkamp.

Mead, G. H. (1968): Geist, Identität und Gesellschaft. Frankfurt am Main: Suhrkamp (amerikanische Erstauflage (1934): Mind, self, and society. Chicago: Chicago University Press).

Mehan, H. (1979): Learning lessons. Cambridge: Harvard University Press.

Merton, R. K. (1968): Social Theory and Social Structure. New York: The Free Press.

Meuser, M. (2006): Interpretatives Paradigma. In: Bohnsack, R./Marotzki, W./Meuser, M. (Hrsg.): Hauptbegriffe Qualitativer Sozialforschung. 2. Auflage. Opladen: Barbara Budrich, S. 92–94.

Meuser, M. (2006): Rekonstruktive Sozialforschung. In: Bohnsack, R./Marotzki, W./Meuser, M. (Hrsg.) (2006): Hauptbegriffe Qualitativer Sozialforschung. 2. Auflage. Opladen: Barbara Budrich, S. 140–142.

Miller, M. (1986): Kollektive Lernprozesse. Studien zur Grundlegung einer soziologischen Lerntheorie. Frankfurt am Main: Suhrkamp.

Mollenhauer, K. (1972): Theorien zum Erziehungsprozeß. 2. Auflage, München: Juventa.

Naujok, N. (2000): Schülerkooperation im Rahmen von Wochenplanunterricht – Analyse von Unterrichtsausschnitten aus der Grundschule. Weinheim: Beltz – Deutscher Studienverlag.

Neumann, U. (2000): ‚Man schreibt, wie man spricht, wie man schreibt'. Über Sprachunterricht in einer deutschen Grundschulklasse. In: Gogolin, I./Kroon, S. (Hrsg.): „Man schreibt, wie man spricht". Ergebnisse einer international vergleichenden Fallstudie über Unterricht in vielsprachigen Klassen. Münster und New York: Waxmann: S. 187–209.

OECD (Hrsg.) (2006): Where immigrant students succeed. A comparative review of performance and engagement in PISA 2003. OECD Publishing.

Oesterreicher, W. (1993): Verschriftung und Verschriftlichung im Kontext medialer und konzeptioneller Schriftlichkeit. In: Schäfer, U. (Hrsg.): Schriftlichkeit im frühen Mittelalter. Tübingen: Gunter Narr Verlag: S. 267–292.

Parsons, T. (1978): Action theory and the human condition. New York: Academic Press.

Peirce, C.S. (1991): Schriften zum Pragmatismus und Pragmatizismus. (Hrsg. Apel, K.-O.). Frankfurt am Main: Suhrkamp.

Peirce, C.S. (1979/1974): Collected Papers. In: Harthore, C./Weiss, P./Burks, A. (Hrsg.), Cambridge (Mass.): The Belknap Press of Harvard University Press.

Pimm, D. (1987): Speaking mathematically. London: Routledge.

Powell, A.B./Frankenstein, M. (Hrsg.) (1997): Ethnomathematics. Challenging Eurocentrism in Mathematics Education. Albany, N.Y.: State University of New York Press.

Rahmenplan Mathematik für die Grundschule des Bildungsplans Grundschule (2004). Freie und Hansestadt Hamburg. Behörde für Bildung und Sport. www.hamburger-bildungsserver.de/bildungsplaene/Grundschule/M_Grd.pdf   [Letzter   Abruf: 16.05.2008].

Ramm G. et al. (2005): Soziokulturelle Herkunft und Migration im Ländervergleich. In: PISA-Konsortium Deutschland (Hrsg.): PISA 2003. Der zweite Vergleich der Länder in Deutschland: Was wissen und können Jugendliche? Münster und New York: Waxmann, S. 269–298.

Sacks, H. (1996): Lectures on Conversation. Cornwall: Blackwell Publishers.

Schütte, M. (2008): Die sprachliche Einführung neuer mathematischer Begriffe im Grundschulmathematikunterricht. Erscheint in: Beiträge zum Mathematikunterricht. Franzbecker: Hildesheim.

Schütte, M. (2006): Die sprachliche Gestaltung des Lernprozesses im Mathematikunterricht vor dem Hintergrund sprachlich-kultureller Diversität. In: Jungwirth, H./Krummheuer, G. (Hrsg.): Der Blick nach innen: Aspekte der alltäglichen Lebenswelt Mathematikunterricht. Band I. Münster u.a.: Waxmann: S. 85–117.

Schütte, M. (2005): The influence of "monolingual Habitus" at German Schools on the "class culture" of Maths lessons with a bilingual student body at Primary Schools. In: ERME Proceedings 2005, http://cerme4.crm.es/Papers%20definitius/8/Schuette-.pdf. [Letzter Abruf: 18.04.2008].

Schütte, M./Gogolin, I./Kaiser, G. (2005): Mathematiklernen und sprachliche Bildung. Eine interaktionistische Perspektive auf dialogisch strukturierte Lernprozesse im

Grundschulmathematikunterricht unter Berücksichtigung der sprachlich-kulturellen Diversität der Lernenden. In: Schenk, B. (Hrsg.): Bausteine einer Bildungsgangtheorie. Studien zur Bildungsgangforschung. Wiesbaden: VS Verlag für Sozialwissenschaften: S. 179–195.

Schütz, A. (1974): Der sinnhafte Aufbau der sozialen Welt. Eine Einleitung in die verstehende Soziologie. Frankfurt am Main. (Originalausgabe 1932. Wien.).

Schütz, A. (1971): Gesammelte Aufsätze, Bd. 1: Das Problem der sozialen Wirklichkeit. Den Haag. (Originalausgabe 1962: Collected Papers, Vol. 1, The Problem of Social Reality. Den Haag).

Schütz, A./Luckmann, T. (2003): Strukturen der Lebenswelt. Konstanz: Universitätsverlag.

Schweiger, F. (1996): Die Sprache der Mathematik aus linguistischer Sicht. In: Beiträge zum Mathematikunterricht, S. 44–51.

Seeger, F. (2006): Ein semiotischer Blick auf die Psychologie des Mathematiklernens. In: Journal für Mathematik-Didaktik, Jg. 27, H. 3; S. 265–284.

Seidel, T./Prenzel, M./Duit, R./Euler, M./Geiser, H./Hoffmann, L./Lehrke, M./Müller, C./Rimmele, R. (2002): „Jetzt bitte alle nach vorne schauen!" Lehr-Lernskripts im Physikunterricht und damit verbundene Bedingungen für individuelle Lernprozesse. In: Unterrichtswissenschaft 30, H. 1, S. 52–75.

Soeffner, H. G. (1989): Auslegung des Alltags – Der Alltag der Auslegung. Konstanz: UVK Verlagsgesellschaft mbH.

Steinbring, H. (2006): What Makes a Sign a Mathematical Sign? – An Epistemological Perspective on Mathematical Interaction. In: Educational Studies in Mathematics, Vol. 61, 1–2, S. 133–162.

Steinbring, H. (2000): Mathematische Bedeutung als eine soziale Konstruktion – Grundzüge der epistemologisch orientierten mathematischen Interaktionsforschung. In: Journal für Mathematik-Didaktik. Jg. 21, H. 1, S. 28–49.

Steinbring, H. (1993): Die Konstruktion mathematischen Wissens im Unterricht – Eine epistemologische Methode der Interaktionsanalyse. In: Journal für Mathematik-Didaktik, Jg. 14, H. 2, S. 113–145.

Strauss, A./Corbin, J. (1996): Grounded Theory. Grundlagen Qualitativer Sozialforschung. Aus dem Amerikanischen von Niewiarra, S. und Legewie, H. Weinheim: Beltz Psychologie Verlags Union (amerikanische Erstauflage: Strauss, A./Corbin, J. 1990).

Strauss, A./Corbin, J. (1994): Grounded Theory Methodology. In: Denzin, N.K./Lincoln, Y.S. (Hrsg.): Handbook of Qualitative Research. Thousand Oaks/London und New Dehli: Sage, S. 273–285.

Strauss, A./Corbin, J. (1990): Basics of Qualitative Research. Grounded Theory Procedures and Techniques. Newbury Park, CA: Sage.

Streeck, J. (1979): Sandwich. Good for you. – Zur pragmatischen und konversationellen Analyse von Bewertung im institutionellen Diskurs der Schule. In: Dittmann, J. (Hrsg.) Arbeiten zur Konversationsanalyse. Tübingen: Max Niemeyer Verlag: S. 235–257.

Stubbs, M. (1980): Language and Literacy, London: Routledge and Kegan Paul.

Sutter, T. (1994): Entwicklung durch Handeln in Sinnstrukturen. Die sozial-kognitive Entwicklung aus der Perspektive eines interaktionistischen Konstruktivismus. In: Sutter, T./Charlton, M. (Hrsg.): Soziale Kognition und Sinnstruktur. Oldenburg: Bibliotheks- und Informationssystem der Universität Oldenburg: S. 23–112.

Terhart, E. (1978): Interpretative Unterrichtsforschung. Kritische Rekonstruktion und Analyse konkurrierender Forschungsprogramme der Unterrichtswissenschaft. Stuttgart: Klett.

Turner, J.H. (1988): A theory of social interaction. Stanford: University Press.

Voigt, J. (1994): Entwicklung mathematischer Themen und Normen im Unterricht. In: Maier, H./Voigt, J. (Hrsg.): Verstehen und Verständigung – Arbeiten zur interpretativen Unterrichtsforschung. Köln: Aulis: S. 77–111.

Voigt, J. (1984): Interaktionsmuster und Routinen im Mathematikunterricht. Theoretische Grundlagen und mikroethnographische Falluntersuchungen. Weinheim und Basel: Beltz.

Wagner, H.-J. (2006): Symbolischer Interaktionismus. In: Bohnsack, R./Marotzki, W./Meuser, M. (Hrsg.): Hauptbegriffe Qualitativer Sozialforschung. 2. Auflage. Opladen: Barbara Budrich, S. 148–150.

Walkerdine, V. (1984): Developmental Psychology and the Child-Centred Pedagogy: The Insertion of Piaget into Early Education. In: Henriques, J./Holloway, W./Urwin, C./Venn, C./Walkerdine, V. (Hrsg.): Changing the Subject: Psychology, Social Regulation and Subjectivity. London: Methuen: S. 153–202.

Wilson, T.P. (1973): Theorien der Interaktion und Modelle soziologischer Erklärung. In: Arbeitsgruppe Bielefelder Soziologen (Hrsg.): Alltagswissen, Interaktion und gesellschaftliche Wirklichkeit. Band 1. Reinbek: Rowohlt: S. 54–79.

Wilson, T.P. (1970): Normative and Interpretive Paradigms in Sociology. In: Douglas, J. D. (Hrsg.): Understanding Everyday Life. Toward the Reconstruction of Sociological Knowledge. Illinois, Chicago: Aldine Publishing Company: S. 57–79.

Wygotski, L.S. (1969): Denken und Sprechen. Frankfurt am Main: Fischer Taschenbuch. (russische Originalausgabe 1934).

Yackel, E./Cobb, P. (1996): Sociomathematical Norms, Argumentation, and Autonomy in Mathematics. In: Journal of Research in Mathematical Education 27/4, S. 458–477.

Zevenbergen, R. (2001 a): Language, social class and underachievement in school mathematics. In: Gates, P. (Hrsg.): Issues in mathematics teaching. New York: Routledge, S. 38–50.

Zevenbergen, R. (2001 b): Mathematics, Social Class, and Linguistic Capital: An Analysis of Mathematics Classroom Interactions. In: Atweh, B./Forgasz, H./Nebrez, B. (Hrsg.): Socio-cultural aspects of mathematics education: An international perspective. Vol. 1. Mahwah: Lawrence Erlbaum & Assoc, S. 201–215.

Empirische Studien zur Didaktik der Mathematik

hrsg. von Götz Krummheuer und Aiso Heinze

Band 2

Christina Collet

Förderung von Problemlösekompetenzen in Verbindung mit Selbstregulation

Wirkungsanalysen von Lehrerfortbildungen

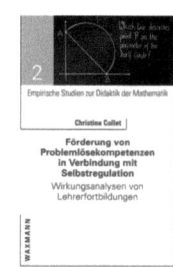

2009, br., 34,90 €, ISBN 978-3-8309-2168-4

Die internationalen Vergleichsstudien und ergänzende Studien haben Schwächen der deutschen Schüler bei komplexen Aufgabenstellungen ans Licht gebracht. Zudem besteht Entwicklungspotential bei der Integration von Problemlösen in den Mathematikunterricht. In dieser Arbeit werden folgende Forschungsdesiderate aufgegriffen: Zum einen herrscht ein Mangel an empirisch erprobten Förderkonzepten zum Problemlösen und zum anderen fehlen empirische Studien, die Effekte von Lehrerfortbildungen sowohl bei den beteiligten Lehrkräften als auch den Schülern untersuchen. Basierend auf dem in diesem Projekt entwickelten materialgestützten Unterrichtskonzept zum Fördern von Problemlösekompetenzen in Verbindung mit Selbstregulation wurden Lehrerfortbildungen durchgeführt. Die fortgebildeten Lehrkräfte sollten dieses Unterrichtskonzept über die Dauer eines Schuljahres im regulären Mathematikunterricht der Sekundarstufe I umsetzen. Die Umsetzung des Unterrichtskonzeptes im Rahmen einer Feldstudie mit 48 Lehrkräften und deren Schülern wurde mithilfe unterschiedlicher quantitativer und qualitativer Erhebungsinstrumente evaluiert. Die Evaluation zeigt markante Effekte auf unterschiedlichen Ebenen: bei den Meinungen der Lehrkräfte, dem Lehrerwissen, dem Lehrerhandeln sowie auf der Ebene der Schüler.

Waxmann

Waxmann

Helga Jungwirth,
Götz Krummheuer (Hrsg.)

Der Blick nach innen: Aspekte der alltäglichen Lebenswelt Mathematikunterricht

Band 1
2006, 220 Seiten, br., 24,90 €, ISBN 978-3-8309-1737-3

Band 2
2008, 172 Seiten, br., 24,90 €, ISBN 978-3-8309-1777-9

Internationale Studien, insbesondere zuletzt PISA, haben den Mathematikunterricht zu einem Gegenstand des öffentlichen Interesses gemacht und zu zahlreichen Vorschlägen zu seiner Reform geführt. Die Interpretative Unterrichtsforschung, die seit jeher die detaillierte Rekonstruktion von Unterrichtswirklichkeit unter ihren konkreten Entstehungsbedingungen zum Ziel hat, vermag auch über die Realität hinter PISA Aufschluss zu geben. Vielfältige theoretische Perspektiven, reflektierte Methoden und „dichte Beschreibungen" der Phänomene sind auch in dieser Publikation ihr Angebot an die Leserinnen und Leser. Inhaltlich liegt ihr Fokus auf Thematiken, die von einer (weiterhin) zunehmenden Aktualität gekennzeichnet sind.

MÜNSTER · NEW YORK · MÜNCHEN · BERLIN